国家重点研发项目"小冰期以来东亚季风区极端气候变化及机制研究"（2018YFA0605600）阶段性成果

中国典型洪涝灾害研究

（1949—2020）

万金红 著

燕山大学出版社

·秦皇岛·

图书在版编目（CIP）数据

中国典型洪涝灾害研究：1949—2020 / 万金红著. 一秦皇岛：燕山大学出版社，2023.6
ISBN 978-7-5761-0270-3

Ⅰ．①中… Ⅱ．①万… Ⅲ．①水灾－史料－研究－中国－1949-2020 Ⅳ．①P426.616
中国国家版本馆 CIP 数据核字（2023）第 041132 号

中国典型洪涝灾害研究（1949—2020）

ZHONGGUO DIANXING HONGLAO ZAIIIAI YANJIU（1949—2020）

万金红 著

出 版 人：陈 玉		策划编辑：王 宁	
责任编辑：王 宁		封面设计：刘韦希	
责任印制：吴 波			
出版发行 燕山大学出版社		电 话：0335-8387555	
地 址：河北省秦皇岛市河北大街西段 438 号		邮政编码：066004	
印 刷：秦皇岛墨缘彩印有限公司		经 销：全国新华书店	

开 本：710 mm×1000 mm 1/16		印 张：17.5	
版 次：2023 年 6 月第 1 版		印 次：2023 年 6 月第 1 次印刷	
书 号：ISBN 978-7-5761-0270-3		字 数：268 千字	
定 价：70.00 元			

前　言

当今世界范围内，洪涝灾害是影响人类生存发展最主要、最严重的自然灾害之一。洪涝，是指江、河、湖、海以及低洼排水不便地区的水体迅猛增加，水位急剧上涨并超过正常水位时的自然现象。当这种现象威胁沿河、滨湖、滨海、低洼排水不便地区的人类生命财产安全并造成损失时，就演变成为洪涝灾害。据世界气象组织（World Meteorlogical Organization，WMO）2021 年统计，在 1970—2019 年的 50 年间，全球范围内累计报告约 1.1 万起自然灾害，这些灾害不仅夺走了 200 多万人的生命，还带来了约 3.64 万亿美元的经济损失，其中暴雨洪涝灾害导致了 16% 的人员死亡和 31% 的经济损失。这些灾害除了导致经济损失、人员伤亡外，还给社会福利、文化资产和自然环境造成无法估量的损失。

我国是世界上自然灾害最为严重的国家之一，其中以洪涝灾害影响最为突出。因影响范围广、突发性强、发生频繁、危害性大和季节性强，洪涝灾害已经成为制约我国经济社会发展的重要因素之一。根据国家防汛抗旱总指挥部办公室（2007）的不完全统计，从前 206—1949 年的 2156 年间，我国共发生有记录的较大水灾 1092 次，平均每两年就发生一次较大水灾。新中国成立以来，我国平均每 2.7 年就发生一次重大洪涝灾害（左海洋等，2009）。20 世纪 90 年代以来的 30 多年间，我国共发生重大洪涝灾害 20 次，平均每 1.65 年就出现一次。

我国政府高度重视洪涝灾害防御工作，组织开展了大规模的水利工程和非工程措施建设。据第一次全国水利普查公报统计，全国已建成大、中、小型水库 97246 座，总库容 8104.10 亿 m^3，其中大型水库 756 座，库容 7499.85

亿 m³，中型水库 3938 座，库容 1119.76 亿 m³，这对各级河道的洪水都起到了不同程度的控制和调节作用。党的十八大以来，党中央、国务院高度重视防灾减灾工作，多次作出重大决策部署，提出关于防灾减灾"两个坚持、三个转变"的重要论述，即"坚持以防为主、防抗救相结合，坚持常态减灾和非常态救灾相统一，从注重灾后救助向注重灾前预防转变，从应对单一灾种向综合减灾转变，从减少灾害损失向减轻灾害风险转变"。近十年，我国洪涝灾害年均损失占 GDP 的比例由上一个十年的 0.57% 降至 0.31%，减灾效果显著，有效保障了社会经济稳定发展和人民生命财产安全。2021 年 9 月 9 日，水利部部长李国英在国务院新闻办发布会上表示，目前我国已建成各类水库 9.8 万多座，总库容 8983 亿 m³，修建各类河流堤防 43 万 km，开辟了国家蓄滞洪区 98 处，容积达 1067 亿 m³，基本建成了江河防洪、城乡供水、农田灌溉等水利基础设施体系，为全面建成小康社会提供了坚实的支撑，我国的洪涝灾害防御能力显著提升。

洪涝灾害具有明显的自然－社会双重属性。从自然角度来看，由降雨到地表洪水的转换过程更多地体现为洪涝灾害的自然属性，这一阶段气象气候、地形地貌等因素的作用占据主导位置；从社会角度来看，在自然因素和人类土地利用方式的共同作用下，洪水量级达到一定程度后，便会对下游人类自然社会经济资产体系产生影响，造成经济损失、人员伤亡、资产流失等结果。就我国而言，东部地区是自然河流中下游广泛分布区，河网纵横，土地肥沃，自古以来就是人口最为密集、社会资产聚集度高的区域。受季风气候、地形变化、人类活动密集等因素的影响，这一地区成为我国洪涝灾害最为频发的区域。我国自古以来就积累了丰富的洪涝灾害认识和灾害应对等方面的经验与方法，尤其是通过水利工程的修建与运用，可以有效减少自然洪水对下游地区社会经济的影响。例如 1998 年长江特大洪水后，党中央、国务院作出了平垸行洪、退田还湖、移民建镇的重大决策。实施平垸行洪、退田还湖，有效地解除了常遇洪水下洲滩民垸上居民的洪患危害，减轻了防汛压力和政府的救灾负担，增强了江湖的行蓄洪能力。在加大工程防灾减灾工作力度的同时，我国在非工程防灾减灾领域也采取了大量卓有成效的措施，包括建立防洪法律法规制度、完善暴雨洪涝灾害监测预警预报与工程调度体系、实施群策群防、提升人民群众防灾减灾意识等，有效地减少了洪涝灾害造成的损失。如在防御 2020 年第 4 号和第 5 号洪水期间，长江上游水库群累计拦洪约 190 亿 m³，其中三峡水库拦洪约 108 亿 m³。通过水库人工调控，降低了岷江下游、嘉陵江下游洪峰水位 1.4 m 和 2.3 m，降低了长江干流川渝河段洪峰水位 2.9 ～ 3.3 m，减少了洪水淹没面积约 112.7 km²，减少了受灾人口约 40.1 万。三峡水库及其以上水库群的科学运用，使长江干流沙市水位低于保证水位 1.76 m，减少转移 60 余万人、减淹耕地 49.3 万亩。

在我国浩如烟海的历史文献中，有大量关于洪涝灾害的文字记载，尤其是 15 世纪以来，各地大量撰写地方志书，史料丰富。当历史上出现一次异常洪水时，当地居民常留下有关最高洪水位的位置及洪水发生年份日期的碑记或题刻。这些碑记或题刻是研究历史最高洪水位的宝贵资料。通过对历史文献资料的整理分析和野外实地调查，可以了解到历史时期各次大洪水发生的时间、地点和洪峰流量。新中国成立以来，水利部门长期负责洪涝灾害的统计与典型灾害的调查评估工作。经过长期的实践探索，水利部门形成了一套比较完整的洪涝灾害调查统计和调查评估制度。水利部门组织编制的《洪涝灾害调查纲要》《洪涝灾害核查暂行办法》《洪涝灾害统计报表制度》《水旱灾害统计报表制度》《洪涝灾情评估标准（SL 579—2012）》等制度文件和行业标准，为规范洪涝灾害调查统计评估工作奠定了坚实的基础。在长期的洪涝灾害统计记录工作中，各级水利部门积累了大量的洪涝灾害调查资料和历史灾情统计资料。系统发掘、整理、分析这些历史档案资料，还原历史灾害发生和发展的过程，可以为当前防洪减灾工作提供重要的经验借鉴和案例。

2020 年，国家启动了第一次全国自然灾害综合风险普查工作，洪涝灾害作为我国最为主要的自然灾害之一成为重点调查对象。为了系统梳理新中国成立 70 多年来我国发生的伤亡百人左右的暴雨洪涝灾害事件，本书辑录整理了 29 场次重特大洪涝灾害事件。这些事件起自"1950 年 7 月淮河中游洪水"，终至"2020 年 7 月长江流域特大暴雨洪水"，时间跨度为 70 年，涉及松辽、海河、黄河、淮河、长江、太湖、珠江七大流域。辑录的洪涝灾害事件重点收集了雨情、水情和灾情三方面的信息，旨在最大限度还原洪涝灾害过程，为同人研究提供基础数据资料。本书选择的资料除公开出版物以外，大多为流域管理机构、省级水利行政主管部门存档的档案资料。

由于作者水平有限，本书的内容难免有不妥之处，恳请广大读者赐教指正。

作者

目　　录

第一章　绪　　论

洪水是一种常见的自然现象，其受气候、下垫面自然地理条件以及人类活动的综合影响，具有范围广、发生频繁、突发性强、季节性强、危害大等特点。

一、洪水基本概念

（一）洪水

在我国，洪水一词最早见于《尚书·尧典》，相传虞夏时期黄河流域连续出现特大洪水，该书记载："汤汤洪水方割，荡荡怀山襄陵，浩浩滔天，下民其咎。"中华人民共和国水利行业标准《水利水电工程技术术语》（SL 26—2012）将洪水定义为"由降雨、冰雪消融或堵塞等原因使河道水位在较短时间内明显上涨的大流量水流"。一般情况下，洪水通常是指由于暴雨、冰雪融化、水库垮坝、台风风暴潮等原因，造成江河湖泊水库水量迅速增加及水位急剧上涨的现象。洪水通常可分为暴雨洪水、融雪洪水、冰川洪水、冰凌洪水、雨雪混合洪水、溃坝洪水等类型。受季风气候影响，我国的河流洪水大都是暴雨洪水，且多发生在汛期所在的夏、秋季节，一些地区在春季也可能发生融雪洪水。如果以地区划分，我国中东部地区以暴雨洪水为主，西北部地区则多发生融雪洪水和雨雪混合洪水。

我国地域辽阔，洪水在时间和空间的分布千差万别。有些地区洪水频繁发生，有些地区则较少发生洪水；有的季节常发生洪水且程度较严重，有的季节较少发生洪水。总的来说，我国洪水的形成和特性主要取决于所在流域的气候条件和下垫面自然地理条件。此外，人类活动对洪水的形成有着显著的影响。

1. 影响洪水发生的气候因素

（1）季风气候

我国所处的特殊海陆位置和地形地貌使我国深受季风气候的影响。季风气候，是指受季风支配地区的气候，是大陆性气候与海洋性气候的混合型。夏季受来自海洋暖湿气流的影响，高温潮湿多雨，气候具有海洋性；冬季受来自大陆的干冷气流影响，气候寒冷，干燥少雨，气候具有大陆性。季风气候的特征主要表现为冬夏盛行风向有显著变化。随着季风的进退，降雨量的多寡具有明显的季节性特征。在我国，冬季盛行来自大陆的偏北气流，水汽不足，气候干冷，降水很少，表现为寒冷干燥；夏季盛行来自海洋的偏南气流，水汽充沛，气候湿热多雨，表现为高温多雨。我国气候总的特征是冬干夏湿，降雨主要集中在夏季。季风气候的另一个重要特征是，随着季风的进退，雨带的出现和降雨量的大小有明显的季节变化。在我国，盛行的气团在不同季节产生了各种天气现象，其中与洪水关系最密切的是梅雨和台风。梅雨是长江中下游和淮河流域每年6月上中旬至7月上中旬一段时间的大范围的降水天气，一般是连续性降水间有暴雨，形成持久的阴雨天气。台风是发展强盛的热带低压气旋。台风所挟带的狂风暴雨，一方面会造成江河洪水暴涨；另一方面，在沿海地区还会引起风暴潮灾害。

（2）降水

降水是形成洪水的要素，尤其是暴雨和连续性降水对于灾害性洪水的形成尤为重要。我国境内降水的水汽主要来自太平洋和印度洋，所以夏季风（包括东南季风和西南季风）的强弱对我国降水的地区分布与季节变化有着显著的影响。此外，来自北冰洋的水汽也会对我国新疆北部降水有一定影响。我国多年平均年降水量地区分布的总趋势是从东南沿海向西北内陆递减。400 mm 等降水量线由大兴安岭西侧向西南延伸至我国与尼泊尔边境。以此线为界，东部明显受季风影响，降水量多，属湿润地区；西部不受或受季风影响较小，降水稀少，属干旱地区。降水对洪水的影响主要表现为降雨历时和降水强度。我国各地高强度的降水一般发生在雨季，往往一个月的降水量可占全年降水量的 1/3 以上，甚至超过一半；而一个月的降水量往往由几次或一次大的降水过程决定。各地历年最大年降水量与最小年降水量相差悬殊，而且年降水量越小的地区，二者相差越大。据统计，西北地区（除新疆西北山地外）最大年降水量与最小年降水量比值大于 8；华北地区一般为 4～6；华南地区较小，一般为 2～3。如甘肃敦煌 1979 年降水量为 105.5 mm，约为 1956 年降水量 6.4 mm 的 16.5 倍；新疆托克逊站 1979 年降水量为 23.8 mm，为 1968 年降水量 0.5 mm 的 47.6 倍；河北保定 1954 年降水量为 1316.8 mm，约为 1975 年降水量 202.4 mm 的 6.5 倍。

（3）气温

气温对洪水最明显的影响主要表现在融雪洪水、冰凌洪水和冰川洪水的形成、分布和特性方面。融雪洪水和冰川洪水在春、夏两季常发生在中高纬度地区和高山地区，冰凌洪水主要发生在春季北方封冻的河流。另外，气温对蒸发影响很大，间接影响着暴雨洪水的产流量。

2. 影响洪水发生的下垫面因素

流域的下垫面自然地理条件是影响洪水发生及洪水量级大小的重要因素。流域的下垫面因素包括地形、地质、土壤、植被以及流域面积大小、流域形状等。下垫面因素可能直接对径流产生影响，也可能通过影响气候因素间接地影响流域的径流。

流域地形主要通过影响气候因素对年径流量产生影响。暖湿气流在运行过程中遇到地形的阻挡，被迫沿着山坡爬行上升，从而引起水汽凝结而形成降水，称为地形雨。地形雨一般只发生在山地迎风坡，背风坡气流下沉或者下滑，温度不断增高，形成雨影区，不易形成地形雨。一个典型的例子就是印度东北部梅加拉亚邦（Meghalaya）的乞拉朋齐（Cherrapunji）。在 6—9 月的雨季，来自印度洋的暖湿西南季风从恒河三角洲一路进入孟加拉国的低地平原，在向北前行 300～400 km 后，突然受到卡西山地的阻挡，被迫在 2～5 km 的范围内上升至 1370 m 的高度。气流被迫抬升时，发生绝热降温，其中的水蒸气凝结为水滴，在山地的迎风坡乞拉朋齐形成降雨。1860 年 8 月—1861 年 7 月，乞拉朋齐一年降水量为 20447 mm，夺得了世界"雨极"的称号；5—9 月雨季中，月平均降雨日数为 25～28 天，居世界首位。

植物覆被（如树木、森林、草地、农作物等）能阻滞地表水流，同时植物根系使地表土壤更容易透水，加大了水的下渗。植物还能截留降水，加大陆面蒸发。增加植被会使年际和年内径流差别减小，延缓径流过程，使径流变化趋于平缓，增加枯水期径流量。张建云等人（2021）在黄淮海地区的研究表明，流域内植被覆盖指数（NDVI）每增加10%，黄淮海流域径流量平均减少8.3%；植被变化对径流的影响具有显著的空间差异性：气候越干旱、植被条件越差的地区，NDVI的变化对径流的影响越显著。秦甲等人（2021）在针对祁连山北坡降雨径流的研究中发现，森林、草地及冰川是祁连山区影响河川径流量的主要景观要素。森林有"减少"径流的作用，而草地、冰川有"增加"径流的作用，并且随着森林、草地覆盖率的增高，相应的河川径流量"减少"或"增加"的速率变缓。

流域的土壤岩石状况和地质构造对径流下渗具有直接影响。如流域土壤岩石透水性强，降水下渗容易，会使地下水补给量加大，地面径流减少。同时，因为土壤和透水层起到地下水库的作用，会使径流变化趋于平缓。当地质构造裂隙发育，甚至有溶洞的时候，除了会使下渗量增大外，还可能会形成不闭合流域，影响流域的年径流量和年内分配。

流域大小和形状也会影响年径流量。流域面积大，地面和地下径流的调蓄作用强，而且由于大河的河槽下切深，地下水补给量大，加上流域内部各部分径流状况不容易同步，使得大流域径流年际和年内差别相对较小，径流变化比较平缓。流域的形状会影响汇流状况。比如流域形状狭长时，汇流时间长，相应径流过程线较为平缓；而支流呈扇形分布的河流，汇流时间短，相应径流过程线则比较陡峻。此外，流域内的湖泊和沼泽相当于天然水库，也具有调节径流的作用，会使径流过程的变化趋于平缓。在干旱地区，由于水分蒸发量大，径流量则较小。

（二）洪水等级

表征河流洪水的特征值有洪峰水位、洪峰流量、洪水流速、洪水总量、洪水历时、时段洪量、洪峰模数和洪水涨落率等。水文学上，通常用洪峰流量、时段洪量或洪峰水位来反映和比较同流域的洪水大小。同时需要注意的是，不同的流域间，相同大小的洪峰流量或洪峰水位造成的洪涝灾情也是不一样的。比如巴西亚马孙河上的奥比多斯（Obidos）站测得的最小流量为 72100 m^3/s，比黄河花园口上出现的实测最大流量 22300 m^3/s 大 3 倍多，前者为最枯流量，后者却是特大洪水（重现期为 60 年）的最大洪峰流量。其原因在于河流洪水有其特定的产流与汇流过程，洪峰流量或洪峰水位取决于集水区内的降雨特性、流域特性、河槽特性及人类活动等因素。其中，降雨特性包括降雨量、降雨强度、降雨历时、降雨过程及其空间分布等，流域特性包括流域面积、形状、坡度、河网密度及湖沼率、土壤、植被和地质条件等，河槽特性包括河槽断面、河槽坡度、糙率等，人类活动包括修建蓄水工程、植树造林、水土保持等措施。不同流域面积的河流，包括同一流域的不同支流之间以及干支流之间，由于集水面积不同，河流水量往往相差很大，所以不能用洪峰流量来比较两个集水面积不同的河流洪水的大小。河流的水位总是由上游向下游单调递减的，再加上山区性河流对水位具有敏感性，所以也不能用洪水位的高低来比较不同区域发生的洪水大小。

由于洪水重现期或频率能科学地反映洪水出现的概率和防护对象的安全度以及洪水灾情的严重与否，也消除了流域面积这一因素的影响，所以在我国通常用洪水重现期或频率来划分区域洪水等级。可见，洪水等级是用来刻画洪水强弱及其潜在破坏力（可以是绝对破坏力，也可以是相对破坏力）量级高低的物理量，是对洪水灾害致灾因子强度的客观分级。需要注意的是，若一地洪水等级比另一地大，仅表明此地受到洪水的威胁比彼地大，并不能说明此地洪水的洪峰流量比彼地大。在利用洪水重现期确定洪水等级时，河流洪水常采用洪峰流量或时段洪量的重现期，海岸洪水常采用潮位的重现期。洪水频率计算是确定洪水等级的关键。在洪水频率计算中，按年最大值法选取样本系列，对实测水文资料的可靠性进行审查，对代表性进行分析，对一致性进行检查，并对历史洪水的调查资料进行复核后，选取 P-Ⅲ型分布模型，按配线法（适线法）计算洪水频率。根据我国国家标准《水文情报预报规范》（GB/T 22482—2008）的规定，现阶段我国的河道洪水（包括因暴雨、融雪、溃坝等引发的河道洪水）分为 4 个等级，标准如下：

小洪水：洪峰流量（水位）或洪量的重现期小于 5 年的洪水；

中洪水：洪峰流量（水位）或洪量的重现期大于等于 5 年，小于 20 年的洪水；

大洪水：洪峰流量（水位）或洪量的重现期大于等于 20 年，小于 50 年的洪水；

特大洪水：洪峰流量（水位）或洪量的重现期大于 50 年的洪水。

（三）洪水类型

洪水按照成因和地理位置的不同，通常分为暴雨洪水、风暴潮型洪水、溃坝洪水、融雪洪水、冰凌洪水、冰川洪水、山洪泥石流等。按照洪水发生地区的不同，可分为山地丘陵区洪水、平原地区洪水、滨海地区洪水。各种类型的洪水都可能造成洪涝灾害，但暴雨洪水发生最为频繁、量级最大、影响范围最广。以下根据成因和地理位置，对洪水的类型及各自特点进行阐述。

1. 暴雨洪水

暴雨洪水是我国主要的洪水类型。一般情况下，夏季西太平洋副热带高压脊线在我国上空某一个位置上徘徊停滞，或者热带风暴或台风深入内陆后，多会产生大暴雨或特大暴雨。如果副热带高压脊线在某一位置迟到、早退或停滞不前，则会使雨带在位移过程中出现异常。如雨带在某一位置滞留时间偏长，或雨带较常年提前出现在江淮中下游继而较快向中上游推进，或梅雨锋、台风、低涡等低值系统出现组合情况等，往往容易出现特大暴雨。除新疆北部外，我国绝大部分地区年降水量的 50% 以上集中在 5—9 月，也就是汛期。其中淮河以北大部分地区和西北大部，西南、华南南部，台湾大部汛期降雨量占全年降水量的 70% ～ 90%，淮河到华南北部的大部分地区，有 50% ～ 70% 的降水量集中在 5—9 月。在我国东部地区，有 4 个大暴雨多发区：其一是东南沿海到广西十万大山南侧，包括台湾和海南岛，24 小时降雨量可达 500 mm 以上。其二是自辽东半岛，沿燕山、太行山、伏牛山、巫山一线以东的海河、黄河、淮河流域和长江中下游地区，24 小时降雨量可达 400 mm 以上。太行山东南麓、伏牛山东南坡曾有 600 ～ 1000 mm 或者降雨量更大的暴雨记录。其三是四川盆地，特别是四川西北部，24 小时降雨量常达 300 mm 以上。其四是内蒙古与陕西交界处也曾多次发生大暴雨。高强度、大范围、长时间的暴雨常常形成峰高量大的洪水。我国暴雨洪水发生频繁，就全国范围而言，主要江河在 1900—1999 年的 100 年间共发生 5～10 年一遇以上的洪水 213 次（见表 1-1），平均每年超过 2 次，且每两年至少发生一次频率为 10～20 年一遇的洪水，每三年左右就可能发生一次频率为 20 年以上一遇的较大洪水或大洪水，其中不少场次属于超标准洪水。由于全球气候变暖，我国暴雨洪水灾害发生的次数越来越多。如 2020 年汛期，我国南方地区发生了多轮强降雨，洪水肆虐。据水利部数据显示，截至 2020 年 6 月底，全国已有 433 条河流发生了超过警戒线以上的洪水，西南等地发生多起山洪地质灾害，部分省（自治区）中小水库、中小河流堤防发生险情。据水利部长江水利委员会统计，2020 年 6 月 1 日—7 月 17 日，长江流域的降雨量达到 1961 年以来的极值，尤其是 7 月上旬，长江中下游旬降雨量较同期均值多 1.6 倍，与历年 7 月整月平均降雨量相当，较 1998 年同期多 2.3 倍；鄱阳湖水系旬降雨量较同期均值多 3.1 倍，较历年 7 月均值多 0.6 倍，较 1998 年同期多 7.5 倍。

表 1-1　1900—1999 年我国主要江河洪水发生频率统计表

流域	>20 年一遇	10～20 年一遇	5～10 年一遇	合计
长江	6	19	33	58
黄河	4	4	15	23
淮河	4	9	14	27
海河	3	5	10	18
松花江	3	4	16	23
辽河	3	6	17	26
珠江	5	5	16	26
浙闽沿海	3	3	6	12
合计	31	55	127	213

暴雨洪水还具有峰高、洪量集中的特点。根据对全国 6000 多个河段的调查和实测最大洪水资料的综合分析，我国暴雨洪水的洪量集中，一次大洪水的七日洪量和次洪总量与多年平均年径流总量的比值很高，松花江、海河和淮河等河流干支流许多控制站的次洪总量是多年平均年径流总量的 1 倍以上，个别站点达到 2 倍以上；其七日洪量也常超过多年平均年径流总量的一半以上，可见洪水的集中程度较高。长江和珠江等丰水地区的河流，其比值虽较淮河以北河流的小，但也高达 18%～60%，其大洪水年份干流控制站

次洪总量在 1000 亿 m³ 以上。长江干流大通站 1954 年七日洪量达 542 亿 m³，60 天洪量高达 4900 亿 m³。从七大江河最大一次洪水七日洪量占当年年径流总量比值的平均情况来看，在水量丰富的珠江、长江流域，七日洪量占全年年径流总量的 10% ～ 15%，松花江流域为 15% ～ 20%，黄河流域为 20% ～ 25%，海河、辽河为 25% ～ 30%。气候越干旱的地区，洪水相对集中，所占的比重越大。

2. 风暴潮型洪水

风暴潮，是指由强烈的大气扰动引起的海平面异常升高的现象。按照诱发风暴潮大气扰动的气象因素划分，可以将风暴潮分为由热带气旋引起的台风风暴潮和由温带气旋引起的温带风暴潮两大类。台风风暴潮是当台风在热带海洋上生成以后，在其附近就出现水位升高，它随台风的移动而移动，随台风的发展而增强。当台风接近海岸时，海平面上涨缓慢，涨幅一般为 20 ～ 30 cm，持续时间一般在 10 小时以上，称为风暴潮的初振阶段。随着风暴潮的移动，强制孤立波开始抵达浅水大陆架，潮位急剧上升，在台风登陆前后数小时内达到最大值，即激振阶段。最后是余振阶段，其振幅越来越小，持续 1 ～ 3 天，潮水位逐渐恢复到正常状态。温带风暴潮是由西风带天气系统引发的。渤海湾地处北方冷高压的南缘、南方气旋的北缘，辽东湾至莱州湾为持续东北大风所控制，黄海北部至渤海海峡为偏东大风所控制，在这种风场形势下，大量海水从黄海顺渤海海峡涌向渤海湾和莱州湾，导致该两湾出现强风暴潮。

风暴潮的大小主要取决于台风强度，即台风中心附近最大风速和中心气压，台风中心附近风速越快，中心气压越低，则风暴潮就越大，灾害也就越严重。风暴潮适遇天文大潮，则风暴潮位就越高，风暴潮灾害就越严重。每逢农历初一至初三或十五至十八这几天天文大潮期间，如遇上风暴潮袭击，会造成比通常更高的风暴潮位，并可能突破当地实测历史最高潮位。另外，当洪水在河道传播时，适遇河口风暴潮波上溯，由于洪水被顶托而不能畅泄大海，大量洪水滞留河口，使原来已被抬高的潮位更高。因此当风暴潮适遇洪水时，其风暴潮位定会大大升高，这样就会产生风、雨、潮三碰头的不利组合，给人类的生命和生产造成很大的威胁。

我国大陆海岸线全长约 1.8 万 km，几乎均可受到风暴潮的袭击，但不同海岸带遭受风暴潮袭击的频次、严重程度和诱因并不完全相同。据隋意等人（2020）的统计，1991—2018 年间，登陆我国的台风一共有 331 次，每年登陆 11.8 次，其中台风、强台风和超强台风发生的次数为 122 次，约占总数的 36.86%，平均每年约 4.4 次；强热带风暴发生的次数为 82 次，约占总数的 24.77%，平均每年约 2.9 次；热带风暴发生的次数为 76 次，约占总数的 22.96%；热带低压发生的次数为 51 次，约占总数的 15.41%。隋意等人（2020）还指出，东南部沿海是我国遭受台风侵袭引发风暴潮严重的地区，主要集中在浙江省及其以南沿海省市。1991—2018 年间，台风登陆次数为 251 次，其中在广东省的登陆次数最多，为 105 次，其次是福建省、海南省、浙江省和广西壮族自治区。从已有研究可见，韩江口、珠江口、雷州半岛东部、海南省东北部和广西沿海、浙江福建沿海是受台风风暴潮侵袭最严重的海岸段。台风暴潮和温带风暴潮在发生的频率和强度上都有明显的季节性。引发台风暴潮的热带气旋在西太平洋一年四季均可发生，而以 7—9 月最为集中。风暴潮的多发季节与热带气旋的多发和登陆季节是相对应的。据历史资料显示，风暴潮位（增大）大于 1 m 的台风暴潮均发生在 5—11 月期间，其中 7—9 月这 3 个月最为集中，约占全年总数的 75.6%。若只计风暴潮位大于 2 m 的强风暴潮，发生时间更为集中，7、8、9 月 3 个月发生的次数约占全年总数的 88%。温带风暴潮多发生在春季和秋季。

3. 溃坝洪水

溃坝洪水包括堰塞坝溃决、水库垮坝和堤防决口形成的洪水。堰塞坝溃决洪水，是指由于地质或地震原因引起的山体滑坡，堵江断流，经过一段时间后，壅水漫坝，导致溃决，河槽蓄水突然释放形成骤发洪水。这类洪水在我国主要发生在人烟稀少的西南高原山区。水库溃坝洪水，是指由于水库溃坝引发的洪水。据 2018 年全国水利发展统计公报显示，我国目前已建成各类水库 98822 座，总库容 8983 亿 m^3，在防洪和综合利用水资源、促进经济发展和保障人民生命财产安全方面发挥了重要作用。但由于各种原因，我国也曾多次发生水库垮坝事故，并造成大量的人员伤亡和财产经济损失。水库溃坝洪水具有洪峰高、历时短、流速大的特点，并且往往会造成水库下游地区毁灭性的灾害。如"75.8"淮河上游洪水，板桥及石漫滩水库垮坝造成数以万计的人员伤亡，是我国死亡人数最多的水库溃坝灾害；此外，1993年，青海沟后小型水库溃坝造成近300人死亡；2001年，四川大路沟小型水库溃坝，导致16人死亡，10余人失踪。我国水库数量多，防止水库垮坝是防洪工作的重中之重。堤防决口洪水，是指洪水超过堤防设计标准，或堤防质量差，主流直冲堤防而抢护不及，或者因人为设障壅高水位而造成的漫决、冲决或溃决洪水。

4. 融雪洪水

融雪洪水是以冰融水和积雪融水为主要补给来源的洪水。融雪洪水在春夏两季发生在中高纬地区和高山地区。若前一年冬季降雪较多，而春夏季节升温迅速，大面积积雪迅速融化便会形成较大洪水。融雪洪水一般发生在4—5月，洪水历时长、涨落缓慢。受气温影响，洪水过程呈锯齿形且具有明显的日变化规律。受全球气候变暖影响，2000—2020年间，我国西北地区极端气候事件增加，造成2010年前后融雪洪水灾害事件明显增多。融雪洪水的大小取决于积雪面积、雪深、气温和融雪率。西北高寒山区的积雪，因春夏强烈降雨和雨催雪化可以形成雨雪混合型洪水，在融雪径流之上，再加上陡涨陡落的暴雨洪水，可以产生更大的洪峰流量，因此雨雪混合洪水的洪峰流量有时比单纯融雪春汛或暴雨洪水还要大。

冰凌洪水是由于大量冰凌阻塞形成冰塞或冰坝拦截上游来水，导致上游水位壅高，当冰塞融解、冰坝崩溃时，槽蓄水量迅速下泄所形成的洪水。冰塞、冰坝的形成或崩溃常常造成严重灾害，例如1969年2月黄河下游泺口以上形成长约20km的冰坝，冰坝上游水位壅高，超过了1958年特大洪水水位，大堤出现渗水、管涌、漏洞等险情。危害较大的冰凌洪水，主要发生在黄河干流上游宁蒙河段和下游山东河段，以及松花江哈尔滨以下河段。如2008年凌汛开河期，黄河内蒙古杭锦旗独贵塔拉奎素段先后发生两处溃堤。2009年1月17日，壶口瀑布上下游河段出现严重堆冰，冰凌高出河床10m多，壶口至克难坡3km旅游公路、供水等基础设施严重受损，壶口中心景区淹没，附近农户受灾。2015—2016年度凌汛期，流凌时大量冰凌堆至万家寨库区回水末端，曹家湾以上水位急剧上涨，沿黄公路漫水；开河期，万家寨库区大准铁路桥上游4km处发生冰塞，导致附近3个村庄进水。

冰川洪水是以冰川和永久积雪融水为主要补给形成的洪水。这种洪水发生在拥有冰川和永久积雪的高寒山区。我国有永久积雪区即现代冰川 58728 km²，冰川冰储量约为 3126 km³，主要分布在西藏和新疆境内，占全国冰川面积的 91%，其余分布在青海、甘肃等省区。我国面积大于 20 km² 的大冰川有 256 条，总面积达 13446.9 km²，主要分布在各山系的主峰周围，占我国冰川总面积的 22.9%。冰川洪水一般发生在 7—8 月，洪水峰、量的变化取决于冰川消融的面积和气温上升的梯度，一般无暴涨暴落现象，但有明显日变化。突发性冰川洪水，往往由冰湖溃坝形成，洪峰陡涨陡落，具有很大的破坏力。冰川洪水主要发生在天山中段北坡的玛纳斯地区，天山西段南坡的木札特河、台兰河，昆仑山喀拉喀什河，喀喇昆仑山叶尔羌河，祁连山西部昌马河、党河，喜马拉雅山北坡雅鲁藏布江部分支流。

5. 山洪泥石流

山洪，是指发生在山区溪沟、小河的暴涨暴落洪水，流域面积一般在 100 km² 以下。由于地面坡度、河道比降陡，山洪流速很快，一般都在 2.5～3.5 m/s 以上，中泓流速可达 6～8 m/s，洪水暴涨暴落，冲刷力极强，具有很大的破坏性。突发性山洪发生的时间、地点很难预测，按其形成的原因可分为暴雨山洪、融雪山洪、冰川消融山洪或几种因素混合形成的山洪等。其中以暴雨山洪分布范围最广，引发的灾害也最为严重。我国山区面积约占全国陆地面积的 2/3，山洪分布广泛、发生频繁；山洪突发性强，预测预防难度大；山洪季节性强，常发生在夏季多雨期。

泥石流是一种发生在山区河流沟谷中的包含泥、石、水的液固两相流，是一种破坏力很大的突发性特殊洪流，暴雨、冰雪融水等是其诱因。泥石流按其固体物质构成不同，可分为泥石流、泥流和水石流等三类。泥石流形成的基本条件：沟谷内有丰富的松散固体堆积物，沟谷地形陡峻、比降很大，有暴雨或冰川积雪融水等足够的水源补给。乱垦滥牧、弃土堆渣不当等人类活动也会引发泥石流。泥石流发生的时间和地区有以下特点：（1）在时间方面，泥石流往往发生在暴雨季节或者冰川和高山积雪强烈融化的时候。（2）在地区方面，泥石流主要发生在断裂褶皱发育、新构造运动活跃、地震活动强烈、植被不良、水土流失严重的山区及有现代冰川分布的高山地区。我国泥石流的地理分布，大体上以大兴安岭—燕山—太行山—巫山—雪峰山一线为界，主要分布在半干旱和温带山区，西藏东南部山区、川滇山区、西北山区、黄土高原和冀西辽西山区是我国泥石流发生的重灾区。

二、洪涝灾害基本概念

（一）我国洪涝灾害基本情况

水灾是世界上普遍和经常发生的一种自然灾害，据估算，世界上由于水灾造成的死亡人口和受灾人口平均约占各种自然灾害死亡和受灾人口的 3/4 以上。我国是世界上洪涝灾害最为严重的国家之一。据历史资料记载，从西汉建立到清末，即前 206—1911 年间，我国共发生大型洪涝灾害 1011 次，平均约每 2 年发生 1 次。据《明史》和《清史稿》记载，明清两代（1368—1911年）的 544 年中，范围涉及数州县到 30 个州县的水灾共发生 424 次，平均每 4 年发生 3 次，其中范围超过 30 个州县的共有 190 次，平均约每 3 年发生 1 次。根据《中国灾情报告：1949—1995》的统计，自然灾害中由水灾造成的农作物受灾面积占 22%，成灾面积占 28%，仅次于旱灾，但水灾造成的直接经济损失却为各种自然灾害直接经济损失之最。据应急管理部统计，1950—2021 年我国洪涝灾害年平均受灾面积为 9460.7 千公顷，年均成灾面积为 5288.2 千公顷。据 1990—2021 年灾情统计资料，洪涝灾害造成的直接经济损失居各种自然灾害之首（2008 年四川汶川地震灾害除外），约占全国各类自然灾害总损失的七成以上，洪涝灾害造成的直接经济损失占年度 GDP 的比值是同期欧美发达国家和地区的 6～12 倍。这充分表明洪涝灾害是对我国人民生命财产安全、社会稳定和经济发展构成威胁最严重的自然灾害。

（二）洪涝灾害类型

1.平原地区洪灾

地势低平坦荡、面积辽阔的平原，集中分布在我国东部，主要有东北平原、华北平原、长江中下游平原和珠江三角洲平原。此外，沿海地区还有狭窄的滨海平原，在内陆地还有海拔较高、面积较小的平原，如成都平原、渭河平原、河套平原等。我国平原总面积为 115.2 万 km²，约占国土面积的 12%。平原区中松花江、辽河、海河、黄河、淮河、长江、珠江七大江河以及滨海诸河的中下游，地面高程 200 m 以下曾受洪水泛滥的区域，其总面积约为 69.6 万 km²。这一地区，集中了全国 1/3 的耕地、40% 的人口和 60% 的工农业总产值，是我国经济最发达的地区，其中包括北京、天津、上海、哈尔滨、沈阳、石家庄、郑州、济南、武汉、长沙、南昌、合肥、南京、杭州、福州、广州等政治经济文化中心和重要城市，也是洪涝灾害最集中的地区，是防洪的重点区域。

我国江河的洪水，主要来自其上、中游的山地、丘陵区。山丘区面积很大，一般要占流域面积的 60% ～ 80%，进入平原后洪水峰高量大，与下游河道泄洪能力之间的矛盾很大，这是导致平原洪涝灾害的根本原因。在平原地区，为了提高土地利用率和保护人民生命财产安全，不断修筑堤防，洪水排泄出路受到约束，天然湖泊滞洪场所不断缩小。比如湖北武汉号称千湖之城，随着国民经济的发展，城区湖泊由新中国成立初的 127 个锐减至 2015 年的 38 个。及至近代，人口剧增，平原区人口密度一般达到 300 ～ 500 人 /km²，最高达 900 人 /km²。江河湖泊水域附近，城市、村落密集，堤防越修越高，河道行洪断面日益缩小，行洪能力不断下降，洪水来量与泄量矛盾越来越突出。如海河流域，由于泥沙淤积、河道阻障等原因，泄洪能力大幅度下降，永定新河、海河干流、独流减河、子牙新河、漳卫新河等 5 条主要入海河道和分洪道，原设计总泄量为 18300 m³/s，而目前总下泄能力下降到 11000m³/s 左右，下降了约 40%。淮河正阳关站 1954 年洪峰流量为 12700 m³/s，相应最高水位为 26.55 m，至 1982 年最高水位为 26.44 m 时只能下泄 7540 m³/s。部分河流由于泥沙来量大，河床淤积抬高形成"悬河"，如黄河河床比两岸地面要高出 3 ～ 5 m，最高达 10 m，对两岸造成了特别严重的威胁。

南方湖区和河口三角洲的圩垸（或围田）地区，土地肥沃，农业生产水平高，但地势低洼，汛期圩内地面低于圩堤外河湖洪水位，洞庭湖区一般要低 5 ～ 8 m，生活、生产完全依靠堤防保障，一旦堤防溃决，整个圩区将被洪水淹没。所以如何保障堤防的安全是平原湖区和河口三角洲防洪的重要问题。圩垸（围田）形成的初期由于湖面浩瀚、滩地广袤，围垦对于湖泊调蓄洪水并无多大影响，后来围垦的规模越来越大，与水争地的局面愈演愈烈，河湖水位不断被抬高，洪水威胁不断加剧。长江两岸、洞庭湖区、鄱阳湖区、太湖区、里下河地区及珠江三角洲已形成大面积的圩垸区，总面积约有 19 万 km²，耕地面积约 7070 千公顷。1949 年以后，结合江河治理，进行了圩堤涵闸的整修和联圩并圩，建设电力排灌站，防洪排涝能力普遍提高，但仍不能满足经济发展的需求，特别是一些与江河相通的圩垸，圩垸外河湖洪、枯水位变幅大，圩内地面"半年水上、半年水下"，居民生产、生活很不稳定。

平原洪灾一般以漫淹为主，与以冲击型为主的山区洪灾致灾的性质有很大区别。洪水泛滥以后，水流扩散，受平原微地形影响，行洪速度缓慢，水流冲击力大为降低。一般情况下，平原洪灾的人员伤亡比较小。但是如果水库失事或者大堤溃决，也会导致非常严重的伤亡事故。北方平原河道漫溢或决口，往往形成滚坡水，波及面积很大，但洪水总量相对较小，淹没水深较浅，时间较短，南方沿江及滨海的平原、湖区、洼地，绝大部分已形成圩垸、围田，大多数圩垸内地面高程均低于河湖汛期水位，一旦圩垸溃决，则整个圩区将被洪水淹没，一般退水迟缓，淹没历时长，灾情严重。平原地区的洪涝灾害损失主要以农业损失为主，20 世纪 80 年代以后，随着城乡经济的迅猛发展，经济损失结构也出现了新的变化，城镇经济损失的比重大幅度增加。例如 1991 年江淮水灾，据常州市调查，全市直接经济损失共 27.58 亿元，其中工业损失占 48.9%；其次是副业，占 18.0%；农业损失只占 12.9%；其他损失占 20.2%。

2. 滨海地带洪灾

我国大陆海岸线长约 18000 km，沿海有大小岛屿 5000 多个，岛屿海岸线长 14000 km。天文大潮、风暴潮、海啸以及江河洪水是形成海岸带洪灾的主要因素。严重的海岸洪灾，往往由几种因素相互叠加导致，其中台风风暴潮是形成海岸洪灾的最主要因素。风暴潮所导致的海侵（海水上陆），少则几千米，多则 20～30 km，个别地段曾达 70 km，至于海潮溯江而上，与洪水顶托，则可能导致更大范围的潮水灾害。

我国台风风暴潮灾害从南到北均有发生，几乎遍及所有海岸和岛屿。而成灾率高、灾害严重岸段主要集中在东海、南海沿岸和台湾、海南等岛屿，其中长江口、钱塘江口和珠江三角洲是台风风暴潮灾害最严重的地区。温带风暴潮主要集中在渤海湾至莱州湾沿岸。我国历史文献中把风暴潮灾称为"海溢""海侵""海啸"或"潮灾"。风暴潮造成的破坏和人员伤亡历来很严重，据粗略统计，自汉代至1946年的2000余年间，我国重大风暴潮灾共发生了576次，每次风暴潮灾死亡的人数少则成百上千，多则逾万乃至10余万。

新中国成立以后，我国频繁遭受风暴潮袭击，造成重大人员伤亡及财产损失。据不完全统计，1949—1990年间，我国沿海地区发生了92次台风风暴潮灾害，平均每年约为2.19次。另据《中国海洋灾害公报》显示，1991—2020年间，我国累计遭受204次风暴潮灾害侵袭，其中台风风暴潮灾害168次，温带风暴潮36次。统计数据表明，新中国成立以来，我国台风风暴潮灾害发生频率总体呈现明显的波动上升趋势。1991—2020年间，风暴潮灾害发生次数的年际变化较大，其中2013年达14次之多，最少的仅为2次。根据资料统计，1991—2020年的30年间，我国风暴潮灾害的发生次数超过1949—1990年风暴潮灾害发生的次数总和，呈现愈演愈烈的趋势。1956年8月的浙江风暴潮灾，冲毁江堤、海塘869 km，淹死4925人；1983年9月的珠江口风暴潮灾，169千公顷农田被淹，1.3万间房屋被毁，直接经济损失达5亿元；1992年8月的风暴潮灾，灾区涉及东部沿海8个省，江堤、海堤毁坏约1000 km，直接经济损失达90亿元。2013年10月7日1时15分，强台风"菲特"在福建省福鼎市登陆。受其影响，10月6—8日，福建、浙江、上海、江苏等省（直辖市）部分地区降大到暴雨，局部地区降大暴雨和特大暴雨，浙江全省累计降雨量为207 mm。浙江、福建、上海、江苏4省（直辖市）131县（市、区）受灾，受灾人口1169.54万人，因灾死亡11人、失踪1人，紧急转移安置151.52万人，农作物受灾面积804.46千公顷，倒塌房屋0.58万间，直接经济损失达624.51亿元。其中，浙江省余姚市灾情最重，主城区70%以上的地区受淹，交通瘫痪，停水停电，通信中断，大部分住宅小区一层及以下进水。

3. 山地丘陵区洪灾

山地丘陵区洪灾与暴雨、地形、地质等自然条件关系密切，受这些因素影响，各种形式的山洪丘陵区灾害有显著的区域特征。山地丘陵区洪灾的特点：①突发性强，难以预测和预防；②洪水来势凶猛，具有很强的破坏力，对工矿、交通、铁路危害很大，容易造成人员伤亡；③一般来说，灾区范围较小，但灾后恢复困难。主要的山地丘陵区洪涝灾害包括山洪、泥石流、山间川地和盆地洪涝灾害等。

山洪。我国山洪分布范围很广，地面坡度较陡的山区都可能形成山洪，发生次数多，累计损失很大。据统计，1950—2000 年间，我国共发生山洪11.13 万次。如甘肃省发生了 237 次，平均每年发生 4.6 次；陕西省发生了271 次，平均每年 5.3 次。2011—2019 年间，我国发生特大型山洪灾害 4 次，发生中小型山洪灾害 1178 次，占到山洪总数的 96.2%，造成 2353 人死亡，占总死亡人口的 74.4%。如 2007 年汛期，我国洪涝灾害死亡总人数 1203 人，山洪灾害造成 923 人死亡，占 76.7%，死亡 3 人以上的灾害 60 多起。2005年 6 月，黑龙江省沙兰河上游突降暴雨，3 小时降雨 120 mm，最大降雨量达 200 mm。几分钟内，沙兰镇小学水深就达 2.2 m，造成 117 人死亡，其中学生有 105 人，损失达 2 亿元。此外，西北地区多局地性暴雨，强度大，且地表广泛分布着质地疏松的黄土层，局地性山洪成为这一地区暴雨洪灾的主要形式。如 2010 年 8 月 7 日，甘肃甘南藏族自治州舟曲县城东北部山区突降特大暴雨，降雨量达 97 mm，引发三眼峪、罗家峪等 4 条沟系特大山洪泥石流灾害，造成 1557 人因灾死亡，失踪 284 人。

泥石流。我国共有 44.46% 的国土面积处于泥石流滑坡灾害的中度及以上危险区域，其中极高风险和高度风险区占全国总面积的 3%，可见我国是世界上泥石流滑坡灾害最为严重的国家之一。我国泥石流分布范围很广，全国有 23 个省、市、自治区遭受过泥石流灾害的威胁，四川、云南、西藏、甘肃、陕西、辽宁等省分布最为广泛，每年都要造成重大经济损失和人员伤亡，其中尤其以城镇工矿区的泥石流灾害最为突出。据不完全统计，全国有近百座县城和城市受到泥石流的直接威胁与危害。全国有泥石流滑坡灾害极高危险区 519185 km²、高度危险区 1995599 km²、中度危险区 1687421 km²、低度危险区 3902732 km²、极低危险区 1346125 km²。泥石流比一般山洪历时更短、来势更猛、破坏性更强，对山区工业生产、交通运输的危害也更严重，尤其对人口密集、生产和生活设施高度集中的城镇和工矿区往往造成毁灭性的灾害。据不完全统计，2005—2015 年间，我国发生泥石流灾害 10927 起，因灾死亡（失踪）人数为 3000 人，因灾直接经济损失约 142 亿元。例如 1989 年 7 月 10 日，大暴雨导致四川省华蓥市溪口镇发生岩崩泥石流，造成 221 人死亡，该镇粮店、水泥厂、煤矿生活区等多处受灾。全国有 20 条铁路干（支）线受泥石流侵袭，其中以成昆、宝成、天兰铁路干线和东川铁路支线最为严重，危害严重的泥石流沟有 1400 余条。2019 年 7—8 月，受连续降雨的影响，成昆铁路成都至西昌段连续遭受滑坡泥石流影响，铁路运输中断 3 次，最长中断时间达 15 天。2022 年 6 月 4 日 10 时 30 分，桂林北至广州南的 D2809 次旅客列车行驶在贵广线榕江站进站前的月寨隧道口时，撞上侵入线路的泥石流，导致 7 号、8 号车发生脱线，造成 1 名司机死亡、1 名列车员与 7 名旅客受伤。全国公路网中，以川藏、川滇西路、川陕、川甘等线路泥石流灾害最为严重，川藏公路沿线就有泥石流沟 1000 余条，每年因泥石流灾害阻车时间长达 1～6 个月，成为川藏公路运输的重大问题。

山间川地和盆地洪灾。山区丘陵区中的开阔平川和盆地，在国土总面积中占的比重很小，但该区域人口集中、经济发达，大多是当地的政治、经济、文化中心，洪水灾害对当地造成的社会经济损失和影响都很大。这些平川和盆地，一般地面坡度大，沿河多为阶梯台地，排水条件良好，城镇居民点的布局大多依山傍水，居民区地面高差较大，一般情况下，洪水浸淹范围有限，不致造成重大灾害，但是如果遇到特大洪水，灾害也会非常严重。如汉江上游安康城位于面积仅数平方千米的汉江河谷盆地上，地理位置很重要，历史上是联结川陕、秦楚的交通要道。1983 年 8 月发生了一场约 100 年一遇的特大洪水，安康城遭到毁灭性的破坏。89600 余人受灾，淹死 870 余人，城内除 40 多幢高层楼房完好外，9 万多间平房冲塌殆尽，直接经济损失达 5.7 亿元。再如 1981 年 7 月，四川沱江、嘉陵江发生特大洪水，洪灾集中在四川盆地，嘉陵江和岷、沱江沿江 119 个县市受灾，有 53 个县市被淹，其中金堂、资中、资阳、射洪、潼南、南部、合川 7 个县城几乎全被洪水淹没。洪灾造成惨重损失，冲塌房屋 139 万间，淹没农田 874 千公顷，被毁农田 75 千公顷，1584 万人受灾，888 人死亡；交通、铁路、水利工程等破坏也很严重；全省直接经济损失达 20 亿元。山间盆地和开阔的河谷地带，是山区最精华的地区，工农业一般较发达，人口增长很快，但由于人口对土地的压力，与水争地的情况很激烈，附近农田、村庄、集镇洪水灾害变得越来越严重。围滩造地，天然河道不断被侵占，大大影响了行洪能力。如素有"千湖之省"美誉的湖北省，根据《湖北省湖泊变迁图集》，20 世纪 50 年代初期，湖北省水域面积在 100 亩以上的湖泊有 1332 个，中水位时的总水域面积为 8528.2 km²。至 20 世纪 80 年代，湖北省 100 亩以上的湖泊有 843 个，湖泊总面积为 2983.5 km²。其中，5000 亩以上面积的湖泊有 125 个。经过 2012 年"一湖一勘"后，湖北省列入保护名录的湖泊有 755 个，湖泊水域总面积 2706.9 km²，较 20 世纪 50 年代初中水位时的水域总面积缩减了 2/3。

（三）洪涝灾害的主要特点

受季风气候和地理条件的强烈影响，我国境内从南至北、从东到西气候差异巨大，降水年内分配不均，年际变幅较大，因而洪涝灾害发生频繁。如果沿着 400 mm 等降水量线将境内国土划分成东西两个部分，那么东西部地区的洪涝灾害成因略有差异：东部地区的洪涝灾害主要是由暴雨和沿海风暴潮引起的，西部地区的洪涝灾害主要是由融冰、融雪和局部地区暴雨引起的。因此，造成我国洪涝灾害的最主要原因就是暴雨洪水。我国洪涝灾害的特点可概括为范围广且突发性强、历史久且发生频繁、危害大且季节性强。

1. 范围广且突发性强

除沙漠、极端干旱地区和高寒地区外，我国约有 2/3 的国土面积不同程度地遭受着洪涝灾害的威胁，其中长江、黄河、淮河、海河、辽河、珠江、松花江等七大流域中下游地区属于洪涝灾害的高风险区。这些区域主要位于我国东部地区，包括河南、安徽、江苏、湖北、湖南、吉林、黑龙江以及四川 8 个省，有 73.8 万 km² 的地面处于江河洪水位以下，集中了全国近 1/2 的人口、35% 的耕地和 3/4 的国内生产总值。上述洪涝灾害高风险区常常发生强度大、范围广的暴雨，而城市防洪能力却普遍偏低。据梁士奎等人（2009）关于城市防洪标准的数据显示，在有防洪任务的 639 个城市中，防洪标准低于国家标准的占 63%，防洪标准低于 50 年一遇的占 85%。这也就导致了洪涝灾害的突发性较强，一旦发生了罕见的洪涝灾害，人民群众往往来不及撤退，从而造成重大伤亡和经济损失。年降水量较多且 60% ～ 80% 集中在汛期 6—9 月的东部地区，常常发生暴雨洪水；占国土面积 70% 的山地、丘陵和高原地区常因暴雨发生山洪、泥石流；沿海省、自治区、直辖市每年都有部分地区遭受由风暴潮引起的洪水的袭击；我国北方的黄河、松花江等河流有时还会遭受由冰凌引起的洪水。

我国东部地区常常发生强度大、范围广的暴雨，而江河防洪能力又较低，因此洪涝灾害的突发性强。1963 年，海河流域南系 7 月底还大面积干旱，8 月 2—8 日，突发一场特大暴雨，这一地区发生了罕见的洪涝灾害。山区山洪泥石流突发性更强，一旦发生，人民群众往往来不及撤离，造成重大人员伤亡和经济损失。如 2010 年，甘肃舟曲、贵州关岭、云南巧家、四川地震重灾区接连发生特大山洪灾害。当年共发生山洪灾害近 2 万起，造成人员死亡、失踪的山洪灾害 371 起，其中特别重大的山洪灾害 19 起，重大山洪灾害 16 起。当年仅山洪灾害就造成 2824 人死亡。风暴潮也是如此，如 1992 年 8 月 31 日—9 月 2 日，受天文高潮及 16 号台风影响，从福建的沙城到浙江的瑞安、鳌江，沿海潮位都超过了新中国成立以来的最高潮位。上海潮位达 5.04 m，天津潮位达 6.14 m，许多海堤漫顶、被冲毁。

2. 历史久且发生频繁

随着工业化和城市化进程的加快，城市面积增大、人口激增、开垦范围扩大等因素促使洪涝灾害发生频率较历史时期更为频繁。谷洪波等人利用国际紧急灾难数据库（EM-DAT）的统计数据，研究 1988—2012 年间我国发生的严重洪涝灾害，研究表明：其间我国发生大型洪涝灾害 172 次，其中 2002、2005、2006、2007 年洪涝灾害发生最为频繁，均超过了 10 次／年；特大洪涝灾害的发生频率也有所上升，我国共发生重大洪涝灾害 9 次，平均 2.2 年一次，较新中国成立以来的约 2.7 年发生一次的平均数降低了近 20 个百分点（谷洪波等，2012）。

3. 危害大且季节性强

历史上，洪水事件往往带来严重的社会经济影响并导致生态环境遭受破坏，造成大量的人员伤亡、粮食减产绝收和房屋倒塌，带来饥荒、病疫甚至社会动荡、朝代更迭等重大次生灾害和社会影响。如 1931 年江淮大水，洪灾涉及河南、山东、江苏、湖北、湖南、江西、安徽、浙江 8 个省，淹没农田 1.46 亿亩，受灾人口达 5127 万人，占当时 8 个省总人口数的 25%，死亡 40 万人。1991 年，我国淮河、太湖、松花江等部分江河发生了较大的洪水，尽管在党中央和国务院的领导下，各族人民进行了卓有成效的抗洪斗争，尽可能地减轻了灾害损失，但全国洪涝受灾面积仍达 3.68 亿亩，直接经济损失高达 779 亿元。其中，安徽省的直接经济损失达 249 亿元，约占全年工农业总产值的 23%，受灾人口 4400 万，占全省总人口的 76%。同时，洪涝灾害的发生还具有明显的地域性特征和季节性特征，与各流域雨季的早晚、降水集中时段和台风活动等密切相关，时间主要集中于夏季。其中，长江、珠江流域洪涝灾害发生时间集中在 5 月中旬至 10 月，持续时间相对较长；黄淮海流域洪涝灾害发生时间集中在 6—8 月，该时期雨季雨水较多；松辽流域洪涝灾害发生时间集中在 7—8 月，受夏季风影响，开始得晚且持续时间短。

第二章　洪涝灾害环境背景

本章主要介绍我国自然地理特征、水文气候条件，以及主要流域的降雨特征等。

一、自然地理概况

1. 地形地貌

我国地势西高东低，山地、高原和丘陵约占陆地面积的 67%，盆地和平原约占陆地面积的 33%。山脉多呈东西和东北—西南走向，主要有阿尔泰山、天山、昆仑山、喀喇昆仑山、喜马拉雅山、阴山、秦岭、南岭、大兴安岭、长白山、太行山、武夷山和横断山等山脉。受印度板块与欧亚板块撞击的影响，青藏高原不断隆起，平均海拔 4000 m 以上，被称为"世界屋脊"，构成了我国地势的第一阶梯。第二阶梯由内蒙古高原、黄土高原、云贵高原和塔里木盆地、准噶尔盆地、四川盆地组成，平均海拔 1000 ～ 2000 m。跨过第二阶梯东缘的大兴安岭、太行山、巫山和雪峰山，向东直达太平洋沿岸是第三阶梯，此阶梯地势下降到 500 ～ 1000 m 以下，自北向南分布着东北平原、华北平原、长江中下游平原，平原的边缘镶嵌着低山和丘陵。地势西高东低，有利于海上湿润空气向陆上推进，也便于北方冷空气南下，为降水的形成提供条件。受地势影响，我国大多数河流东流入海，沟通了东西交通，便于沿海与内地联系。

2. 降水和干湿地区

我国 800 mm 等降水量线大致在淮河北—秦岭—青藏高原东南边缘一线；

400 mm 等降水量线大致在大兴安岭—张家口—兰州—拉萨—喜马拉雅山东南端一线。塔里木盆地年降水量少于 50 mm，其南部边缘的一些地区年降水量不足 20 mm；吐鲁番盆地的托克逊多年平均年降水量仅为 5.9 mm，是我国的"旱极"。我国东南部有些地区降水量在 1600 mm 以上，台湾省东部山地可达 3000 mm 以上，其东北部的火烧寮年平均降水量达 6000 mm 以上，最多的年份为 8408 mm，是我国的"雨极"。可见，我国年降水量空间分布的规律：从东南沿海向西北内陆递减；各地区差别很大，大致是沿海多于内陆、南方多于北方、山区多于平原、山地的暖湿空气迎风坡多于背风坡。

降水量的时间变化包括季节变化和年际变化两个方面。季节变化，是指一年内降水量的分配状况。我国降水的季节分配特征：南方雨季开始得早，结束得晚，雨季长，集中在 5—10 月；北方雨季开始得晚，结束得早，雨季短，集中在 7—8 月。全国大部分地区夏秋多雨，冬春少雨。年际变化，是指年际之间的降水分配情况。我国大多数地区降水量年际变化较大，一般是多雨区年际变化较小，少雨区年际变化较大；沿海地区年际变化较小，内陆地区年际变化较大，且以内陆盆地年际变化最大。

干湿状况是反映气候特征的标志之一。一个地区的干湿程度由降水量和蒸发量的对比关系决定。干湿状况与天然植被类型及农业等关系密切。我国各地干湿状况差异很大，共划分为 4 个干湿地区（见表 2-1）。

表 2-1　干湿地区的划分

干湿状况	干燥度	年均降水量（mm）	分布地区	土地利用
湿润区	≤1	>800	秦岭—淮河以南、青藏高原南部、内蒙古东北部、东北三省东部	以水田为主的农业
半湿润区	1～1.5	>400	东北平原、华北平原、黄土高原大部、青藏高原东南部	以旱地为主的农业
半干旱区	1.5～4	<400	内蒙古高原、黄土高原的一部分、青藏高原大部草原	牧业、灌溉农业
干旱地区	≥4	<200	新疆、内蒙古高原西部、青藏高原西北部	牧业、绿洲农业

3. 河流与湖泊

我国是世界上河流最多的国家之一，河流湖泊众多，但地区分布不均，内外流区域兼备。外流区占全国总面积的 2/3，河流水量占全国河流总水量的 95% 以上；内流区域约占全国总面积的 1/3，但是河流总水量还不到全国河流总水量的 5%。我国有许多源远流长的大江大河，其中流域面积超过 10000 km² 的河流有 79 条，流域面积超过 1000 km² 的河流有 1500 多条，流域面积在 100 km² 以上的河流有 5 万余条，表 2-2 为我国主要江河的概况。

表 2-2　我国主要江河概况

名称	长度（km）	流域面积（km²）	年均流量（m³/s）	名称	长度（km）	流域面积（km²）	年均流量（m³/s）
黑龙江	4444	1855000	10800	湘江	817	92300	2261
松花江	2309	556800	2330	汉水	1532	174000	1792
嫩江	1490	280000	824	赣江	751	81600	2054
辽河	1390	219000	400	钱塘江	484	42000	1281
滦河	833	47000	152	瓯江	338	17900	615
海河	1050	318200	717	闽江	559	60992	1980
黄河	5464	795000	1774.5	韩江	470	34314	942
汾河	716	39000	8.91	浊水溪	186	3155	165
渭河	818	134800	200	珠江	2214	453700	10654
沂河	574	17325	111.3	柳江	773.3	57173	1865
淮河	1000	187000	1972.3	郁江	1152	79207	1700
长江	6363	1800000	1972.3	北江	468	38362	1260
雅砻江	1637	128444	1914	东江	523	2532	5700
大渡河	1062	77700	1490	南渡江	97	1444	180
岷江	735	133500	2850	澜沧江	2130	165000	2354
嘉陵江	1119	159710	2165	怒江	1540	137800	2229
乌江	1037	87920	1650	雅鲁藏布江	2229	239200	5224
澧水	388	18496	553	伊犁河	442	56700	371
沅江	1033	89163	2158	塔里木河	2421	435500	1290.6
资水	653	28100	797	黑河	821	142900	18.07

（1）长江

长江发源于青海省西南部、青藏高原上的唐古拉山脉主峰各拉丹冬雪山，曲折东流，干流先后流经青海、四川、西藏、云南、重庆、湖北、湖南、江西、安徽、江苏、上海共 11 个省、自治区和直辖市，最后注入东海。全长

6397 km，是中国第一大河，也是亚洲最长的河流、世界第三大河。流域面积180万km²，约占全国总面积的1/5，年入海水量9513亿m³，占全国河流总入海水量的1/3以上。流域绝大部分处于湿润地区，干流流经我国青藏高原、横断山区、云贵高原、四川盆地、长江中下游平原。

（2）黄河

黄河发源于青海省中部，巴颜喀拉山北麓，流经青海、四川、甘肃、宁夏、内蒙古、山西、陕西、河南、山东9个省、自治区，最后注入渤海，全长5464 km，是中国第二大河。流域面积79.5万km²，流经我国青藏高原、内蒙古高原、黄土高原、华北平原，流经干旱、半干旱、半湿润地区。

（3）珠江

珠江是我国南方最大的河流，其干流西江发源于云南东部。珠江流经云南、贵州、广西、广东等入南海，全长2320 km，流域面积约45.37万km²。主要有西江、北江、东江三大支流水系，北江与东江基本上都在广东境内，三江水系在珠江三角洲汇集，形成纵横交错、港汊纷杂的网状水系。

（4）京杭运河

我国除天然河流外，还有许多人工开凿的运河，其中有世界上开凿最早、最长的京杭运河。京杭运河北起北京、南到杭州，纵贯北京、天津两市和河北、山东、江苏、浙江四省，贯通海河、黄河、淮河、长江、钱塘江五大水系，全长1797 km，是我国历史上与万里长城齐名的伟大工程。从开凿至今已有2500多年的历史，对沟通我国南北交通起到重大的作用，但过去由于维护不善，许多河段已断航。新中国成立后，对运河进行了整治，目前江苏、浙江两省境内的河段，仍是重要的水上运输线。同时，运河还发挥灌溉、防洪、排涝等综合作用。在"南水北调"东线工程中，它又被用作长江水源北上的输水渠道。

我国湖泊众多，共有湖泊24800多个，其中面积在1 km²以上的天然湖泊就有2800多个。湖泊数量虽然很多，但在地区分布上很不均匀。总的来说，东部季风区，特别是长江中下游地区，分布着我国最大的淡水湖群；西部以青藏高原湖泊较为集中，多为内陆咸水湖。外流区域的湖泊都与外流河相通，湖水能流进也能排出，含盐分少，称为淡水湖，也称排水湖。我国著名的淡水湖有鄱阳湖、洞庭湖、太湖、洪泽湖、巢湖等。内流区域的湖泊大多为内流河的归宿，河水只能流入湖泊，不能流出，又因蒸发强烈、盐分较多，形成咸水湖，也称非排水湖，如我国最大的湖泊青海湖以及海拔较高的纳木错湖等。表 2-3 为我国主要湖泊。

表 2-3　我国主要湖泊

湖名	所在省、自治区	面积（km²）	湖面高程（m）
青海湖	青海	4340	3193
鄱阳湖	江西	2933	21
洞庭湖	湖南	2432	33
太湖	江苏	2425	3.1
呼伦湖	内蒙古	2339	545.3
洪泽湖	江苏	1576.9	12.3
纳木错	西藏	1961.5	4718
南四湖	山东	1097.6	32.4～34.3

4. 水系分布

受气候和地形条件的制约，我国水系分布很不均衡，外流河流域处于东南季风和西南季风影响范围之内，降水丰沛，水源充足，而且大部地表起伏显著，河流众多，形成许多庞大水系。内流河流域距海较远，又被高山高原阻挡，湿润气流难以深入，降水稀少，蒸发旺盛，河流稀少。由于受降水量、径流量、地势和地貌条件的制约与人类活动的影响，我国河网密度的地区差异很大，表现为外流区大、内流区小。在外流区，南方大于北方，东部大于西部。在外流区，秦岭、淮河以南和武陵山、雪峰山以东地区，河网密度较大（长江三角洲和珠江三角洲河网密度最大，其中杭嘉湖平原尤其大，对人类活动有一定的影响）；秦岭、淮河以北的外流区城内，河网密度山区大于平原，而松辽平原、华北平原河网稀疏；武陵山、雪峰山以西的外流区，滇东、贵州、广西等一些岩溶发育地区，地表河网密度较小。内流区河网稀疏，其中上游山区支流多，密度较大；中游无支流加入，密度最小。出山口后，河流在洪积冲积扇上分岔，加以人工开挖引水渠道，使得河网密度亦较大。塔里木盆地、准噶尔盆地、柴达木盆地和内蒙古高原是我国河网密度最小的区域。西藏内流区河网密度小，无洪水问题。

地势特点对河流发育（源地、流向、分布）的影响深远。第一级阶梯，青藏高原东、南边缘，是我国最大的一些江河，如长江、黄河、澜沧江、怒江、雅鲁藏布江等的发源地。第二级阶梯东缘，即大兴安岭—燕山—太行山—豫西山地—云贵高原一线，是黑龙江、辽河、滦河、海河、淮河、珠江和元江的发源地。第三级阶梯，即长白山—山东丘陵—东南沿海山地，则是我国较次级的河流，如图们江、鸭绿江、沂河、沭河、钱塘江、瓯江、闽江、九龙江、韩江以及珠江支流东江和北江等的发源地，这些河流虽然长度和流域面积较以上河流短、小，但因降水丰沛，水量很大，洪水发生频繁。我国外流河流的流向除西南地区部分河流外，受我国地势西高东低的总趋势影响，干流大都自西向东流。由于我国夏季风形成的雨带往往近于东西向，且雨区移动也多系自西向东，与干流洪水汇流方向基本一致，因此往往造成同一流域上、下游洪水遭遇叠加，洪峰流量很大。河流走向与洪水形成有密切关系。我国内陆河发育在封闭的盆地内，绝大多数河流均单独流入盆地。因地理位置、地势、水源补给不同，内陆河间差异很大。

5. 水资源

我国淡水资源总量为 2.8 万亿 m^3，占全球水资源的 6%，仅次于巴西、俄罗斯、加拿大、美国和印度尼西亚，居世界第六位，但人均只有 2200 m^3，仅为世界平均水平的 1/4、美国的 1/5，是全球人均水资源贫乏的国家之一，属于缺水严重的国家。受气候和地势影响，淡水资源的地区分布极不均匀，大量淡水资源集中在南方，北方淡水资源只有南方淡水资源的 1/4。河流和湖泊是我国主要的淡水资源，河湖的分布、水量的大小，直接影响着各地人民的生活和生产。各大河的流域中，以珠江流域人均水资源最多，长江流域稍高于全国平均水平，海河、滦河流域是全国水资源最紧张的地区。我国水资源的分布情况是南多北少，而耕地的分布却是南少北多。如华北平原，耕地面积约占全国的 40%，而水资源只占全国的 6% 左右。水、土资源配合欠佳的状况，进一步加剧了我国北方地区缺水的程度。

我国多年平均河川年径流总量为 271152 m^3，年径流深为 284 mm，因为河川径流量主要由降水补给，因此年径流量的地区分布特点基本上是由年降水量分布的特点决定的。我国河川年径流量的地区分布总趋势是自南向北递减，近海多于内陆，外流河多于内陆河，山地大于平原，特别是山地迎风坡，年径流量远远大于邻近的平原或盆地。外流区面积占国土面积的 65.2%，其径流量（25950 亿 m³）占全国总量的 95.7%；而内流区面积占国土面积的 34.8%，其径流量（1165 亿 m³）仅占全国总量的 4.3%。河川年径流的年际变化主要取决于年降水量的变化，通常采用年径流的变差系数 C_v 值来表示。年径流的 C_v 值一般大于年降水的 C_v 值，而其地区分布趋势则与年降水变差系数的分布基本一致。冰川融水补给或地下水补给比重较大的河流，其年径流的 C_v 值较小。径流形成条件类似的河流，流域面积大者，其年径流的 C_v 值一般较小。径流的年际变化还存在连续丰水年或连续枯水年的情况。洪水往往构成年径流的主要部分，因此年径流量大的河流，其相应的洪水总量较大，洪水发生频次较多，汛期持续的时间较长。

6. 地理分区

在我国辽阔的大地上，由于各地的地理位置、自然条件存在差异，人文、经济方面也各有特点，全国可分为东部季风区、西北干旱区、青藏高寒区 3 个自然大区。其中东部季风区由于南北纬度差别较大，以秦岭—淮河为界，又分为北方地区和南方地区。因此全国可分为北方地区、南方地区、西北地区、青藏地区四大部分。

北方地区，是指我国东部季风区的北部，主要是秦岭—淮河一线以北，大兴安岭、乌鞘岭以东的地区，东临渤海和黄海。包括东北三省、黄河中下游五省二市的全部或大部分，以及甘肃东南部、内蒙古东部与北部、江苏及安徽的北部，面积约占全国陆地总面积的 20%。我国的北方自东向西呈山地—平原—山地—高原盆地相间分布，属于温带大陆性季风气候和暖温带大陆性季风气候；北部植被是温带湿润森林和草甸草原，往南依次递变为暖温带森林草原、暖温带落叶阔叶林；区内河流多，河流冬季结冰，北端的大、小兴安岭还有冻土分布。本区北部有东北平原，南部有黄淮海平原，平原面积大，垦殖率很高，人烟稠密，阡陌相连，农业发达。区内人口约占全国总人口的 40%，其中汉族占绝大多数，少数民族中人口较多的有居住在东北的满族、朝鲜族等。

南方地区，是指我国东部季风区的南部，秦岭—淮河一线以南的地区，西部为青藏高原，东部与南部濒临东海和南海，大陆海岸线长度约占全国的2/3以上；行政范围包括长江中下游六省一市以及南部沿海和西南四省市大部分地区；面积约占全国陆地总面积的25%。除长江中下游平原、珠江三角洲平原外，区内广布山地丘陵和河谷盆地。区内南部石灰岩分布广泛，为我国喀斯特地貌发育最广泛的地区。川、赣、湘、浙、闽诸省的红色盆地多发育丹霞地貌。该区属于温暖湿润的亚热带季风气候和湿热的热带气候，常绿阔叶林广布，南部可见热带雨林和季雨林景观；河流冬不结冰，作物经冬不衰。区内人口约占全国总人口的55%，汉族占大多数。区内的少数民族有30多个，其人口有5000多万，主要分布在桂、云、贵、川、湘、琼等地，人口较多的为壮、苗、彝、土家、布依、侗、白、哈尼、傣、黎等族。

西北地区，位于昆仑山—阿尔金山—祁连山和长城以北，大兴安岭、乌鞘岭以西，包括新疆维吾尔自治区、宁夏回族自治区、内蒙古自治区的西部和甘肃省的西北部等。这一地区国境线漫长，与俄罗斯、蒙古、哈萨克斯坦、吉尔吉斯斯坦等国相邻。本区面积广大，约占全国陆地总面积的30%。东部是波状起伏的高原，西部呈现山地和盆地相间分布的地表格局。我国西北的中、西部居亚欧大陆的腹地，四周距海遥远，周围又被高山环绕，来自海洋的潮湿气流难以深入，自东向西，由大陆性半干旱气候向大陆性干旱气候过渡，植被则由草原向荒漠过渡，气候干旱、地面坦荡、植被稀疏、沙源丰富，风沙现象在大部分地区十分常见。区内的塔克拉玛干沙漠是我国面积最大的沙漠，占全国沙漠总面积的43%。区内人口约占全国总人口的4%，是地广人稀的地区。西北地区是我国少数民族聚居地区之一，少数民族人口约占地区总人口的1/3，主要有蒙古族、回族、维吾尔族等。

青藏地区，位于我国西南边陲，横断山脉及其以西，喜马拉雅山及其以北，昆仑山和阿尔金山、祁连山及其以南。行政范围包括青海省、西藏自治区的全部，四川省西部，以及新疆维吾尔自治区和甘肃省一隅，面积约占全国陆地总面积的25%。青藏地区是一个强烈隆起的大高原，平均海拔近4400m，还有多座海拔8000 m以上的高峰，是全球海拔最高的高原，被称为"世界屋脊"。区内属特殊的高原气候，高大山体终年积雪，还有冰川分布，多年冻土和季节性冻土分布亦广泛；植被为高原寒漠、草甸和草原。青藏地区是亚洲许多大江大河,如长江、黄河、怒江、澜沧江、雅鲁藏布江以及印度河、恒河等的发源地。这里还是全球海拔最高、数量多、面积大的高原内陆湖区,区内的湖泊总面积约占全国湖泊面积的一半。区内人口不足全国总人口的 1%,是藏族聚居地区。与缅甸、不丹、尼泊尔、印度、巴基斯坦、阿富汗、塔吉克斯坦等国相邻。

二、影响洪涝灾害的天气系统

1. 季风性气候

我国的气候具有夏季高温多雨、冬季寒冷少雨、高温期与多雨期一致的季风气候特征。我国位于亚欧大陆东部、太平洋西岸,西南距印度洋也较近,气候受大陆、大洋的影响非常显著。冬季盛行从大陆吹向海洋的偏北风,夏季盛行从海洋吹向陆地的偏南风。冬季风产生于亚洲内陆,性质寒冷、干燥,在其影响下,我国大部分地区冬季普遍降水少、气温低,北方则更为突出。夏季风来自东南面的太平洋和西南面的印度洋,性质温暖、湿润,在其影响下,降水普遍增多,"雨热同期"。我国受冬、夏季风交替影响的地区广,是世界上季风最典型、季风气候最显著的地区。和世界同纬度的其他地区相比,我国冬季气温偏低,而夏季气温又偏高,气温年较差较大,降水集中于夏季,这些又是大陆性气候的特征。因此我国的季风气候大陆性较强,也称作大陆性季风气候。我国气候虽然有许多方面有利于发展农业生产,但也有不利的方面。我国灾害性天气频繁发生,对生产建设和人民生活也常常造成不利的影响,其中旱灾、洪灾、寒潮、台风等是对我国影响较大的主要灾害性天气。我国的旱涝灾害平均每年发生一次,北方以旱灾居多,南方则旱涝灾害均有发生。在夏秋季节,我国东南沿海常常受到台风的侵袭。台风(热带风暴发展得特别强烈时称为台风)以 6—9 月最为频繁。

我国降水空间分布与时间变化特征,主要是受季风活动影响而形成的。源于西太平洋热带海面的东南季风和赤道附近印度洋上的西南季风把温暖湿润的水汽吹送到我国大陆上,成为我国夏季降水的主要水汽来源。在夏季风正常活动的年份,每年 4、5 月,暖湿的夏季风推进南岭及其以南地区,广东、广西、海南等省区进入雨季，降水量增多。6月，夏季风推进长江中下游，秦岭—淮河以南的广大地区进入雨季。这时，江淮地区阴雨连绵，由于正是梅子黄熟时节，故称这种天气为梅雨天气。7—8月，夏季风推进秦岭—淮河以北地区，华东、东北等地进入雨季，降水明显增多。9月间，北方冷空气的势力增强，暖湿的夏季风在它的推动下向南后退，北方雨季结束。10月，夏季风从我国大陆退出，南方的雨季也随之结束。在我国大兴安岭—阴山—贺兰山—巴颜喀拉山—冈底斯山连线以西以北的地区，夏季风很难到达，降水量很少。习惯上我们把夏季风可以到达的地区称为季风区，夏季风势力难以到达的地区称为非季风区。

2. 大气环流系统

大气环流是决定大范围旱涝的直接因素，某些特定的环流系统及其相互配置是造成大范围严重旱涝的重要条件。环流系统此处是指行星尺度系统和天气尺度系统，如副热带高压、南亚高压、西风带槽脊、阻塞高压、极涡、热带辐合带和台风、低涡切变线及准静止锋系等。环流异常，是指这些系统的发展、相互配置与作用、强度和位置的异常。

副热带高压的季节性位移与我国东部雨带的进退、停滞和跳跃密切相关。春季，当副热带高压脊线位于20°N以南时，雨带出现在华南，即华南前汛期；随着由春季向夏季过渡，脊线稳定在20°N～25°N、西伸脊点西至115°E时，雨带停滞在江淮流域，即处于江淮梅雨季节，江淮流域的洪涝灾害，主要发生在这个时期。例如1931年7月、1954年6—7月、1991年6—7月几次大的洪涝灾害均发生在这个时期内。当脊线越过25°N并稳定在30°N以南时，雨带北移至黄淮流域；盛夏，副热带高压脊线越过30°N，华北和东北雨季开始，华北和东北的洪涝灾害主要发生在这一时期。而此时江淮流域由副热带高压控制，高温少雨，常有伏旱发生。9月，副热带高压南撤，雨带消失或南移，除部分地区有秋汛外，我国大部分地区较少发生大范围洪涝灾害。副热带高压通过分阶段跳跃完成其季节性北移过程，因此副热带高压北跳出现的早晚及其强度的异常经常与北方冷空气活动相配合，造成我国东部地区大范围旱涝的发生。张恒德等人（2008）的研究表明，北半球副热带高压强度指数大的时候，我国大部分地区的降水量为正距平，而我国东南沿海地区的降水量则为负距平；当指数值小的时候，情况则刚好相反。

南亚高压是北半球夏季对流层上部至平流层下部的主要大气活动中心之一。它在 100 hPa 高度附近最强，几乎笼罩着整个亚欧大陆南部，是除极涡外的北半球最强大、最稳定的环流系统。南亚高压强度、中心位置、脊线走向以及高压南北两侧东、西风急流的强弱，对我国、日本及印度等地的天气气候均有很大影响。我国大范围旱涝、台风路径等均与南亚高压活动有关。南亚高压发展为西部型时，高压中心在 100°E 以西，我国东部对流层上部全为偏北风，低层为偏南风。于是在低纬度和副热带形成明显的季风环流圈，其上升支正好位于江淮流域并伴随有降雨量大于 100 mm 的东西向雨带。相反，南亚高压发展为东部型时，我国东部 33°N 以南区域几乎整个对流层内均为偏南气流，贝加尔湖地区有低槽发展，西太平洋副热带高压加强北进；江淮流域广大地区盛行下沉运动，出现持续性干旱。

极涡是影响我国天气的一个重要的环流系统，是指在北半球对流层中上部，特别是在 500 hPa 高度上经常存在一个以极地为中心的冷性低压，通称极涡。极涡是一种大尺度的、持续的气旋性环流，位于对流层中上部到平流层之间。极涡冬季强而夏季弱，从冬到夏其面积收缩，从夏到冬其面积扩展；极涡面积 7 月最小，2 月最大。极涡通常向南伸出两条或三条低槽：一条伸向亚洲，一条伸向北美，另一条伸向北太平洋。极涡及其低槽的发展、分裂均会导致极地强冷空气的爆发或冷空气路径的差异，与副热带高压相配合，对我国大范围地区旱涝的出现有重要影响。有研究表明：我国夏季（6—8 月）降水多少受前期冬季（12—次年 2 月）极涡指数的影响比前期春季（3—5 月）极涡、副热带高压指数的影响显著（张恒德等，2008）。冬季（12—次年 2 月）北半球极涡面积指数、大西洋欧洲区极涡面积指数值大的时候，我国东部沿海、新疆、青海等区域降水量为正距平，而长江流域以南和东北三省的大部分负相关地区的降水量为负距平；当这两个指数值小的时候，情况则刚好相反。春季（3—5 月）北美区极涡强度指数和北半球极涡强度指数值大的时候，我国南部沿海和东北华北部分地区出现涝，长江中下游流域和东部沿海以及新疆地区出现旱；当这两个指数值小的时候，情况则刚好相反。吴仁广等人（1994）分析了长江中下游梅雨期降水与全球 500 hPa 环流的关系，发现南极极涡强度的变化与长江中下游梅雨有一定的关系。黄嘉佑等人（2004）指出，7月份亚洲区极涡强度是导致长江流域夏季干旱和洪涝灾害的重要因素。

三、主要流域降水特征

1. 长江流域

1960年以来，长江流域年均降水量和汛期降水量变化不明显，但四季变化相对明显，夏季和冬季降水量呈显著增加趋势，分别增加了9.91 mm/10a和3.83 mm/10a，而春季和秋季降水量则表现出减少趋势，分别下降了5.64 mm/10a和8.21 mm/10a。在空间分布上，年均降水量和汛期降水量在青藏高原东部和长江中下游大部分地区表现出增加趋势，而在其他地区则表现出减少趋势。夏季降水量增加最显著的地区主要是长江中下游地区。尽管年总降水量在这60余年无明显变化，但最大一天降雨量、连续五天最大降雨量均表现出显著增加趋势，其增加速率分别为1.43 mm/10a和1.47 mm/10a，长江中下游地区的增加幅度最明显。流域年径流量随降水量频繁振荡，最大值和最小值之比达1.9∶1。流域内分区间存在差异，如岷江、嘉陵江和汉江流域由于人类活动影响，径流量下降约15%；金沙江以下干流两翼受气候变化影响，径流量上升约9%；金沙江及以上流域径流量减少4%；乌江、洞庭湖和鄱阳湖流域径流量上升2%。

2. 黄河流域

近70年来，黄河流域降水量总体减小，但呈非显著性变化趋势，年降水日数减少的趋势较年降水量减小的趋势更加显著。根据过去70多年的实测降水数据，黄河流域极端降水量级存在显著变化，总体趋势性不明显，但存在持续增加信号，表现为极端降水频率呈逐年上升或显著上升趋势，表明黄河流域发生极端降水的次数增加，但降水量呈减小趋势。受环境变化和土地利用的影响，实测径流量呈显著性减小趋势。尤其是21世纪以来，受人类活动影响，相同降水下的产流量明显偏小。自20世纪90年代以来，黄河上中游洪量呈减小趋势，其中代表站兰州站和花园口站洪量均显著减小。但由于黄河河水含沙量较大，河床淤积严重，近年来发生了多次漫滩洪水。

3. 海河流域

70 多年来，海河流域整个流域的降水量呈下降趋势，尤其是 20 世纪 70 年代以来这种趋势变得更加明显，其中流域北部的内蒙古地区和河南的北部地区降水减小趋势最为明显，夏季降雨量下降趋势尤为显著。近年来流域内发生旱涝急转事件更加频繁。对 1956 年以来的降水实测资料进行分析发现，流域短历时极端降水强度有增大趋势，年极端降水的发生频次减少。流域内年尺度及季尺度径流量均表现出显著的减少趋势，人类活动对径流变化的影响大于气候变化，气候变化的贡献率占 40.89%。对于季度径流量的变化，气候变化的贡献率分别为 43.53%（雨季）和 7.15%（旱季），人类活动贡献率分别为 56.47%（雨季）和 92.85%（旱季）。

4. 淮河流域

淮河流域年降水量在时间上呈现不显著的增大趋势，年极端降水量、年极端降水日数和极端降水强度等指标总体呈现增加趋势。整个流域场次暴雨事件在 1990—2000 年进入增加时期。全球性的气候变化使流域内暴雨事件发生的频次不断增加，历时不断增长，长历时高频次特征明显，尤其是近 20 年来，淮河流域暴雨事件高发区域呈现出从流域部分地区向全流域扩张的趋势。淮河流域的极端径流主要来自淮河干流、淮南山区和伏牛山区。流域流量和极端流量都呈现不显著的上升趋势，汛期流量和极端流量上升趋势更显著，淮河干流上的年最大日径流量呈现增加趋势，中下游流域洪涝风险比上游更大。

5. 辽河、松花江流域

在人类活动和气候变化的影响下，辽河、松花江流域降水与径流变化情况十分复杂。根据 1960—2014 年的实测数据，松花江流域各极端降水指数（总降雨量、汛期降水量、大暴雨量、最大一天降水量等）均波动变化，且呈不显著变化趋势，极端降雪亦呈不显著变化趋势，而流域东北地区，极端降雪具有增加趋势；辽河流域东部降水有微弱的增加趋势，其他地区降水量呈减少趋势，干流多年平均径流总量有下降趋势，但趋势不显著，如铁岭站实测径流量自 20 世纪 60 年代中期以来，总体呈明显阶段性减少趋势。人类活动是河川径流减少的主要原因。

6. 珠江流域

珠江流域在 1961—2007 年间，秋季降水量呈减少趋势，春、夏、冬季年降水量均呈增加趋势。1980 年以来，珠江流域极端洪水事件发生的频次明显增加，尤其是自 1990 年以来，增加的趋势更加显著。1981—2010 年较 1950—1980 年，约 70% 典型断面极端洪水事件呈增加趋势，主要分布在西江、北江、粤西；而近 30% 的典型断面极端洪水事件呈减少趋势，主要分布在东江和桂南。

7. 太湖流域

近 70 多年来，太湖流域降水变化呈现较弱的增加趋势，未达到显著水平。根据多年实测降水数据显示，从季节变化来看，太湖流域冬季和夏季降水增加明显，春秋季节变化不明显；从流域降水量的空间变化来看，流域北部地区降水量呈下降趋势，东南部地区呈上升趋势。1981—2010 年的极端降水过程实测数据显示，浙西区极端降水事件频次出现较高，湖西区的中部和东南部降水强度较大。全流域各区年平均极端雨日数普遍呈微弱的下降态势，仅有武澄锡虞区、阳澄淀泖区、浦东浦西区极端降水平均强度呈上升趋势，其他区变化趋势不显著。

第三章　洪水基本特征

由于我国的自然地理环境特征和季风气候特征，暴雨洪水成为我国最主要的洪水类型。本章重点介绍暴雨洪水特点和主要河流流域暴雨洪水特征。

一、洪水的特点和一般规律

暴雨洪水发生的时间，在地域上有一定规律。影响我国暴雨洪水季节变化的因素主要有两个：一是季风雨带的季节性位移，二是夏秋频繁的台风活动。通常，暴雨洪水的季节特征可以用汛期起止时间和汛期内各旬、各月洪水发生的频率来反映。根据水文站历年实测洪峰出现的时间可以确定汛期的起始和终止时段。为避免统计资料中包含为数较多的中、小洪水，往往只统计大洪水洪峰出现的时间。这里所说的"大洪水"，是指大于和等于年最大洪峰流量多年均值的洪水。具体划定各站汛期起、止时段的，则是以控制90%以上大洪水次数为准则，允许少数大洪水洪峰出现的时间不在所划定的汛期之内，并以控制80%以上大洪水次数出现时段作为主汛期。

我国主要流域的汛期（见图3-1）一般有以下特点：①珠江流域东部、长江流域中南部的北江、赣江、湘江等河流受地面气旋波和南支槽的影响，3月下旬至4月初即开始进入汛期，是全国入汛最早的地区，而汛期结束得最晚的为汉江、嘉陵江流域，迟至10月上旬；7、8两月为汛期全盛期，长江流域及长江以北大多数河流汛期都集中在这两个月。②汛期季节变化的一般趋势是随纬度的增高而错后，汛期长度随纬度的增高而缩短。比如珠江4月中旬至9月为汛期，其中4—6月为前汛期，7—9月为后汛期，5—6月是主汛期；

江南地区 4—9 月是汛期，5—6 月是主汛期；长江 5 月至 10 月中旬为汛期，7—8 月是主汛期；淮河 6—9 月为汛期，7—8 月是主汛期；黄河 7—10 月为汛期，7—8 月是主汛期；海河 7—8 月为汛期，7 月下旬至 8 月上旬是主汛期；松花江 7—9 月为汛期，8 月下旬至 9 月上旬是主汛期。③珠江、钱塘江、瓯江和黄河、汉水、嘉陵江等有明显的双汛期，前者分前汛期和后汛期，后者分伏汛期和秋汛期。7—8 月是全国大洪水出现频率最高的时间。

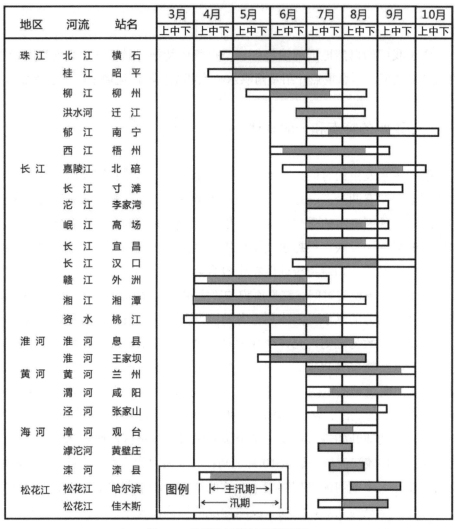

图 3-1　我国主要河流汛期情况

我国东半部地区雨季暴雨强度大，加之多山地形，地面坡度大，汇流迅速，使得一些地区洪水量级很大。例如 1935 年 7 月长江中游地区出现一场特大暴雨，暴雨中心五峰连续 5 天累计降雨量达到 1282 mm，暴雨中心区的澧水流域形成极大流量，三江口站流域面积 15242 km^2，洪峰流量高达 31100 m^3/s，接近世界相同面积最大流量值。

我国洪水量级最高的地区主要分布在沿辽东半岛千山山脉东段往西沿燕山、太行山、伏牛山、大别山所构成的弧形山区迎风山麓以及东南滨海地带和岛屿。此外，还有几处局部高值区，如陕北高原、峨眉山区、大巴山区以及武陵山区的澧水流域，这些地区每 1000 km^2 的流域面积最大流量均可达到 6000 m^3/s 以上。另外，辽西大凌河流域、沂蒙山区、伏牛山区、大别山区、浙闽沿海、台湾、海南岛等地区洪水量级也很大，这些地区常受台风影响，每 1000 km^2 的流域面积最大流量在 8000 m^3/s 以上，最高的为伏牛山区，每 1000 km^2 达到 15000 m^3/s。长江流域及其以南地区虽然湿润多雨，但洪水量级都比上述地区小，每 1000 km^2 的流域面积最大流量一般在 2000～4000 m^3/s。值得注意的是，陕北黄土高原地区气候干燥，年平均降水量约为 400～600 mm，然而这一地区短历时暴雨强度极大，对于中小流域可以形成很大洪水，每 1000 km^2 的流域面积最大流量可以达到 6000～8000 m^3/s。

大洪水的第一个特点是重复性。所谓重复性，是指暴雨条件（如强度、历时、中心位置、覆盖范围）和洪水特征（如量级、来源、组成）相类似的洪水在同一地区重复出现。例如 2016 年 7 月、1996 年 8 月、1963 年 8 月海河南系均发生了罕见的特大暴雨洪水，三次暴雨洪水过程具有一定的相似性。1939 年发生了海河北系近百年来著名的大洪水，其雨洪特征与历史上的 1801 年也较相似。1931 年长江中下游与淮河流域的特大洪水，与 1954 年的暴雨洪水分布也基本相同。黄河上游 1904 年洪水与 1981 年 9 月洪水、中游 1843 年洪水与 1933 年洪水、松花江 1932 年洪水与 1957 年洪水等，其雨洪特点都类似。研究结果表明，这种重复性现象，各大江河普遍存在，近 40 余年全国各地所发生的重大灾害性洪水在其历史上都可以找到相似的实例。例如海河流域，1652 年、1653 年、1654 年连续三年发生流域性大水灾，1822 年、1823 年又连续两年发生大水灾。其他流域也有类似情况，长江中下游 1848 年、

1849 年，珠江流域 1833 年、1834 年和 1914 年、1915 年，松花江流域 1956 年、1957 年都连续出现大洪水。这种现象在有的河流很突出，如沅江沅陵站，1608 年、1609 年，1611 年、1612 年、1613 年，1765 年、1766 年，1911 年、1912 年、1913 年，1925 年、1926 年、1927 年，都是连续两年或三年出现大洪水，500 年中，有 30% 的大洪水年是连续出现的。

大洪水的第二个特点是阶段性。所谓阶段性，是指大洪水出现的年份在时间序列上的分布，一个时期大洪水出现频次很高，另一个时期大洪水出现频次很低或不出现，这种高频期和低频期呈阶段性的交替变化。例如海河流域近 500 年，受灾区域在 50 个州县以上或农田受灾面积超过 3300 千公顷的流域性大洪水共发生了 28 次，每 100 年平均 5.6 次。然而 1501—1600 年的 100 年中，只发生过 3 次，而 1601—1670 年的 70 年中，则出现了 8 次。此后，1671—1790 年又处在一个低频期，120 年中只发生了 2 次；到 19 世纪后半叶，海河流域又进入大洪水的频发期，50 年内发生了 5 次。各个时期出现大洪水的频率很不均匀。每个站高频期和低频期长度各不相同，海河、长江上游（以宜昌站为代表）阶段性变化大致同步，16 世纪都处在低频期，17 世纪为高频期，18 世纪即清代中前期又转为低频期，19 世纪下半叶至 20 世纪 30 年代又是一个高频期。从全国范围来看，这种阶段性变化也是存在的。18 世纪至 19 世纪初，重大灾害性洪水发生的频率比较低，从 19 世纪 40 年代至 20 世纪 30 年代，又是一个频发期，历史上许多著名的特大洪水都出现在这个时期。例如黄河 1843 年洪水为近 1000 年来的最大洪水；长江 1860 年、1870 年相继发生超过 100 年一遇的特大洪水，其中 1870 年洪水为近 800 年来最大的洪水。在大周期内还存在小周期的变化，例如 20 世纪 30 年代，全国各地区频频发生重大灾害性洪水，如 1930 年大、小凌河特大洪水，1931 年江淮特大洪水，1933 年黄河特大洪水，1935 年长江中游特大洪水，1939 年海河北系特大洪水等。而 20 世纪 40 年代前半期（1940—1946 年），全国几乎没有发生过重大灾害性洪水。新中国成立以后的 40 余年间，20 世纪 50 年代前后（1949—1963 年）水灾较多，60、70 年代（1964—1979 年）处在低频期，80 年代以后又进入高频期，90 年代接连出现大范围的水灾，如 1991 年江淮大水、1994 年中国南部和北部大水。

大洪水的第三个特点是稀发性。稀发性，是指重大洪涝灾害事件在时间上和空间上发生频次低。在时间上往往几百年甚至上千年才发生一次，如长江 1870 年洪水，是一次罕见的特大洪水，根据忠县附近的洪水题刻，洪水为高程，1870 年洪水在 1153 年以来历次大洪水中居第一位，是 870 余年来最大的一次洪水。黄河 1843 年洪水，推测三门峡水位 301 m，是唐末（距今 1110 余年）以来洪水水位最高的一次。在空间上也显示出灾害罕有性，如淮河流域 "75.8" 大洪水。"75.8" 特大暴雨是一次发生在流域最西部的台风型暴雨，特大暴雨中心林庄站最大 24 小时降雨量为 1060.3 mm，超过了当时我国实测暴雨的纪录。另外，暴雨中心落区又发生在了石漫滩水库和板桥水库两座大型水库的上游，最终导致几十座水库垮坝，给下游带来了严重灾难。表 3-1 为全国主要河流代表站大洪水各月出现的频率。

表 3-1　全国主要河流代表站大洪水各月出现频率

流域	河名	站名	大洪水次数	各月所占比重（%）							
				3 月	4 月	5 月	6 月	7 月	8 月	9 月	10 月
珠江流域	西江	梧州	48	0	2.1	4.2	33.3	33.3	25	2.1	0
	北江	横石	27	3.7	3.7	29.6	48.2	11.1	3.7	0	0
	郁江	南宁	45	0	0	0	6.6	35.6	35.6	13.3	8.9
长江流域	长江	宜昌	64	0	0	0	1.6	60.9	28.1	9.4	0
	嘉陵江	北碚	77	0	0	5.2	5.2	33.8	18.2	31.1	6.5
	汉江	安康	104	0	1.9	6.7	8.7	31.7	13.5	26.9	10.6
	赣江	外洲	33	0	18.2	18.2	39.4	15.2	3	6	0
淮河流域	淮河	息县	20	0	0	5	25	45	25	0	0
	沙颍河	周口	33	0	3	3	9.1	27.3	36.4	15.1	6.1
黄河流域	黄河	陕县	33	0	0	0	27.3	54.5	18.2	0	0
	伊洛河	黑石关	18	0	0	5.6	0	33.3	38.9	11.1	11.1
	渭河	咸阳	23	0	0	0	0	30.4	34.8	34.8	0
海河流域	漳河	观台	14	0	0	0	0	14.3	71.5	7.1	7.1
	滦河	滦县	13	0	0	0	0	38.5	61.5	0	0
松辽流域	松花江	哈尔滨	17	0	0	0	0	5.8	47.1	47.1	0

二、主要江河流域洪水特征

黄河、长江、淮河、海河、辽河、松花江和珠江七大江河的中下游平原，地势平坦，洪水来量与泄量矛盾很突出，全国水灾主要集中在这一地区。

（一）长江流域洪水特点

长江全长 6397 km，流域面积约为 180 万 km²，干流宜昌以上为上游，控制流域面积约为 100 万 km²。宜宾以上称金沙江，宜宾至宜昌区间汇入岷江、沱江、嘉陵江、乌江等重要支流。宜昌至湖口为中游，区间流域面积为 68 万 km²，主要支流有清江，沮漳河，洞庭湖水系的湘、资、沅、澧四水和鄱阳湖水系的赣、抚、信、饶、修五河及汉江。其中自枝城至城陵矶的干流河段称荆江，南岸有松滋、太平、藕池、调弦四口分江水入洞庭湖。湖口以下为下游，流域面积为 12.6 万 km²，主要支流有青弋江、水阳江、巢湖水系和太湖水系，淮河下游的大部分水量也通过入江水道进入长江。

长江洪水主要由暴雨形成，流域各支流大洪水出现的时间，最早始于 4 月上旬，最晚至 10 月上旬，7、8 两月最为集中。一般年份，汛期中下游早于上游，江南先于江北，鄱阳湖水系、湘江、资水为 4—7 月，沅江、澧水、清江、乌江为 5—7 月，上游各支流及汉江为 7—10 月。正常年份干支流洪水可以错开，不致酿成大灾。如果气候反常，各支流洪水出现的时间提前或错后，上、下游，干支流洪水遭遇，就有可能形成全江性大洪水。按照暴雨时空分布特点，流域大洪水可以分为流域性洪水和区域性洪水两种类型。流域性洪水是由连续多次大范围暴雨，上、中、下游普遍发生大洪水，干支流洪水遭遇造成的。这类洪水虽然发生概率较小，但洪水峰高量大，历时长，灾害严重，如 1931 年、1954 年、1998 年、2010 年、2020 年洪水。另一类是区域性洪水，是由一次集中的大面积暴雨形成的。这类洪水出现的概率较大，上、中、下游都可能发生，洪水灾害限于某些支流或干流的某一河段，如 1870 年、1981 年长江上游特大洪水，1935 年长江中游特大洪水，2004 年川渝地区洪水，2011 年长江中下游大洪水等。长江洪水特征包括以下几个方面：

（1）洪水峰高量大，历时长。长江干流实测最大洪峰流量发生在 1954

年大通站，洪峰流量为 92600 m³/s，调查洪水最大洪峰流量发生在 1860 年和 1870 年，推测长江干流枝城站的洪峰流量超过 110000 m³/s；另外主要支流如汉江、嘉陵江实测最大流量都超过 40000 m³/s，调查最大洪峰流量超过 50000 m³/s。一次洪水过程演进历时长，干流洪水过程由屏山演进至宜昌可能要 20～30 天左右，再到汉口、大通站可能超过 50 天；各支流一次洪水过程一般在 10 天左右。由于洪峰高、历时长，导致洪水总量很大，如 1954 年汉口最大 60 天洪水量达 3220 亿 m³，大通站为 4210 亿 m³，洪峰、量远大于其他河流。汛期（5—10 月）洪水量的组成：以大通为控制站，宜昌以上约占50%，中游约占 44%，下游约为 6%；以汉口为控制站，宜昌以上约占 66%，洞庭湖水系约占 23.9%，汉江约占 7%，清江约为 3.1%。

（2）洪水比较稳定，年际变化小。干流宜昌、汉口、大通等站，年最大洪峰流量变差系数（C_v）分别为 0.16、0.12、0.17，相应 60 天洪量变差系数分别为 0.15、0.12、0.17，各主要支流洪水年际变化也比较小，年最大洪峰流量变差系数一般在 0.20～0.40 之间。

（3）含沙量低，输沙量大。宜昌多年平均含沙量为 1.2 kg/m³，但水量大，多年平均年输沙量为 5.3 亿 t；大通站多年平均含沙量为 0.157 kg/m³，多年平均年输沙量为 4.7 亿 t。上游泥沙主要来自金沙江下游和嘉陵江流域。随着三峡水库拦蓄、上游梯级水库群运用及上游水土保持治理，长江中游宜昌、枝城、沙市、监利、螺山及汉口站年输沙量分别减少了 91.2%、89.5%、85.4%、78.0%、77.1% 及 72.4%。受洞庭湖区、汉江汇流及床面冲刷补给等影响，螺山、汉口站年均输沙量也呈递增趋势。表 3-2 为长江中游主要站点的径流量与输沙量。

表 3-2　长江中游主要站点的径流量与输沙量

水文站	净流量 / 亿 m³		输沙量 / 万 t	
	2002 年前	2003—2014 年	2002 年前	2003—2014 年
宜昌	4369	4010	49200	4346
枝城	4450	4093	50000	5237
沙市	3942	3770	43400	6338
监利	3576	3647	35800	7874
螺山	6460	5935	40900	9352
汉口	7111	6707	39800	10966

长江洪水灾害主要集中在中下游 12.6 万 km² 的平原地区。洪水来量大，河湖蓄泄能力不足是成灾的主要原因。20 世纪 80 年代河道安全泄量，荆江河段（包括四口分流在内）为 60000 ~ 68000 m³/s，城陵矶河段不足 60000 m³/s，汉口约 70000 m³/s，湖口以下约 80000 m³/s，但宜昌以上洪水来量，自 1877 年有实测记录以来超过 60000 m³/s 的洪水有 24 次，自 1153 年以来 800 多年中调查到大于 80000 m³/s 的洪水有 8 次，其中大于 90000 m³/s 的有 5 次。城陵矶以下几次大洪水如 1931 年、1935 年、1954 年洪水，如果不分洪溃口和无湖泊调蓄，合成洪峰流量都在 100000 m³/s 以上。洪峰流量大大超过了河道的安全泄量，超额的洪水量很大，因此一旦发生大洪水泛滥，被淹时间可长达数月。

（二）黄河流域洪水特点

黄河干流全长 5464 km，流域面积为 75.2 万 km²，干流自河源至内蒙古托克托为上游，托克托至河南省桃花峪为中游，桃花峪以下为下游。黄河上、中游流域面积为 73 万 km²，占全流域面积的 97%，绝大部分是高原山地。下游河道全长 770 km，穿行于华北大平原中部，河道比降平缓，除东平湖、陈山口至济南玉符河口局部地段为山丘外，绝大部分河段全靠堤防约束。由于泥沙淤积，目前河床平均高程约高出地面 3 ~ 5 m，部分河段高出 10 m，成为举世闻名的"悬河"，对两侧大平原造成严重的洪水威胁，是全流域防洪的重点区域。

黄河流域成灾洪水主要由暴雨和冰凌形成。暴雨洪水发生在 7—8 月的称"伏汛"，发生在 9—10 月的称"秋汛"，"伏秋大汛"是黄河的主汛期。每年 2—3 月，上游宁、蒙河段和下游山东河段发生冰凌洪水，称"凌汛"。暴雨洪水来源有 3 个地区：兰州以上地区、中游托克托至三门峡区间和三门峡至花园口区间。这 3 个地区洪水一般不会遭遇。兰州以上地区，雨区面积大，历时长，强度不大，加之有湖泊、沼泽的滞蓄，洪水过程涨落平缓，洪水演进历时较长，洪水主要威胁兰州市和宁蒙灌区以及河套平原。1981 年 9 月曾发生有实测记录以来的最大洪水，兰州站实测洪峰流量为 5600 m³/s（如将当时刘家峡、龙羊峡两水库调蓄洪水还原，推算兰州站洪峰流量达 7090 m³/s）。据历史洪水调查，1904 年兰州曾发生洪峰流量为 8500 m³/s 的特大洪水。上游洪水传播到中下游，流量一般约为 2000 ~ 3000 m³/s。中游托克托至三门峡洪水，托克托至龙门区间是黄河流域的主要暴雨区，暴雨强度大、历时短，干、支流坡度大，常形成涨落迅猛、峰高量小的洪水，同时挟带大量泥沙，为黄河泥沙的主要来源。1967 年 8 月，龙门站实测最大洪峰流量为 21000 m^3/s。据历史洪水调查，道光年间曾发生洪峰流量为 31000 m^3/s 的特大洪水。龙门至潼关河段，河道宽阔，对尖瘦的洪水过程可以起到较大的削峰作用。当中游地区发生西南—东北向分布的大面积暴雨时，干流龙门以上的洪水有可能与渭河洪水遭遇，形成三门峡峰高量大的洪水。如 1933 年陕县洪峰流量为 22000 m^3/s，12 天洪量达 91.9 亿 m^3，为 20 世纪最大洪水。据历史洪水调查，1843 年三门峡河段洪峰流量达 36000 m^3/s。黄河下游洪水有两种类型：以三门峡以上来水为主的称为"上大型"洪水，以三门峡至花园口区间来水为主的称为"下大型"洪水。20 世纪最大的"下大型"洪水为 1958 年洪水，花园口站洪峰流量为 22300 m^3/s。据历史洪水调查推算，1761 年最大洪水，花园口站洪峰流量为 32000 m^3/s，而花园口站最大安全泄量只能达到 22000 m^3/s，艾山站以下为 11000 m^3/s，出现极端洪水时，黄河下游防洪压力巨大。

　　黄河中下游洪水特点表现为以下几个方面：①洪水峰高量小，历时短。一般条件下，黄河花园口段一次洪水涨落过程大概 10 ～ 12 天，历史调查最大洪水 1761 年 12 天洪量为 120 亿 m^3。由于水源补给有限，黄河干流大洪水的历时、总量远小于其他主要江河。因此，运用蓄滞洪工程可以显著削减干流洪峰。②洪水含沙量大，水沙异源。黄河是世界上含沙量最大的河流，黄河中游流经的黄土高原是世界上水土流失最严重的地区，也是黄河泥沙的集中来源区。1919—1959 年间，黄河每年从中游带到下游的泥沙总量约 16 亿 t，其中 4 亿 t 沉积在下游河道，导致下游"地上悬河"形势严峻。随着青铜峡、刘家峡水库蓄水运用以及水土保持措施的相继实施，1960—1986 年间，黄河年均输沙量减小至 12 亿 t。在龙羊峡水库蓄水运用以及黄土高原水土流失治理力度大幅增加等多因素耦合的影响下，1987—2000 年间，黄河年均输沙量进一步减少至 7.7 亿 t。进入 21 世纪，黄河中上游水土保持措施水沙调控效益持续发挥，年均输沙量锐减至现在的 2.44 亿 t。黄河年输沙量 80% 以上集中在汛期（7—10 月），而汛期又主要集中在一次或几次洪水过程中。91.3% 泥沙来源于中游，而 58% 的径流来自上游，高浓度的含沙水流造成下游河道严重淤积，导致河床不断抬高。河道善淤善徙，水位、河势常发生突变，给河道整治、防汛带来复杂问题。③洪水年际变化大。目前威胁黄河下游的洪水主要来自三门峡至花园口区间，这个地区是黄河暴雨中心区之一，洪水年际变化较大，年最大洪峰流量变差系数 C_v 值为 0.92，远大于上游（一般小于 0.4）和中游（一般小于 0.6）。④河道削峰作用明显。黄河下游河道上段（花园口—陶城埠）堤距 5～10 km，最宽处达 20 km，下段（陶城埠—利津）堤距 0.4～5 km，河滩地面积 3500 km²，这种上宽下窄的河道形态可以起到显著的削峰沉沙作用。

（三）淮河流域洪水特点

淮河流域面积为 27 万 km²，分为淮河、沂沭泗河两大水系，两水系洪水特点不同。

（1）淮河水系流域面积为 19 万 km²，洪河口以上为上游，接纳来自桐柏、伏牛山及大别山区的干流及各支流，流域面积为 2.9 万 km²，干流河道比降为 0.5%。洪河口至洪泽湖出口的中渡为中游，流域面积为 13 万 km²，北侧为黄淮平原，主要支流有洪河、沙颍河、涡河、浍河等，大多数河流穿行于平原之中，河道坡度平缓，历史上受黄河夺淮影响，河道淤塞严重。南岸有史、淠河等支流汇入。由于洪泽湖底淤积抬高，中游干流段河道过于平缓，平均比降为 0.03‰，泄洪能力很低，两岸连串的湖泊洼地历史上都是淮河行洪滞洪场所。洪泽湖以下为下游，包括里下河地区，地面高程低于洪泽湖底，为水网密布的平原，依靠洪泽湖大堤、里运河东堤保护。淮河入洪泽湖以后，经宝应、高邮湖地区的入江水道在三江营入长江。淮河水系洪水，主要来自上游伏牛山区及淮南山区，就其影响范围而言，可以分为全流域性洪水和局地性洪水两种类型。全流域性洪水是由梅雨期大范围连续多次暴雨造成的，其特点是中、上游山区各支流普遍发生洪水，洪峰接踵出现，中游左岸平原支流洪水相继汇入干流，形成全流域性大洪水。全流域性洪水过程可长达 2 个月以上，消退缓慢，淮河沿线长时间处于高水行洪状态，影响淮北地区排水。20 世纪曾在 1921 年、1931 年、1954 年发生 3 次全流域性的特大洪水，1931 年和 1954 年洪泽湖最大 30 天洪量均超过 500 亿 m³，1954 年正阳关最大洪峰流量达 12700 m³/s，进入洪泽湖的洪峰流量达 15800 m³/s。1921 年、

1931 年淮河大水与 1954 年相似，1921 年洪水历时更长，洪泽湖 120 天洪量超过 1931 年、1954 年，达 826 亿 m^3。局地性洪水往往是由台风或者涡切变天气系统暴雨造成的，暴雨强度大，洪峰流量很大。如 1975 年 8 月淮河支流洪汝河、沙颍河特大洪水，板桥水库（控制面积为 768 km^2）最大入库洪峰流量达 13000 m^3/s；1968 年 7 月淮河干流上游特大洪水，王家坝站最大洪峰流量为 17600 m^3/s；1969 年淮河正阳关水位达 25.85 m，流量为 6940 m^3/s，主要就是由这两条支流 7 月的一次洪水造成的。这类洪水对局部地区可能造成毁灭性的灾害，但洪水总量不大，对淮河下游影响不大。

（2）沂沭泗河水系发源于沂蒙山区，洪水经人工开挖的新沂河和新沭河入海，流域面积约为 8 万 km^2，是我国暴雨洪水量级最大的地区之一。洪水出现的时间比淮河水系稍迟。沂、沭河上中游为山丘区，河道比降大，洪水汇集快，洪峰尖瘦，集水面积为 10315 km^2 的沂河临沂站，在上游暴雨后不到半天，就可出现 10000 m^3/s 以上的洪峰，一次洪水过程仅为 2～3 天。南阳湖、独山湖、昭阳湖和微山湖构成的南四湖是沂沭泗河水系最大的湖泊，承纳湖西平原和湖东泗河来水，最大蓄洪量为 48 亿 m^3。湖东诸支流多为山溪性河流，源短流急，洪水陡涨陡落；湖西诸支流流经黄泛平原，泄水能力低，洪水过程平缓。南四湖出口泄量不足，发生大洪水时往往湖区周围洪涝并发。南四湖出口至骆马湖之间邳苍地区的北部为山丘区，径流系数大，洪水涨落快，也是沂沭泗河水系洪水的重要来源。骆马湖汇南四湖、邳苍地区及沂河洪水，经新沂河下泄入海。新沂河为平原人工河道，比降较缓，沿途又承接沭河部分来水，因而洪水峰高量大，过程较长。1957 年 7 月发生的约 50 年一遇的洪水（南四湖水系的洪水约为 80～90 年一遇），沂河临沂站（集水面积为 10315 km^2）洪峰流量为 15400 m^3/s，南四湖入湖最大 30 天洪量为 114 亿 m^3，骆马湖入湖最大 30 天洪量为 214 亿 m^3，沂沭泗水系的洪水共淹地 2270 千公顷。据调查，1730 年（清雍正八年）特大洪水，沂河临沂站洪峰流量为 30000～33000 m^3/s，沭河大官庄站（集水面积为 4609 km^2）洪峰流量为 14000～17000 m^3/s。与淮河洪水相比，沂沭泗河洪水出现时间稍迟，历时短，但来势迅猛。

淮河流域洪水年际变率比长江流域要大。淮河干流中游各站 30 天、60 天、120 天的洪量变差系数 C_v 值都在 0.95～0.85 之间；沂沭泗河水系的沂河、沭河主要控制站临沂、大官庄洪峰流量变差系数 C_v 值为 0.85 ～ 0.95，7 天、15 天、30 天洪量变差系数 C_v 值为 0.95 ～ 0.90。

（四）海河流域洪水特点

海河流域面积为 26.4 万 km^2，包括海河、徒骇河、马颊河各水系。海河水系由漳卫河、子牙河、大清河、永定河、潮白河、北运河、蓟运河 7 条河流组成，山区平原约各占一半。

20 世纪 60 年代以前，除蓟运河单独在北塘港附近注入渤海外，其余各河均汇入海河干流于塘沽注入渤海，海河干流全长 73 km。20 世纪 60 年代以后开辟了尾闾新河，才改变了各河汇集天津由海河入海的局面。海河流域北部和西部为山地高原，东部和东南部为辽阔平原，太行山、燕山山脉由西南至东北呈弧形分布，山地至平原过渡带甚短。海河平原是由黄河与海河各支流冲积而成的，高程在 50 m 以下，地势由西北、西、西南三面向天津缓缓倾斜，由于受黄河屡次迁徙改道影响和南北大运河的束缚限制，形成缓岗坡洼相间分布的复杂地形，洪涝水排泄困难。

海河洪水来自夏季暴雨，暴雨发生时间主要集中在 7、8 两月，尤其是 7 月下旬至 8 月上旬，约占大暴雨次数的 85%。太行山、燕山的东南迎风坡是暴雨集中分布的地带，暴雨强度大、历时长。背风山区、坝上高原也会出现大强度暴雨，但属短历时局地暴雨，不会形成大洪水。由于暴雨中心落区不同，流域大洪水可分为南系洪水和北系洪水。统计表明，当漳卫河、子牙河、大清河等南系河流发生大洪水时，北部各河洪水较小，而当永定河、北运河、潮白河、蓟运河等北系各河发生大洪水时，南部各河洪水较小。20 世纪，南系、北系各河都发生过特大洪水。北系以 1939 年的洪水为最大，潮白河的白河（尖岩村）调查洪峰流量达 11200 m^3/s，洪水冲塌了密云县（今密云区）的城墙；下游苏庄调查洪峰流量为 11000 ～ 15000 m^3/s，洪水冲毁苏庄闸夺箭杆河下泄；永定河卢沟桥洪峰流量为 4390 m^3/s，冲倒桥上石栏杆，漫决入小清河；小清河洪峰流量为 2580 m^3/s，永定河左堤在梁各庄决口改道，京山铁路中断；大清河各支流普遍发生大洪水，唐河中唐梅河段调查洪峰流量为 11700 m^3/s，沙河郑家庄为 10000 m^3/s，千里堤溃决。该年 7、8 两月全流域洪水总量为 304 亿 m^3。南系以 1963 年 8 月洪水为最大，

暴雨中心内丘县獐独村 8 月 2—8 日 7 天降雨量达 2050 mm，洪水以子牙河支流
滏阳河和大清河为最大。据调查估算，经水库调蓄以后，大清、子牙河 8 月 7 日
越过京广铁路最大流量达 43200 m³/s，漳卫、子牙、大清三水系 8 月上旬一次暴
雨洪水总量达 270.16 亿 m³。上述两次大洪水，在平原地区相当于 50 年一遇。据
历史洪水调查，1801 年（清嘉庆六年）北系发生类似 1939 年的特大洪水，永定
河卢沟桥洪峰流量达 9600 m³/s，大清河北拒马河千河口洪峰流量达 18500 m³/s；
1569 年（明隆庆三年）南系发生类似 1963 年特大洪水，漳河观台最大洪峰流量
达 16000 m³/s，滹沱河支流冶河最大洪峰流量达 24800 m³/s，洪水均比 1939 年、
1963 年的大。

（五）松花江、辽河流域洪水特点

辽河流域面积为 22.9 万 km²，上游的西辽河和东辽河在福德店汇合后称
辽河。1958 年以后，辽河流域分成两个分别入海的水系：辽河水系总面积
为 20.2 万 km²，由西辽河、东辽河和辽河干流各支流招苏台河、清河、柴河、
泛河、柳河、绕阳河等组成，经盘山市双台子河入海；大辽河水系总面积为
2.7 万 km²，由浑河和太子河两大支流在三岔河合流后经营口入海。辽河流域
山地丘陵面积占 60%，平原占 34%，沙丘区占 6%。辽河流域洪水主要集中
在 7、8 月份，洪水发生的地区分三种情况：①西辽河洪水。西辽河流域面积
为 14.7 万 km²，绝大部分流经风蚀沙土区。洪水主要来自上游老哈河与西拉
木伦河的山地丘陵区，洪水流经西辽河平原，沿途有平原水库、洼地，河槽
容蓄量大，洪峰削减较大，对辽河干流洪水影响不大。1962 年 7 月，西辽河
上游老哈河发生特大洪水，红山水库最大入库流量达 12700 m³/s，经水库调
蓄后，出库最大流量仅为 995 m³/s，洪水到郑家屯站为 1760 m³/s，到辽河铁
岭站减为 1610 m³/s。②辽河干流洪水。主要包括东辽河及左岸清河、柴河、
泛河等支流，该地区是辽河流域的主要暴雨中心区，洪水量级大。1951 年 8
月，辽河干流铁岭站洪峰流量为 14200 m³/s；1953 年 8 月，清河开原站洪峰
流量为 9500 m³/s，干流铁岭站洪峰流量为 11800 m³/s。辽河中游右侧支流洪
水一般不大，但柳河水土流失严重，大量泥沙输入辽河干流，致使河床淤高，
泄洪能力减弱。③浑河、太子河洪水。主要包括沈阳和辽阳以上山地丘陵区，

与辽河东侧支流同处在暴雨中心区。浑河、太子河两河相邻，洪水同步，量级很大。1960 年 8 月特大洪水，太子河辽阳站洪峰流量达 18100 m³/s，浑河大伙房水库的最大流量为 7630 m³/s。辽河洪水年际变化很不稳定，干支流洪峰流量变差系数 C_v 值在 1～1.5 之间。

松花江是黑龙江流域在我国的最大支流，上游嫩江与第二松花江在吉林省扶余县（今扶余市）三岔河汇合后称松花江，至同江县与黑龙江汇合。黑龙江、松花江和乌苏里江三江汇合地带的广大平原称三江平原。松花江流域面积为 55.7 万 km²，山地丘陵占 74%，平原占 26%。松花江洪水主要由暴雨形成，大洪水多发生在 7—9 月，4 月份还会出现冰凌洪水。松花江干流（哈尔滨以上）大洪水，往往是由嫩江和第二松花江较大洪水遭遇造成的。嫩江流域面积约为 28 万 km²，除局地性暴雨外，一般降雨强度不大，当接连出现几场大雨之后，即可形成干流较大洪水。嫩江干流河道比降平缓，中游河段洪水期间水面宽超过 10 km，河槽调蓄能力很大，洪水涨落缓慢，过程历时长达 2 个月。第二松花江流域面积约为 7800 km²，暴雨强度大，洪水过程陡涨陡落，大洪水主要出现在 7、8 两月。因此嫩江的洪水下来以后很容易与第二松花江、拉林河的洪水遭遇，造成松花江干流大洪水。如 1957 年 8 月下旬嫩江大水，大赉站洪峰流量为 7790 m³/s，与此同时，第二松花江也发生大洪水，丰满水库洪峰流量为 16000 m³/s，最大出库流量为 6000 m³/s，下游扶余站洪峰流量为 5900 m³/s，并与嫩江洪水遭遇，遂形成哈尔滨洪峰流量为 12000 m³/s 的特大洪水，对哈尔滨市造成严重威胁。哈尔滨至佳木斯区间，有呼兰河、牡丹江、汤旺河等重要支流汇入，如干支流洪水遭遇也可以形成下游大洪水。1960 年牡丹江洪水（长江屯洪峰流量为 8580 m³/s）与干流洪水（哈尔滨洪峰流量为 9100 m³/s）在佳木斯遭遇，形成洪峰流量为 18400 m³/s 的大洪水，造成松花江下游水灾。据 1932 年、1934 年、1953 年、1956 年、1957 年 5 次大洪水资料分析，哈尔滨站最大 60 天洪水量的组成：嫩江大赉站、第二松花江扶余站、拉林河蔡家沟站 3 个站组成的比例分别为 58%、29%、13%，长时段洪量嫩江来水要占一半以上。而洪峰流量的组成，嫩江所占的比重相对减少。对 1949 年以后哈尔滨流量超过 8000 m³/s 的 5 次大洪水进行分析，其平均情况，大赉站占 54.9%，扶余站占 34.7%，蔡家沟站占 10.4%，其中除 1969 年哈尔滨站洪峰流量 88% 来自嫩江外，其他四年，第二松花江和拉林河的洪水占 46% ～ 57%。因此从洪峰流量的组成来看，第二松花江和拉林河往往占很大比重。松花江干流洪峰、洪量年际变化比较大，洪峰和 7 天洪量的 C_v 值，干流哈尔滨站分别为 0.85 和 0.81，第二松花江上游丰满站为 0.70 和 0.55，嫩江富拉尔基站为 0.92 和 0.86，其他支流为 0.75 ～ 1。

6. 珠江流域洪水特点

珠江流域由西江、北江、东江及珠江三角洲诸河组成，流域总面积为 45.37 万 km²，中国境内为 44.21 万 km²。全流域山地、丘陵占 94.4%，平原占 5.6%。西江是珠江的主要支流，发源于云南省沾益县（今沾益区）马雄山，流经贵州、广西，于广东省三水县（今三水区）思贤滘与北江汇合入珠江三角洲。思贤滘以上流域面积为 35.3 万 km²，约占总流域面积的 78%。北江发源于江西省信丰县，流域面积为 4.67 万 km²。东江发源于江西省寻乌县，流域面积为 2.7 万 km²，珠江三角洲和注入三角洲的各小河流，流域面积为 2.68 万 km²。

珠江流域洪水均由暴雨形成，4—7 月为前汛期，8—9 月为后汛期，大洪水主要发生在前汛期。洪峰流量大于 35000 m³/s（约 5 年一遇）的洪水，前汛期与后汛期出现的比例为 2：1；20 世纪，洪峰流量大于 40000 m³/s（约 15 ～ 20 年一遇）的洪水，共 13 次，前汛期 9 次，占 70%，后汛期 4 次，占 30%。西江洪水峰高量大、历时长，梧州站一次洪水历时一般为 30 ～ 40 天。1915 年 7 月特大洪水，梧州站洪峰流量为 54500 m³/s，30 天洪量为 856 亿 m³。北江洪水发生季节略早于西江，峰形尖峭，洪水过程呈连续多峰型。横石站实测最大洪峰流量为 18000 m³/s（1982 年），历史最大洪峰流量达 21000 m³/s（1915 年），实测最大 15 天洪量为 115 亿 m³（1968 年）。东江博罗站实测最大洪峰流量为 12800 m³/s（1959 年），最大 15 天洪量为 96.5 亿 m³（1966 年）。如果西江、北江洪水遭遇，往往形成三角洲特大洪水。1915 年，西江梧州、北江横石均出现洪峰流量相当于 200 年一遇的特大洪水，两江洪水遭遇，造成三角洲地区罕有的大水灾。1968 年 6 月，西江梧州洪峰流量为 38900 m³/s，约 10 年一遇，北江石角洪峰流量为 14900 m³/s，约 20 年一遇，两江洪水遭遇，造成三角洲地区自新中国成立以来最严重的水灾。珠江洪水年际变化比北方河流小，梧州站洪峰流量 C_v 值为 0.22，北江横石站、东江博罗站的 C_v 值分别为 0.34 和 0.42。

第四章　洪涝灾害特征

独特的地理环境和季风性气候决定了我国自古以来就是洪涝灾害频发的国家。据《中国历代天灾人祸表》（陈高佣等，1986）统计，明代各类自然灾害中，水灾占总量的41%，清代各类自然灾害中，水灾占总量的34%。新中国成立以来，我国几乎每年都有水灾发生，每年因洪涝灾害导致大量的农作物受灾和成灾，分别约占耕地面积的10%和5%。特别是20世纪90年代以来，我国平均每年因洪涝灾害导致的经济损失约为1100亿元，约占同期全国GDP的1.8%，遇到发生流域性大洪水的年份，如1991年、1994年、1998年、2010年、2020年，该比例可达到3%～4%，约是美国的60多倍、日本的8～9倍。据不完全统计，2000年以来的洪涝、地震、地质、海洋灾害以及森林火灾五类自然灾害所造成的经济损失中，洪涝灾害占到八成以上，死亡人口也是洪涝灾害排名第一，约占六成，足见我国受洪涝灾害影响程度之深。洪涝灾害已经成为我国社会经济可持续发展的重要制约因素之一。

一、对国民社会经济的影响

（一）农业损失情况

作为农业大国，我国洪涝灾害的发生不可避免地会给农业生产带来巨大的影响，特别是重大洪涝灾害往往会造成大面积农田被淹、农作物被毁，使得农业产品产量下降甚至绝收。1950年以来，我国农作物受灾面积累计达到681168.8千公顷，成灾面积累计达到364885.34千公顷，年均农作物受灾面积为 9460.68 千公顷，年均成灾面积为 5988.19 千公顷。

1950 年以来，农作物受灾率总体呈现上升趋势，在 20 世纪 60 年代和 90 年代是两个高值区，有 9 个年份农作物受灾面积超过了年度农作物播种面积的 10%。其中 1991 年农作物的受灾率达到 16.44%，1950 年以来年均农作物受灾率为 6.56%。1990 年以来，随着大规模水利建设，大江大河骨干工程相继完成，农作物的受灾率呈现下降趋势。就农作物成灾情况而言，洪涝灾害导致的农作物成灾率呈现逐年下降趋势。1950 年以来，年均成灾率为 52.56%，其中 1956 年成灾率最高，为 75.85%，1972 年成灾率最低，为 30.84%。1950—1960 年，个别年份因灾受灾率大于 70%，之后成灾率逐年下降，1970 年以来，农作物成灾率基本在 60% 以下。

1990 年以来，农作物受灾面积占到全国总受灾面积 5% 以上的省份有 11 个，分别是黑龙江、江苏、安徽、江西、山东、河南、湖北、湖南、广东、广西、四川，上述省份受灾面积总和占全国的 70%。其中，年均洪涝灾害农作物受灾面积大于 1000 千公顷的省份主要有湖南、湖北两省。其中，湖南省年均农作物受灾面积为 1073.69 千公顷，湖北省年均农作物受灾面积为 1096.11 千公顷。上述两省年均受灾面积接近年均主要农作物种植面积的 1/7。黑龙江省、华北平原、江淮地区、两广、川渝地区年均农作物受灾面积均达到 500 千公顷以上。新疆、西藏、青海、宁夏、京、津等区域年均农作物受灾面积小于 100 千公顷。从农作物受灾率来看，黄河流域、松辽流域、西北内流区、西南地区等省份的受灾率小于 10%，其中华北地区的京、津、冀、晋、豫，西北地区及内流区的甘、宁、青、新等，以及西藏、上海的受灾率更在 5% 以下。而东北三省受灾率在 8% 以上，西南云贵川地区在 7% 左右，其他地区的受灾率均在 10% 以上，如海南省年均洪涝灾害受灾率达到 18%，浙江省达到 16% 以上。

从农作物成灾情况来看，1990 年以来，农作物成灾面积占到全国总成灾面积 5% 以上的省份有 10 个，分别是黑龙江、江苏、安徽、江西、山东、河南、湖北、湖南、广东、四川，成灾面积总和占全国的 60% 以上。其中，年均洪涝灾害农作物受灾面积大于 500 千公顷的省份有 4 个，分别是湖南、湖北、安徽、黑龙江。其中，湖南省年均农作物受灾面积为 647.1 千公顷。除西部的甘、宁、青、新、藏和华北的京、津、晋等省（区、市）年均成灾面积小于100千公顷外，其他省（区、市）的成灾面积均在100～500千公顷之间。从成灾率来看，青海、西藏、海南、广东、福建、江苏、上海、山西、北京九省（区、市）年均受灾率小于50%。其中，西藏自治区的年均成灾率最低，仅为40.8%；而湖南、安徽、吉林、内蒙古、河北、天津六省（区、市）的年均受灾率大于60%，其中内蒙古自治区的年均受灾率最高，达到69.4%。

（二）人口受灾情况

全世界每年在自然灾害中死亡的人口约有3/4是由于洪水灾害。我国历史上每发生一次大的水灾，都有严重的人口死亡的情况发生，但是各类文献中，关于人口死亡的记载多是"溺死者无算""死亡枕籍""人畜飘没无算"之类的定性描述，而无具体的统计数字。从20世纪30年代几次重大水灾来看，死亡人数是很惊人的。1931年发生全国范围大水灾，灾情最重的湘、鄂、鲁、豫、赣、皖、苏、浙八省，死亡人数达40万；1935年长江中下游大水，淹死14.2万人；1932年松花江大水，仅哈尔滨市就淹死2万多人，相当于当时全市总人数的7%；1938年黄河花园口人为决口，死亡89万人。这里还没有计及因水灾造成疫病饥馑等间接死亡的人数。人口的大量死亡，不仅给人们心理上造成巨大创伤，而且给社会生产力带来严重的破坏。新中国成立以后，因水灾死亡的人数大幅度下降，但遇到特大洪水，灾害仍然是很严重的，例如1954年长江特大洪水死亡3万余人，1975年河南特大洪水死亡26000余人。1998年大水过后，我国水利建设取得突飞猛进的发展，洪涝灾害死亡人口大幅减少。

由于大规模的水利建设，近几十年来，我国受灾人口总体变化趋势不明显，但因灾死亡人数呈下降趋势，其中山洪泥石流灾害死亡人数占比呈上升趋势。受灾人口在20世纪90年代中期处在一个高值区，其中1996年受灾人口为25383.97万。1980年以来，年均受灾人口在1.39亿左右。由于主要水利建设和防灾减灾措施的完善，因灾死亡人口呈现降低的趋势，近年来年均因灾死亡人口控制在千数以下。同时，中小河流治理不到位，尤其是山区河流治理不利，导致山洪泥石流灾害致死人口占洪涝灾害死亡人口的绝大部分。

如2010年山洪灾害死亡人口达到2814，占当年总死亡人口的87.6%，其中甘肃舟曲"8·7"特大山洪泥石流灾害因灾死亡人口达1501，占当年因灾死亡人口的46.6%。1990年以来，受灾人口占到全国总受灾人口5%以上的省区有8个，分别是浙江、安徽、江西、湖北、湖南、广东、广西、四川，上述省区成灾面积总和达到全国的60%以上。其中，湖南省年均洪涝灾害受灾人口所占比重最大，占全国总数的9.3%。淮海流域、长江流域、珠江流域以及东南沿海地区的主要省份，年均受灾人口达到500万以上，并且受灾人口大于1000万的省区集中在长江中下游主要省区和两广地区。如湖南省年均受灾人口达到1499万；黄河流域、海河流域、松辽流域的主要省区年均受灾人口在100万～500万之间；西部内流区、西藏自治区，以及北京、天津、宁夏等省（区、市）年均受灾人口在100万以下，如西藏自治区年均受灾人口仅为9万左右。图4-1为1950年以来每10年因洪涝灾害死亡人口。

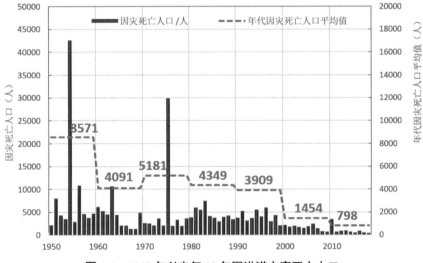

图4-1　1950年以来每10年因洪涝灾害死亡人口

（三）直接经济损失情况

洪涝灾害的直接经济影响，主要就是指受灾体遭受洪涝灾害袭击后，自身经济价值降低或丧失所造成的直接影响。由于社会经济发展，单位面积的经济密度大幅度增高，虽然洪涝灾害强度不大，但经济损失却呈现上升趋势。

近年来，大量水利工程的建设有效地降低了洪涝灾害的强度，但是各类水利工程设施在抵御洪水过程中损毁严重，水利设施因灾经济损失年均占洪涝灾害总损失的15.8%，且呈逐年增高趋势。东南沿海地区是我国经济最发达的地区，每年台风过境均给东南沿海一线省区造成严重的经济损失，因灾损失额年均400亿元，且呈逐年波动增高的趋势。2013年达到1259.91亿元，占当年洪涝灾害经济总损失的39.9%。台风灾害经济损失占年度洪涝灾害总损失的比重呈现明显的周期性波动，但趋势不明显。2000年以来，台风灾害造成的年均经济损失占总经济损失的28.9%，其中2003年、2010年台风灾害损失占总损失的比重最小。图4-2为1991—2018年洪涝灾害直接经济损失占当年GDP的比例均值。

图4-2　1991—2018年洪涝灾害直接经济损失占当年GDP比例均值

从直接数量来看，1990年以来，年均直接经济损失占全国总经济损失5%以上的省区有9个，分别是有浙江、安徽、福建、江西、湖北、湖南、广东、广西、四川，上述省区因灾直接经济损失总和接近全国的60%。其中，浙江省年均因灾直接经济损失所占比重最大，占全国总数的9.9%。就水利设施经济损失而言，年均水利设施经济损失占全国总经济损失5%以上的省份有6个，分别是浙江、福建、江西、湖南、广东、四川，上述省份水利设施经济损失总和超过全国水利设施因灾经济损失总额的50%。其中，四川省年均因灾水利设施直接经济损失所占比重最大，占全国总数的10.2%。

从空间分布来看，湖南、广东、浙江等省份年均因灾直接经济损失在 100 亿元以上。如浙江省年均因洪涝灾害直接经济损失约为 142.47 亿元；东北的辽宁，长江流域的四川、重庆、湖北、安徽、江西、福建、广西等省（区、市）年均因灾直接经济损失在 50 亿～ 100 亿元之间；天津、宁夏、青海、西藏、上海等省（区、市）年均因灾直接经济损失在 10 亿元以下，如宁夏回族自治区年均因洪涝灾害直接经济损失为 1.96 亿元。就水利设施因灾经济损失而言，我国南方地区除贵州、上海、云南、海南等省区外，大部分省（区、市）年均水利设施因灾经济损失都在 10 亿元以上，其中四川省数量最多，年均因灾水利设施经济损失达到 24.8 亿元。吉林、辽宁、河北、陕西、云南等省年均水利设施因灾经济损失在 5 亿～ 10 亿元之间。宁夏、青海、西藏、上海等省（区、市）年均水利设施因灾经济损失在 1 亿元以下，如上海市年均水利设施因灾经济损失仅为 0.34 亿元。

（四）其他社会经济损失

房屋倒塌和破坏是洪涝灾害对居民社会生活造成影响的另一个重要方面。1950 年以来，我国因洪涝灾害倒塌房屋共 12296.77 万间，平均每年约为 166.17 万间。2000 年以来，我国因洪涝灾害倒塌房屋 1672.57 万间，平均每年约为 69.69 万间。特别是以年代为单位观察可以发现：20 世纪 90 年代为洪涝灾害重灾期，年均倒塌房屋 293.16 万间；20 世纪 50 年代和 60 年代的倒塌房屋数量也相对较多，分别为 240.52 万间 / 年和 251.13 万间 / 年；2010 年以来倒塌房屋数量最少，仅为 45.76 万间 / 年（2010—2021 年）。从数量来看，1990 年以来，年均倒塌房屋数量占全国总倒塌房屋数量 5% 以上的省区有 8 个，分别是安徽、福建、江西、湖北、湖南、广东、广西、四川，上述省区倒塌房屋数量总和达到全国的 60%。其中，湖南省年均因洪涝灾害倒塌房屋数量所占比重最大，占全国总数的 11.8%。从空间分布来看，四川、湖北、湖南、安徽、江西等长江流域沿海省份，广西、福建等东南沿海省区的年均因灾倒塌房屋数量在 10 万间以上。如湖南省年均因洪涝灾害倒塌房屋约为 22.38 万间；陕西、重庆、河南、山东、江苏、广东、黑龙江、吉林等省市年均因洪涝灾害倒塌房屋的数量为 5 万～ 10 万间；北京、天津、宁夏、青海、西藏、上海、海南等省（区、市）年均因洪涝灾害倒塌房屋数量在1万间以下。

二、洪涝灾害对自然环境的影响

洪涝灾害不仅会造成巨大的经济损失，而且对人类赖以生存的环境造成极大的破坏。例如暴雨洪水引起的水土流失，每年都会有大量土壤及其养分流失，致使土地贫瘠，同时水流中泥沙含量增加，导致河流功能衰减、湖泊萎缩、耕地沙化，造成的严重后果是难以估量的。洪水灾害引起的环境问题主要有以下几个方面。

（一）对生态环境的破坏

洪水对生态环境的破坏，最主要的是水土流失问题。根据水利部发布的《中国水土保持公报（2020年）》显示，全国水土流失面积为269.27万 km^2，约占国土总面积的28%，其中水力侵蚀面积112万 km^2，占水土流失总面积的41.59%。严重的水土流失带走表层土壤中大量的氮、磷、钾，严重制约着山丘区农业生产的发展，而且给国土整治、江河治理以及保持良好的生态环境带来困难。国际上普遍认为每年冲蚀表土2 cm时即为灾害性水土流失。北方黄土高原严重的水土流失区，每年冲蚀表土近10 cm，一些县每年损失耕地数十公顷乃至数万公顷。南方花岗岩或沙页岩分布地区，土层薄，水土流失后果比北方地区更为严重。部分坡耕地受雨水冲击，岩石裸露，土地石化，不能耕作，同时大量石英砂或岩屑被冲进水稻田，迫使有限的可耕地被弃耕，且很难恢复。比如西南石漠化地区水土流失面积为24.52万 km^2，占区域土地总面积的23.20%。重庆市万州区自20世纪50年代以来，"石化"面积每年扩大2500公顷；贵州省毕节市"石化"面积为6540.65公顷，已达到该市国土总面积的24.36%（2005年）。湖北省秭归县、贵州省清镇市每年增加"石化"面积达300～400公顷。如果发生特大暴雨洪水，水土流失更加严重。1981年7月，四川省发生暴雨洪水，全省受冲刷的坡耕地约为6670千公顷，乐至县全县有约160公顷坡耕地被冲成基岩裸露的"光板山"。

（二）对耕地的破坏

洪水灾害对耕地的破坏，从水利的角度来看，主要是水冲沙压、毁坏农田。至于历史上黄河的每次决口，都使城镇和交通遭到破坏；对农业造成的损失更严重，洪泛区水退沙留，农田被吞噬，成为沙荒和沙滩；由于破坏了原有水系，排水不畅、土地盐碱化等问题更加严重。这些灾害造成的后果使一个地区较长时期内难以从根本上摆脱困境。如从 1194 年黄河改道入淮至 1855 年止，660 余年中黄河给淮河留下数千亿立方米的泥沙，不但淤废了淮河独流入海的尾闾，而且使沙颍河以东淮北平原河道全部淤塞壅滞，破坏了河道的泄洪排洪能力。又如 1801 年海河大水，永定河漫决，新城"冯家营北引河淤塞，地被沙压者甚众"（《新城县志》）。1886 年滦河大水，滦县马城一带"冲决尤酷，变膏腴为砂碛，富者立贫，贫者立毙"（《滦县志》）。黄河决口泛滥对土地的破坏更为严重。每次黄河决口泛滥，大量泥沙覆盖沿河两岸富饶土地，导致大片农田毁灭。如 1938 年黄河人为扒口南泛之后，约有 100 亿 t 的泥沙被带到淮河流域，豫东、皖北及徐淮地区形成了 4.5 万 km^2 的"黄泛区"，在豫东黄泛主流经过的地区，如尉氏、扶沟、西华、太康等县，黄土堆积浅者数尺，深者逾丈，昔日房屋、庙宇多被埋入土中，甚至屋脊也渺无踪影。整个"黄泛区"满目芦茅丛柳，广袤可达数十里，"黄泛区"内原先肥沃的土地遭到毁灭性破坏。据 1985 年对安徽北部的萧县、砀山二县的调查统计，低产土地占耕地面积的 22%，这些沙土中黏粒含量低，一般在 5% 左右，沙粒含量达 85% 以上，土粒松散，有机质含量低，保水保肥能力差。在低洼地方，如遇连续阴雨，易受渍害，成为大面积的低产区。同时，洪涝灾害加剧盐碱地的发展。洪水泛滥以后，土壤经大水浸渍，地下水位被抬高，其中所含大部分碱性物质被分解，随着强烈蒸发，大量盐分被带到地表，土壤盐碱化，给农业生产和生活环境带来严重危害。历史上就有这种情况，如河北省平原地区，据《武强县志》记载："明万历三十五年（1607 年）大水，滹滋交溢，先时城内井水甘美，地称肥腴，经水后地皆碱，水皆咸矣。"《新河县志》记载，清道光三年（1823 年）大水，"一淹而三年碱卤无收，人多饿死"。

（三）对河流水系的破坏

河流与人类的关系极为密切，我国的黄河、埃及的尼罗河、印度的恒河都是人类古代文明的发祥地。河流在航运、灌溉、发电、行洪、水产养殖和旅游等国民经济各方面有重要意义。洪水决口泛滥，常常打乱河流水系，改变防洪和洪水风险格局，造成河道排洪泄洪能力降低。黄河历次改道，携带大量泥沙的黄河洪水侵入淮河、海河流域，导致淮河、海河河道淤塞、水系紊乱，成为水灾频发的区域。长江流域1860年洪水冲决荆江藕池，形成藕池河；1870年长江发生特大洪水，荆江南岸决口冲开松滋河，形成四口向洞庭湖分流的态势。

黄河历次决口改道，华北平原北至海河、南至淮河水系无不受其影响，凡黄河流经的故道都将过去的湖泊洼地淤成高于附近地面的沙岗、沙岭，使黄淮海平原水系紊乱、出路不畅，是洪涝灾害频发的根源。由于黄河历次改道和本流域各支流的冲积，凡流经地带，地势均高出附近地面，形成沙岗、沙垅，两河之间又形成相对洼地，经河流不断冲积、截割，形成垅岗交错、洼淀相间的复杂平原地貌，排水困难，一旦出现大洪水，即一片汪洋，形成大面积的洪泛区。

严重的水土流失还会造成河流中下游地区的河道、湖库淤积问题。洪水期水体含沙量激增，由于洪水挟带大量泥沙向下游平原河道、水库、洼淀、湖泊转输，除下游平原河道可能由于泥沙淤积提高土壤肥力外，一般都加剧了淤积危害，譬如抬高河床、降低河道行洪能力，并可能造成改道。黄河"悬河"的形成，正是泥沙淤积的结果。水库淤积，影响水库的使用寿命及效益的发挥，水库淤损率随水库运行时间的增加整体呈上升趋势，水库运行的时间越长，水库的淤损率就越高。据统计，我国水库因汛期拦蓄洪水而造成淤积损失库容达10%～43%（陈永柏等，1994）。根据第一次全国水利普查数据显示，我国水库淤损率为11.28%，其中黄河流域水库淤损最严重，淤损率高达36.76%；海河流域为12.31%，松辽流域为8.02%，南方片区的长江、淮河、珠江等河流的水库淤损率均小于5%。洪水造成的土壤侵蚀还表现为水土流失、泥石流、滑坡及岩崩等灾害。

（四）对水环境的污染

洪水泛滥还可引起水环境的污染，包括病菌蔓延和有毒物质扩散，直接危及人民健康。

1.病菌和寄生虫蔓延

洪水泛滥，使垃圾、污水、人畜粪便、动物尸体漂流漫溢，河流、池塘、井水都会受到病菌、虫卵的污染，导致多种疾病暴发，严重危害人民身体健康。大水期间，水质受到严重污染，加上高湿高温的气候更有利于蚊蝇的滋生繁殖。虫蚊密度增大，在受灾人群聚集区域，交叉感染的机会也就增多。佟延功等人（2001）于1998年9月—1999年6月对哈尔滨市灾区部分浅层地下水（压水井）水质进行动态监测，灾区浅层地下水部分监测指标各月份合格率明显低于对照点相对应指标的合格率，主要表现在色度、浑浊度、氨氮、亚硝酸盐氮、总大肠菌群等污染指标上，说明洪涝灾害对浅层地下水水质有一定影响。尤其是灾区的总大肠菌群指标10个月监测的总合格率为82.2%，对照点的总合格率为94.7%，两者有高度显著性，表明灾区水质总大肠菌群合格率明显低于对照点水质的合格率，反映出灾区部分浅层地下水水质存在粪便污染。方明珍等人（2002）对佳木斯市被洪水淹没过的井水采样120份，经检验细菌总数合格率为12.63%，总大肠菌群合格率为2.28%，并检出1例沙门氏菌，明显高于1995年无洪涝灾害发生时上述井水调查的合格率（61.14%、11.85%）。冯忠彬等人（2000）对白城市洪涝灾害后灾区被水淹和水围的手压井、小口井、洪水发生后新建手压井、集中式给水自来水（包括深井和浅井，深井深70m以上，浅井如手压井、小口井等，井深一般为10～20 m）进行监测，结果显示大肠菌群、混浊度、细菌总数3项指标，有近1/2的水样不合格，每升水样中大肠菌群的超标数最高值达到716个，是合格标准的238倍，细菌菌落总数最高值为21000 cfu/mL，亚硝酸盐氮、氨氮、氯化物等项指标也有2%～10%的超标率。水灾发生半月内，大肠菌群的超标率达到89.66%，水灾发生1个月后、2个月后、3个月后调查的超标率分别为51.76%、44.62%、31.34%。细菌总数和混浊度的超标率也很严重，从水灾发生1月后的41.18%和42.35%均降至3个月后的32.84%。深井水水质，水灾发生后没有受到污染，但新建手压井和小口井大肠菌群严重不合格，分别为75%和64.29%，细菌总数分别为50%和57.14%，其中小口井超标率较高。1999年湖州市区发生特大洪涝灾害，陈新泉等人（2000）对重灾区地表水源水质进行监测，结果显示1999年地表水源中氨氮、亚硝酸盐氮及硝酸盐氮、大肠菌群等指标明显高于1998年，表明水源被粪便等有机物和微生物严重污染。2003年安徽省淮河流域发生洪涝灾害，孙玉东等人（2005）对洪涝灾害地区饮用水卫生状况进行调查，结果显示水源水的合格率为12.5%，主要污染指标是化学需氧量，其次是浊度。

2. 有毒物质的扩散

洪涝灾害发生期间，泛滥的洪水时常会引起突发水污染事件，导致大面积的水体污染，进而使有害病菌滋生蔓延和有毒物质扩散，直接危及人民的身体健康。未经处理的工业废水、废渣、药剂、电镀废液中，一些有毒重金属如汞、锌、铅、铬、砷等从污染源直接排入水环境，其污染物的物理、化学性质未发生变化，属于一次污染物，水环境污染主要是由一次污染物造成的。一次污染物排入水体后，在物理、化学、生物作用下发生变化，形成新的污染物，称二次污染物。二次污染物对环境和人体的危害通常比一次污染物更严重，如无机汞化合物通过微生物作用转变成甲基汞化合物，对人体健康的危害比汞或无机汞要严重得多。当一些城镇、厂矿遭到洪水淹没后，一些有毒重金属和其他化学污染物大量扩散，污染水质。如1991年大水导致废水废渣和有毒有害物质严重扩散，如溧阳市清安乡电镀厂镀槽被淹，废液溢入附近河中，水流中氰化物浓度达0.062 mg/L。还有不少临河而建的工厂、仓库被淹以后，大量农药、化肥流失，据无锡市6个镇供销社仓库的调查，流失农药约440 t、化肥约2510 t，严重污染附近水质。如2010年7月吉林市永吉县温德河流域发生洪水，永吉县两家企业的库房被冲，导致7000多只化工原料桶被洪水冲入松花江，引发严重水污染，受到社会普遍关注，给受影响区域群众造成心理紧张和恐慌。2020年6月7日，湖南省永州市江永县源口水库泄洪放闸，桃源河河水暴涨，多处受灾。位于上白象村河段边江永县恒穗农化服务中心的农药化肥仓库部分被洪水冲垮，内有100多吨化肥随洪水进入桃源河中。因水流过大，这些农用化学物资都已经无法打捞，造成下游水域水质污染。

三、洪涝灾害的区域特征

为便于了解各地洪灾基本特征，根据形成洪灾的自然条件和灾害的性质，将全国分成东部和中西部两大地区。各区洪灾成因和特征分述如下。

（一）东部地区

范围包括吉林、天津、山东、安徽、江苏、上海、江西、浙江、福建、广东、海南、台湾12个省（市）的全部和黑龙江、辽宁、北京、河北、河南、湖北、湖南、广西等省（区、市）的大部分地区，面积约为248万km²，占国土面积的25.8%，我国洪涝灾害主要集中在这一地区。本地区洪灾主要为暴雨洪灾，冬春季节，黄河和松花江下游有时还会发生冰凌洪灾。暴雨洪灾发生的时间有一定规律，南岭以南珠江流域重大洪灾主要发生在5—6月，长江、淮河流域在7—8月，海河流域在7月下旬至8月上旬，辽河、松花江流域集中在8月份。若发生大面积暴雨，受灾范围往往很广，一次重大洪灾的农田受灾面积可以达到数百万公顷。历史上本地区是全国洪涝灾害发生频率最高的地区。

1. 东北平原

东北平原包括松嫩平原、三江平原和辽河平原，总面积约为20.7万km²。松嫩平原水灾主要由于上游干支流洪水泛滥，造成两岸阶地和河谷平原水灾。嫩江、松花江干流河道坡度平缓，河道比降一般在0.1%以下，洪水涨落缓慢，历时长达2～3个月，积涝时间很长。灾害性洪水多出现在8月份，正当晚秋作物成熟和收割期，对农业生产影响很大。三江平原处在黑龙江、松花江、乌苏里江汇合地带，地势低平，地面高程在海拔40～60 m之间，平原区内广泛分布沼泽化洼地，地面坡降为1/12000～1/8000。汛期江河洪水位高出地面，排水不畅，涝渍灾害严重。辽河平原是东北平原中洪水灾害最严重的地区，主要由东辽河及辽河干流左岸支流清、柴、泛河洪水造成。该地区是东北主要的暴雨中心区，洪水量级大，历史上辽河下游平原洪涝灾害十分严重，洪灾频率达到20%～33%。目前各支流都建有水库，山区洪水已得到一定控制，洪灾频率有所降低，但右岸支流柳河含沙量大，柳河口以下辽河干流淤积严重，加上人为的阻障，河道防洪能力大为减弱，如果发生大洪水，可能造成辽河下游与浑河、太子河决口泛滥，形成一片洪泛区，灾害严重。如 1985 年辽河干流洪水不算大，铁岭站洪峰流量只有 1750 m³/s，但由于洪水历时长，河道阻塞严重，造成近 40 年来最严重的洪涝灾害。

2. 东北东部山丘区

由小兴安岭、张广才岭、长白山、千山等山系组成的山地丘陵区，除少数山峰外，海拔高程均在 200 ～ 1000 m 之间。山东半岛、沂蒙山区暴雨洪水特征与辽东半岛相似，亦归入这一区。发源于山区的主要河流有松花江及其右岸支流第二松花江、拉林河、牡丹江和左岸呼兰河、汤旺河；辽河及其支流东辽河、清、柴、泛河，以及浑河、太子河；此外尚有乌苏里江、图们江和鸭绿江等国际河流。本区年暴雨日数以千山东南坡鸭绿江口丹东附近为最多，多年平均为 3 天，往北逐渐减少，至小兴安岭山丘区，多年平均年暴雨日数只有 0.5 天。受台风影响，以辽东半岛暴雨强度最大，曾经发生过 24 小时降雨 581.5 mm 的特大暴雨，大部分地区 24 小时点暴雨极值在 150 ～ 300 mm 之间。长白山西侧是东北地区的主要暴雨中心区，大面积暴雨范围一般可达 10 万 km²，因此在暴雨区内的第二松花江，东辽河，清、柴、泛河和浑河、太子河，有可能同时发生特大洪水，导致这个地区发生严重洪灾。在松花江左岸小兴安岭的呼兰、汤旺河流域也是相对的暴雨高值区。该地区洪峰流量的年际变化大，洪峰流量变差系数 C_v 值在 0.8 ～ 1.0 之间，仅次于黄河中游和华北地区诸河。山区洪灾主要发生在沿江宽阔河谷地带。辽南地区、沂蒙山区洪灾频率比上述地区高，属洪灾常发区，频率在 10% ～ 20% 之间，并自南往北递减。总的来说，东北东部山丘区大部分地区洪灾频率较低，一般都在 5% 以下，属洪灾少发区。

3. 黄淮海平原区

黄淮海平原区主要包括海河、淮河、黄河下游平原，海拔高程在 5 ～ 100 m 之间，总面积约为 33.2 万 km²，由于历史上曾受到黄河的干扰，平原微地形变化复杂，垅岗交错，且多封闭的洼地，水系紊乱，排水不畅。本区年暴雨日数一般为 1 ～ 3 天，最大 24 小时点降雨量多年平均值为 80 ～ 140 mm，受西风带天气系统和热带天气系统的影响，一次大面积暴雨笼罩面积常可达

10万～20万 km²。本地区水灾均由暴雨洪水造成，由于暴雨特点不同，一般有两种类型的洪灾：一种是由长历时连续多次暴雨造成的水灾，其范围广，积涝时间长，例如淮河1921年、1931年、1954年水灾，海河1939年水灾等都属于这种类型；另一种是由一次大暴雨形成的洪灾，如海河1963年、1996年、2012年、2016年暴雨洪灾，淮河1975年、1991年暴雨洪灾，积涝时间相对较短。本区西部太行山、伏牛山迎风坡，暴雨强度是全国最高的地区，洪水峰高量大，而平原河道泄洪能力低，山区来水量与平原河道泄洪能力矛盾非常突出，这是本区发生水灾的根本原因。本区的水灾特点：①受灾面广。当遇到重大水灾，受灾面很广，如海河平原，农田受灾面积动辄二三百万公顷，淮河平原更是如此。2012年"7·21"暴雨洪涝灾害过程中，京津冀地区179个县（市）、1390个乡（镇）受灾，受灾面积超过14000 km²。②洪灾的性质以漫淹型为主，洪水一出山口，水流扩散，流速缓慢，洪水不能迅速归槽，积涝时间长，对农业生产危害大，但由于水流冲击力小，人员伤亡相对比较轻，如果发生溃坝或者重要堤防（如黄河大堤、运东大堤）溃决，则灾害将非常严重。

4. 长江中下游平原区

长江中下游平原区主要为湖积冲积平原，东西延伸超过1800 km²，总面积为12.6万 km²，主要由江汉平原和洞庭湖、鄱阳湖、巢湖、太湖四大湖泊平原组成。江汉平原在远古时代原本是云梦大泽，后来由于泥沙堆积才逐渐分割成许多大小湖泊。随着人口繁衍，沿江沿湖围垦开垦面积越来越大，许多小型湖泊日渐消失，遂成今天地势低平的江汉平原，其地势低下，坡度平缓，海拔高程在200 m乃至50 m以下。本区降雨量充沛，年暴雨日数为4～6天，且多为大面积暴雨。受西太平洋副热带高压的影响，本区汛期比较长，每年的4—5月即进入汛期，7—8月份是本区域的主汛期。区域内干支流河道泄洪能力严重不足，难以承受上游巨大洪水来量是本区出现重大洪涝灾害的主要原因。四大湖区的防洪安全全靠江堤和围垦保护，但现有堤防的防洪标准偏低，干流大堤为10～20年一遇，几个大湖区围堤只有5～10年一遇，而平原湖区地面高程普遍低于江河洪水位几米至十几米，汛期江湖高水位持续时间长，使得本区成为我国洪涝灾害最严重的地区。本区的水灾特点：①洪涝灾害发生的频率高，是全国洪涝灾害发生频率最高的地区。②洪涝灾害受灾范围广，受梅雨锋的影响，常发生连续多次大面积暴雨，一般为区域性水灾，农田受灾面积常在百万公顷以上，如果发生全流域性洪水，长江中下游六省一市的灾情就非常严重，如1954年、1998年、2010年、2020年等年份。③汛期时间长，从4、5月开始直至9月都可能发生大面积的水灾。

5. 江南、华南丘陵区

江南、华南丘陵区主要包括长江以南的江南丘陵、南岭山区及东部沿海山地。主要山脉呈南北走向的有雪峰山、罗霄山、武夷山等，呈东西走向的有南岭山脉。长江、淮河之间的大别山区与江南丘陵雨洪条件极其相似，亦归入本区。本区大部分地区海拔高程在200～500 m之间，少数山峰在1500 m以上。本区内主要河流有长江支流湘江、资水，鄱阳湖水系的赣江、抚河、信江、饶河、修水中上游，以及独流入海的钱塘江、瓯江、闽江等，还有珠江流域的柳江、桂江、郁江、北江、东江等支流。本区暴雨特点：锋面系统暴雨和热带气旋暴雨都很活跃，暴雨季节长，3—9月都可以发生大暴雨，多年平均年暴雨日数为4～6天，24小时点暴雨极值一般可以达到400 mm以上，最大可达900 mm以上。受梅雨锋影响，可以产生范围很广的大面积暴雨，暴雨笼罩面积可达20万 km^2 以上。在同一区域内，几条大的河流常同时发生大洪水。例如1982年6月中旬江南丘陵区出现大面积锋面雨，历时9天，降雨量在200 mm以上的雨区达18万 km^2，湘江、赣江、抚河、信江、钱塘江、闽江都同时发生大洪水，浙、闽、湘、赣四省178个县市1170千公顷农田受灾，受灾人数达1660万。2006年6月上旬，我国江南、华南、西南地区东部出现大到暴雨，强降雨导致山洪暴发、河水猛涨，部分地区引发严重的洪涝、山体滑坡和泥石流灾害，造成800多万人受灾、60余人死亡。这一地区洪峰流量年际变化不大，C_v 值在0.3～0.5之间。一些河流如钱塘江上游、瓯江、珠江都具有明显的双汛期。洪灾发生的频率比较高，在10%～20%之间。

6. 珠江三角洲平原区

珠江三角洲平原区位于广东省中南部，面积约为1万 km^2，是华南最重要的农业区、我国重要的商品粮基地。三角洲地势低平，平均海拔不足50 m，水网密布，汛期大部分地面低于外江洪水位 2～7 m，全靠堤防保护。本区降雨量丰沛，暴雨频繁，年暴雨日数为 5～10 天，24 小时点降雨量最大值可达 850 mm。三角洲洪灾主要来自上游西江、北江洪水，如果西江、北江洪水遭遇，三角洲地区则会发生严重水灾。例如 1915 年 6—7 月发生在珠江流域的特大洪水，西江梧州洪峰流量达 54500 m³/s，北江横石洪峰流量达 21000 m³/s，均为近 100 余年来最大洪水。东江也同时发生大水，三江洪水遭遇，又适逢大潮顶托，珠江三角洲遭遇空前的严重水灾，三角洲所有堤圩几乎全部溃决，受淹农田 432 千公顷，受灾人口 379 万，死伤 10 余万人，水淹广州市达 7 天之久。2005 年 6 月 17—25 日，珠江流域出现大范围持续性暴雨天气。西江中下游发生了超 100 年一遇的特大洪水，北江出现约 10 年一遇的洪水，东江发生近 20 年来最大的一次洪水。西江、北江洪水进入珠江三角洲，恰逢 19 年来最大天文大潮，致使珠江三角洲也发生了特大洪涝灾害。广东全省共有 94 个县（市、区）、799 个乡镇、445.972 万人受灾，倒塌房屋 5.41 万间，因灾死亡 65 人，农作物受灾面积为 217.1 千公顷。除江河水灾外，台风灾害也很严重。每年平均有 1.29 个台风在这里登陆，台风登陆时一般都有 200 mm 以上的大暴雨，常引起山洪暴发和内涝。

7. 滨海风暴潮区

台风风暴潮灾严重的岸段主要分布在江苏省小洋河口到浙江省北部海门（包括长江口和杭州湾）以及温州、台州地区沿海岸段，福建省沙埕（宁德地区）至闽江口附近，广东省汕头至珠江口，雷州半岛东岸和海南省东北部沿海及广西岸段。上述地区包括上海市、宁波市（北仑港）、温州市、福州市（马尾港）、汕头市、广州市、湛江市和海口市等沿海大城市。台风在西太平洋一年四季均可发生，每年 7—10 月为频发期，其中 8—9 月是台风风暴潮的多发季节。在我国登陆的台风平均每年有 7～8 个，台风登陆地点以广州至海南最多，占登陆总数的 31%；其次是福州至汕头，占 23%；汕头至广州占 14%；从山东半岛往南直至福州，台风登陆频率比较低，占 12%；山东半岛以北海岸占 10%。由温带气旋引发的温带风暴潮主要集中在渤海湾至莱州湾岸段。春、秋季节，渤海、黄海是冷暖空气频繁交绥的海域，渤海湾又是超浅海区，有利于风暴潮的产生和发展。温带风暴潮从 11 月至翌年 4 月的半年时间里，出现频次占总数的82.1%，尤其是11月份温带风暴潮出现频次最高，占总数的21.3%。

（二）中西部地区

中西部地区范围包括新疆、青海、西藏、甘肃、四川、内蒙古、宁夏、陕西、山西、贵州、云南的全部，以及辽宁、河北、河南、湖北、湖南、广西的部分地区。这一地区自然地理的基本特点：①地势由东部平原骤升到1000 m以上的高原山区，其中除四川盆地海拔高程在300～600 m以上之外，青藏高原、内蒙古高原、黄土高原、云贵高原海拔高程均在2000 m以上，山脉纵横，地形起伏大；②大部分地区距海洋500～5000 km，离水汽源地较远，因之不易形成长历时、大面积暴雨，灾害性洪水主要由局地性暴雨形成，西北内陆地区主要以冰川融雪洪涝灾害为主；③地质、地貌条件多种多样，洪灾具有明显的区域性特征。

1. 内蒙古高原森林草原区

内蒙古高原森林草原区包括呼伦贝尔市、锡林郭勒盟、昭乌达市、赤峰市、阿拉善盟的全部和乌兰察布市、巴彦淖尔市、哲里木市、兴安盟的部分。全区气候干燥，年降水量从嫩江上游的450 mm到西部阿拉善高原的50 mm，空间分布很不均匀，降水集中于6—8月。本区的北部为大兴安岭林区，草原主要分布在内蒙古高原的中部和东部，西部阿拉善高原主要为荒漠区。区内的河流除一部分属黑龙江、嫩江、辽河、滦河水系外，大部分属内陆河，河流下游汇入湖泊洼地或消失于草原戈壁。暴雨出现的机会较少，多年平均年暴雨日数为0.1～0.5天，遇到强对流天气，可能发生强度极大的短历时局地性暴雨，如1981年6月30日内蒙古四子王旗山湾子最大6小时暴雨降雨量超400 mm，1959年7月19日商都县张家房子最大3.5小时暴雨降雨量为620 mm，嫩江上游和西辽河尚可发生历时较长、范围较广的大雨和暴雨。区内洪灾有两种：一种是区域性的暴雨洪灾，主要出现在嫩江和西辽河，如1988年嫩江和额尔古纳河8月上、中旬两次大面积降水，嫩江上游9个县遭受洪灾，161千公顷农田受灾，死亡74人。1998年，嫩江流域连续降雨且强度大，发生了历史上罕见的特大洪水，洪水漫延到广阔的草场、农田，导致呼伦贝尔盟（今呼伦贝尔市）、兴安盟、哲里木盟（今通辽市）、赤峰市和锡林郭勒盟部分地区遭受了严重的洪涝灾害。洪灾造成的直接经济损失达 106.53 亿元。其中呼伦贝尔盟 12 个盟市、125 个乡镇、135.64 万人受灾；损坏房屋 21.51 万间，农作物受灾 747.9 千公顷，直接经济损失达 50.76 亿元。另一种是局地性山洪，主要发生在南部的乌兰察布市、哲里木市和赤峰市的浅山丘陵地带，锡林郭勒盟也时有发生。如 2003 年 7 月，内蒙古东部赤峰市、呼伦贝尔市、鄂尔多斯市等地山洪频繁发生，局部地区洪灾损失较为严重，受灾人口 46.5 万，倒塌房屋 9000 间，因灾死亡 23 人，全区农作物受灾面积近 290 千公顷，因灾死亡牲畜 1.6 万头（只），因灾直接经济损失为 9 亿元。此外，在呼伦贝尔草原和锡林郭勒盟草原的一些河流，春季尚有冰凌洪灾，但一般损失较轻。西部阿拉善地区降雨量很小，几乎不会导致洪灾。

2. 西北黄土高原区

西北黄土高原区包括山西高原、陕北高原、陇东高原、鄂尔多斯高原、关中盆地，宁夏回族自治区、青海省东部部分地区，以及贺兰山以东阴山以南、内蒙古自治区部分地区、河北省北部坝上高原。黄土高原区地貌非常破碎，河流含沙量极大，水土流失严重。地区气候干燥，年降水量为 200 ~ 600 mm，多年平均年暴雨日数为 1 天左右，多局地对流性暴雨，洪水灾害主要由这类暴雨导致。暴雨历时短，有时强度极大，如 1977 年内蒙古乌审旗 10 小时降雨量为 1400 mm，为我国大陆相同历时降雨量最高纪录。这类局地性暴雨范围不大，中心区仅几十或几百平方千米。本区洪灾特点：①小流域洪水量级极大，并伴随大量泥沙，水冲沙压，具有很大破坏力，对小区域内农田、村庄、小型水库常造成毁灭性的灾害。如 2017 年 7 月 25 日 20 时至 26 日 8 时，无定河流域面平均降雨量为 72.3 mm，大于 50 mm 降雨量的笼罩面积为 16612 km^2，大于 100 mm 降雨量的笼罩面积为 4600 km^2，大于 200 mm 降雨量的笼罩面积为 177 km^2。暴雨中心位于子洲、米脂、绥德三县境内。最大降雨量出现在子洲水地湾，为 233.6 mm，米脂为 214.2 mm，绥德赵家砭为 210.2 mm，均超过子洲、米脂、绥德有记录以来的最大日降雨量的 118.1 mm、100.8 mm、132.9 mm。"7·26"特大暴雨使子州县城内街道进水，绥德县城西山路（二道街）严重被淹。山坡乡村土路几乎无防护措施，对侵蚀最为敏感，也是侵蚀最严重的地方，深达几十厘米到几米的侵蚀沟随处可见，最深可达6 m。灾后调查显示，特大暴雨造成的坡耕地细沟侵蚀量多在20000 t/km² 左右，最大可达42000 t/km²。②由强对流云团形成的这类局地性大暴雨常发生在夜间，所以预测预防都很困难。③这类局地性暴雨洪灾随处可见，其中以陇东、陕北、晋北、内蒙古自治区河套地区发生的概率较大。由于暴雨笼罩范围小，因此对某一具体地点，遭遇的概率会较小。此外，本地区也可以发生范围较大的暴雨，主要发生在关中和晋东南地区。不论是局地性的还是区域性的洪灾，共同特点是水流中含沙量极大，如1977年7月延河大水，含沙量超过600 kg/m³，延河、北洛河、泾河3条河流输沙量高达4.2亿t，接近长江全年入海总输沙量。

3. 西北高山盆地区

西北高山盆地北部为阿尔泰山，南接昆仑山、天山，阿尔金山、祁连山横贯中部，这些高大山体，其山脊一般海拔均在3000～5000 m，高山区分布有大量冰川和永久积雪。区内准噶尔盆地、塔里木盆地、柴达木盆地是我国最大的3个内陆盆地，面积约为116.5万 km²，占本区面积的57%。盆地内气候干燥，降水稀少，风力强劲，沙漠、戈壁地貌发育，盆地东部边缘年降水量可达100 mm左右，盆地中心或西部不足10 mm，不存在洪灾。洪灾主要分布在天山南北麓山前洪积、冲积扇地带和河西走廊祁连山北坡。洪灾以暴雨山洪为主，在新疆，75%的洪灾是由暴雨山洪造成的。2018年7月31日6时至9时30分，新疆维吾尔自治区哈密市伊州区沁城乡小堡区域短时间内集中突降特大暴雨，1小时最大降雨量达到110 mm（当地历史最大年降雨量为52.4 mm），引发洪水。洪水涌入射月沟水库，造成水库迅速漫顶并局部溃坝。灾害造成20人遇难、8人失踪，8700多间房屋及部分农田、公路、铁路、电力和通信设施受损。这一地区的洪水具有来势猛、峰高量小、破坏力大的特点。洪水对出山口地带城镇、公路、水利设施威胁很大。此外，在阿尔泰地区、准噶尔西部山区、天山北坡和祁连山北坡河流，积雪融化如再遇春季暴雨可能造成春季洪灾。如2020年7月28日，新疆维吾尔自治区昌吉州东大龙口河发生暴雨融雪型洪水，其中吉木萨尔县泉子街乡上九户村河段28日10

时一度出现 53 m^3/s 的洪峰流量。

4. 四川盆地

四川盆地是一个以丘陵为主的盆地，海拔高程在 300～600 m 之间，地表起伏，盆地边缘被一系列高大的山脉环峙。米仓山、大巴山在盆地北部绵延；东南面有巫山、大娄山、乌蒙山，海拔高程为 1500～2000 m；盆地西部的邛崃山、峨眉山、大凉山海拔高程为 4000～5000 m，是东部季风区与青藏高寒山区的地理分界线。盆地内降雨量丰沛，年均降雨量在 1300 mm 左右，西部山地可达 1800 mm，如雅安年降雨量为 1805 mm，是全国著名的多雨区，有"雨城""天漏"之称。四川盆地的降雨主要集中在夏、秋两季，夏季占全年降雨量的 50%，秋季占 25%。秋雨强度小，雨日多。盆地北部地区是我国重要的华西秋雨区，年暴雨日数一般为 3～5 天，青衣江流域的峨眉山南麓可达 5～7 天，是我国中部暴雨最多的地区。四川盆地 24 小时点暴雨极值可达 300～500 mm，而且比较容易出现大面积暴雨，如 1981 年 7 月以涪江、嘉陵江为中心的大暴雨，历时 6 天，累计降雨量超过 200 mm，雨区范围达 7 万 km^2，降水总量为 192 亿 m^3。2004 年 9 月 2—5 日，嘉陵江流域出现特大暴雨，累计降雨量宣汉为 419 mm、开县为 383.9 mm、达州为 350 mm、渠县为 324 mm、开江为 315 mm，营山最低，降雨量也达 219 mm。开县最大日降雨量为 298 mm，为开县日降雨量历史极大值。盆地区洪灾有两种类型：一类是由大面积暴雨导致的大江大河洪水泛溢，洪灾主要集中在岷江、沱江、涪江、嘉陵江和渠江中下游河谷平川地带，两岸城镇、工矿、农田大片被淹。盆地区内 90% 的城市分布在江河沿岸，是地区内政治、经济、文化中心，其中有 77% 受到洪水威胁。如遇到特大洪水，洪灾造成的政治影响和经济损失都很严重。另一类是山地洪灾。四川盆地周边山区和丘陵区是我国山洪灾害的发生区域，灾害类型主要为局地性山洪、泥石流、滑坡等。这类灾害分散、频繁，年年都有发生，在历年洪灾损失中，这类灾害造成的损失要占总损失的 50% 以上。

5. 云贵高原区

云贵高原区位于四川盆地以南，江南丘陵、两广丘陵以西。地形是抬升的准平原，喀斯特地貌发育，峰林谷地，峰丛洼地，丘峰溶原构成独特的地貌特征。区内河流较大，河谷深切，山岭纵横，高原地貌兼具山地特征。本区处于南北冷暖气流角逐地带，冷空气南下时，受山脉丘陵阻滞，前锋在本区经常处于半静止状态，阴雨天气特别多，全年降雨日数达 170 天以上，是全国雨日最多的地区。夏季多阵发性降雨和雷暴雨，年暴雨日数为 2～6 天，最大 24 小时点降雨量在 100～300 mm 之间。受复杂地形影响，8—9 月份的锋面雨范围较广，且暴雨多呈斑状分布。云贵高原地形崎岖，临河城镇依山傍水，城市地面高差大，洪水灾害范围较小，本区洪灾主要来自 3 个方面：①中小河流山洪。由于云贵高原地形起伏大，城市、农田主要分布在中小河流河谷川地，洪灾较严重。如 2018 年 9 月 2 日凌晨，云南省麻栗坡县猛硐乡遭受强降雨袭击，并引发山洪灾害，导致部分村民房屋被毁，该乡电力、通信全部中断，多处道路塌方，交通中断。截至 9 月 4 日 8 时，灾害造成 5 人死亡、15 人失联、7 人受伤。②坡面洪灾。山崩、泥石流、滑坡灾害到处都可以发生，造成的经济损失比江河洪灾还要严重。③喀斯特洼地洪灾。本区喀斯特地貌发育，喀斯特洼地广泛分布，洼地内一般有数百公顷或上千公顷农田，土地肥沃，洼地四周为封闭式地形，一遇暴雨即形成积水，依靠天然溶洞排泄，情况严重时积水可深达数十米，消退时间可长达半月，对洼地内居民和农业生产造成严重影响。2016 年 6 月，广西北部、中部地区出现连续强降雨，柳州、来宾、贺州、河池、桂林、贵港和百色等市降雨量超过 300 mm，造成区内喀斯特洼地渍涝灾害，部分地区积水多达 10 天。严重灾害造成 19.91 万人受灾，农作物受灾面积为 20.2 千公顷，其中成灾 14.14 千公顷，绝收 2.89 千公顷，农业损失达 9682 万元。

6. 青藏高寒山区

青藏高寒山区包括西藏全区、青海南部、四川西部，海拔高程在 4000 m 以上，平均海拔为 4000～5000 m，地高天寒。高原东南部山区地形起伏很大，山峰海拔为 6000～7000 m，河谷地带仅为 2000～3000 m，印度洋暖湿气流沿雅鲁藏布江谷地伸入，带来丰沛的降雨。现代雪线起伏于 4500～5200 m，高于雪线以上的山峰很多，冰川面积超 47000 km²。冰川活动十分活跃，在冰川末端堆积有深厚的冰碛物，这些冰碛物极不稳定，暴发泥石流的可能性极大，特别是气温骤升天气，午后和傍晚最易发生泥石流。雅鲁藏布江及其支流是我国泥石流灾害发生最为频繁的地区之一，这一地区的滑坡、泥石流主要发生在每年的6—9月，据不完全统计，发生在这4个月的泥石流灾害约占该地区全部泥石流灾害的90%以上。川藏公路、中尼公路就有泥石流沟数百处，灾害严重。如1987年7月14日，由于冰川跃动，大约$3.6×10^5$ m^3的冰体脱离冰舌滑入米堆沟光谢错，使得湖水平均上涨1.4 m并形成涌浪，导致冰碛堤突然溃决；冰湖排空前后仅持续2小时，洪水侵蚀沿途的松散固体物质转化为稀性泥石流，演进迅速。由于没有充足的时间进行有效预防，泥石流卷走了沟内的米堆村，冲毁大量农田，同时冲毁了下游27 km长的川藏公路路基。

第五章　新时期防洪减灾对策

　　我国是世界上自然灾害最为严重的国家之一，灾害种类多，分布范围广，发生频率高，造成损失重。党的十八大以来，以习近平同志为核心的党中央将防灾减灾救灾放在突出的位置，多次就防灾减灾救灾工作作出重要指示，提出了一系列新理念新思路新战略，深刻回答了我国防灾减灾救灾重大理论和实践问题，充分体现了以人民为中心的发展思想，彰显了尊重生命、情系民生的执政理念，为新时代防灾减灾救灾工作指明了方向。

一、防洪减灾经验总结

　　长期以来，防洪减灾工作一直是我国国家治理的重要任务。在过去 70 年里，我国大江大河干流已基本形成了堤防、水库、蓄滞洪区等一体化的防洪减灾工程体系，流域防洪能力有了较大提高。截至 2020 年年底，全国已建成 5 级及以上江河堤防 32.8 万 km，累计达标堤防 24.0 万 km，堤防达标率为 73.2%，其中 1 级、2 级达标堤防长度为 3.7 万 km，达标率为 83.1%。已建江河堤防保护人口 6.5 亿，保护耕地 4.2 万千公顷；已建成流量为 5 m^3/s 及以上的水闸 103474 座，其中大型水闸 914 座，占已建成流量为 5 m^3/s 及以上的水闸的 0.88%；已建成各类水库 98566 座，水库总库容为 9306 亿 m^3。其中，大型水库 774 座，总库容为 7410 亿 m^3；中型水库 4098 座，总库容为 1179 亿 m^3。已建成各类装机流量 1 m^3/s 或装机功率 50 kW 以上的泵站 95049 处，其中大型泵站 420 处，中型泵站 4388 处，小型泵站 90241 处。全国水土流失综合治理面积达 143.1 万 km^2，累计封禁治理保有面积达 21.4 万 km^2。在长江、黄河、淮河、海河等主要江河开辟了近百处重点蓄滞洪区，总面积为 34261 km²，总蓄洪容积为 1075 亿 m³，有效缓解了重点地区的防洪压力；我国还对主要江河水系进行了疏浚、整治，扩大了淮河和海河入海通道；不断健全和完善城市防洪设施，积极推进海绵城市建设；修建了众多的排灌工程，农田涝灾大大减轻。通过山洪灾害防治项目，在全国开展了 431 条重点山洪沟（山区河道）的防洪治理，为 1817 个行政村、45433 个自然村、310 万人提供安全保障。主要江河的中小洪水得到有效控制，长江中下游荆江地区达到 100 年一遇防洪标准，遭遇 1870 年特大洪水时不发生毁灭性灾害；城陵矶及以下干流河段能防御 1954 年型洪水（最大 30 天洪量约为 200 年一遇）；黄河能确保花园口洪峰流量 22000 m³/s（近千年一遇）堤防不决口；海河流域通过强迫行洪可防御 20 世纪发生的最大洪水（北系 1939 年型洪水，南系 1963 年型洪水）；淮河流域防洪工程体系已经具有防御新中国成立以来历史最大洪水能力，干流上游防御能力达到 10 年一遇，中下游重要防洪保护区和重要城市达到 100 年一遇，主要支流达到 10 ～ 20 年一遇，沂沭泗河水系骨干河道中下游达到 50 年一遇；松花江流域干流可达 20 ～ 100 年一遇，重要城市城区段考虑上游水库和蓄滞洪区作用可达到 200 年一遇标准；辽河流域城市段达到或基本达到 100 ～ 300 年一遇的规划防洪标准，其他主要防洪保护区基本达到 50 年一遇；珠江流域北江大堤堤防标准已达规划 100 年一遇，下游其他主要堤防能力达到 20 ～ 50 年一遇，与水库、蓄滞洪区联合运用可保证广州市等保护对象达到防御 300 年一遇洪水标准；太湖流域基本达到防御“54 年型”50 年一遇洪水的标准。

我国依靠逐步完善的工程和非工程防洪体系，依靠全社会的广泛参与和各级各部门的协调配合，成功地应对了 1954 年江淮大水、1963 年海河大水、1982 年黄河大水、1998 年长江松花江大水、1999 年太湖大水、2003 年和 2007 年淮河大水、2005 年珠江大水、2016 年长江和太湖大水、2020 年长江流域大水等江河洪水，有效防范了局部严重洪涝，最大限度地减轻了洪涝灾害损失，积累了宝贵的经验。我国始终把坚持和加强党的全面领导作为应对洪涝灾害风险挑战的根本保证，组织动员防灾减灾救灾各方面资源和力量，进一步理顺统和分、上和下、防和救的关系，确保责任链条无缝对接，形成防洪减灾救灾工作整体合力。当前，我国防洪减灾治理体制机制在实践中充分展现出自己的特色和优势，即党的集中统一领导的政治优势、集中力量办大事的体制优势和党的组织优势，表现为以下几个方面。

一是确立了以人为本、民生优先的根本宗旨。长期以来，把确保人民群众生命安全放在第一位，是我国防灾减灾工作的基本宗旨。2018年7月，习近平总书记对防汛抢险救灾工作作出重要指示，强调"要牢固树立以人民为中心的思想，全力组织开展抢险救灾工作，最大限度减少人员伤亡，妥善安排好受灾群众生活，最大限度降低灾害损失"。在洪水灾害面前，首先要确保人民群众的生命安全。最大限度地减少人员伤亡是防御洪水应急响应决策和行动选择的首要准则。新中国成立以来，我国洪涝灾害造成的死亡人口和倒塌房屋数不断减少，年均因洪涝灾害死亡人数由20世纪50年代的9000人左右下降到2010年以来的800人左右，保障了防洪安全。

二是明确了规范有序、依法防控的基本准则。近年来，大力加强洪涝灾害防御法规制度建设，制定修订了《防洪法》《防汛条例》等法规，形成了比较完善的灾害防御法规体系，进一步完善了以行政首长负责制为核心的洪涝灾害防御工作责任制。认真执行相关法规，依法规范防控程序和防控行为，依法实施各项防御措施。我国颁布实施了《突发事件应对法》《水法》《防洪法》《国家防汛抗旱应急预案》《防汛条例》《蓄滞洪区运用补偿暂行办法》等法律法规，地方政府制定了配套法规或实施细则，确保了洪水防御工作有法可依、依法防控。按照属地管理和及时应急响应的原则，确立了以地方行政首长负责制为核心的洪涝灾害防御工作组织指挥体系。防汛关键期和抢险紧急期，按照相关法律法规可动员一切社会力量投入抗洪抢险工作。对于常规的和可以预见的洪水，现行法规在相当程度上可以有效应对。依照《防洪法》，在洪泛区、蓄滞洪区内因地制宜地开展了大量洪水影响评价工作，规范开发建设行为，保障防洪安全。通过一系列科学研究和技术研发，制定出了一整套水利工程勘察、规划、设计、施工等技术标准和规程规范体系，不断提高我国的水利工程建设水平和能力，有力地支撑了防洪工程体系建设。

三是形成了以防为主、常备不懈的重要理念。针对我国洪涝灾害发生频繁、分布广泛、危害严重的情况，大力加强洪涝灾害防御建设和管理，完善堤防、水库、蓄滞洪区、灌区、河道等工程措施和预警预报、方案预案等措施，不断提高防御能力和防御水平。在灾害发生前，提前动员、提前部署、提前防御，各项防御措施提前到位，做到有备无患。同时，深入开展防灾减灾知识普及和宣传教育，引导全社会牢固树立水患意识，不断提高广大群众的防灾避险意识和自救互救能力。配合工程建设、管理与运行，建立了较为完善的水雨情监测系统，台风预报预警系统，大江大河、中小河流重要河段、部分重要水库的洪水预报系统和防洪调度系统。通过实施国家防汛抗旱指挥系统工程、全国山洪灾害防治、全国中小河流治理等项目建设，我国构建了防汛骨干网络、基础信息数据库和业务应用系统，信息采集、数据汇集、应用支撑、移动指挥、防洪调度等业务系统实现了所有流域和各级防指全面覆盖。洪水测报、预报和警报系统不断完善。每年发布主要江河预警信息1000多次。洪水预报精度达到90%以上，预见期延长至3～7天。主要江河流域都编制了防洪调度方案，实施水工程联合调度，做到了"拦、分、蓄、滞、排"合理安排，基本实现了对洪水的有效管理。防洪减灾属于社会公益性活动，必须依靠全社会的重视、关心和积极参与，需要管理者、专家与公众之间更为密切的协作与配合。同时，在有防洪风险的地区也需要规范土地开发利用活动和人的生产、生活行为，以主动防范和适应洪水风险。水利部门高度重视洪涝灾害防治知识的普及工作，通过制作各种有关防灾减灾的专题片，利用广播、电视及互联网向公众播放，普及防灾减灾知识，增强公众的参与意识和应变能力。

四是确定了人水和谐、科学防控的目标要求。认真总结我国历史上尤其是新中国成立以来治水的经验和教训，自觉尊重自然规律，坚持兴利除害相结合，坚持防灾救灾与规范人类活动相结合，不断提高洪涝灾害防御工作的科学化水平，促进了人与自然和谐相处。在防汛抗洪中，由控制洪水向洪水管理转变，既有效控制洪水又给洪水以出路，合理利用洪水资源。近年来，科学调度水利工程，充分发挥三峡等大型骨干工程的防洪功能，洪水防御工作成效十分显著。洪水灾害的自然与社会"双重属性"、"人水和谐"治水理念、洪水风险分析、流域／区域防洪标准、防洪减灾方针等基础理论与政策研究为我国"由控制洪水向管理洪水转变"的治水思路重大转变提供支撑。编制了全国约 50 万 km^2 重点地区的洪水风险图，为推进风险管理提供依据和支撑。雨水情预报预警、洪水风险分析与模拟、水库防洪调度等技术应用，提高了流域性防洪工程体系的综合调度水平，为新时期防洪减灾实践提供支撑。新技术、新材料和新设备的研发与引用，不断提升工程查险能力与抢险水平。

五是健全了协同配合、部门联动的工作机制。洪涝灾害防御工作影响范围广、协调难度大，只有坚持协同配合，加强部门间的协调联动，才能形成强大的工作合力。建立了水利与气象、应急、能源等部门的沟通合作机制，与气象部门共同作好雨水情监测预报预警；与能源等部门共同作好水库、水电站防洪调度和安全度汛，坚决执行"电调服从水调"；与应急部门配合做好抗洪抢险救援等工作。

二、新时期我国防洪减灾对策

（一）防洪工程措施

1. 坚持以民生为本，合理安排防洪减灾的措施

习近平总书记指出，防灾减灾救灾事关人民生命财产安全，事关社会和谐稳定，是衡量执政党领导力、检验政府执行力、评判国家动员力、体现民族凝聚力的一个重要方面。进入 21 世纪以来，我国极端天气气候事件总体增多增强趋势明显，多灾并发和灾害链特征日益突出，重大灾害对经济社会的影响十分复杂。与此同时，公众灾害风险防范意识相对淡薄，公众自救互救技能还普遍缺乏，需要探索完善。要增强忧患意识，时刻保持高度警醒，作好随时应对各类灾害，甚至同时应对多场重特大灾害的应急准备。新中国成立后，江河的抗洪能力大大提高了，洪水灾害逐渐减少了，社会公众的防洪减灾意识也渐渐淡薄了。如不少城市扩建，为了减少投资，占用了蓄洪行洪或调蓄内涝的湖泊洼地，造成防洪工作中的矛盾；一些山丘地区的城镇村庄，盲目向河滩地发展，一遇山洪暴发，损失惨重；一些保护面积较小的堤圩，防洪标准不可能很高，由于缺乏必要的安全措施，一遇较大洪水，就可能遭受毁灭性的灾害。有的地方，为了局部利益而采取一些不合理的措施，不但

不能解决问题，反而加重了灾害。应当针对不同情况，加强防洪减灾的指导。例如：

（1）山丘区的中小河流，应大力开展水土保持，退耕还林、植树种草。有条件的地方，修建中小水库和淤地坝，对山洪进行综合治理。在这些中小河流的两岸，要防止盲目修建堤防，以免抬高洪水位并加重灾害。城镇村庄的选址要极其慎重，防止侵占行洪河滩并注意避免地质灾害。要鼓励群众逐步建设有一定抗洪能力的砖石或钢筋混凝土结构的楼房。

（2）江河冲积平原上的城乡建设和工业、交通设施，都要考虑防洪部署问题，不应占用行洪滩地。重大建设项目，要经过防洪主管部门的认可。在城市建设中，要注意建成完善的防洪排涝体系，禁止在行洪滩地与分蓄洪区建设开发区和盲目缩窄排洪河道。在超标准洪水可能淹没的城镇村庄，要进行洪水灾害的风险分析，绘制洪水可能淹没的风险图，制定保证居民生命财产安全的长远规划；并在国家的组织和支持下，动员全社会的力量，有计划地逐步完成。

（3）在沿海的经济发达地区，风暴潮的危害极大，这些地方有必要也有可能逐步建成以防御特大风暴潮为目标的高标准海堤，以求长治久安。

2. 构建点、线、面密切结合的防洪工程体系

逐步建成与现有堤防、水库、河道整治、蓄滞洪区建设相配套的防洪工程体系，是防洪减灾的物质基础，也是实施洪水管理必不可少的手段。防洪工程体系规划布局的总体原则是蓄泄兼筹，但蓄与泄的关系应根据流域洪水产生和演进的规律、河湖水系的地形特征、防洪保护区的相对位置及保护标准与保护重点来确定。对于水量充沛、洪水峰高量大且峰型较胖的南方河流，应贯彻"以泄为主、以蓄为辅"的方针，主要通过加高加固堤防和河道整治来提高河道泄洪能力。对超过堤防和水库防洪能力的洪水，则必须开辟蓄滞洪区予以滞洪削峰。对于水资源短缺、洪水峰型较瘦的北方河流，则应"蓄泄结合"并适当加大"蓄"的比重，在保障防洪安全的前提下，最大限度地利用洪水资源。对于稀遇洪水，应在充分发挥堤防、水库防洪作用的基础上，主要通过蓄滞洪区进行洪水管理。尤其对一些中下游河段区间洪水较大、上游水库无法控制、河道泄洪能力又十分有限的河流，蓄滞洪区的设置更是必

不可少。

"点"，就是继续修建各级河道的控制性水库。除巩固改造现有水库外，还要结合水资源综合利用修建水库工程，如长江三峡、黄河小浪底、珠江龙滩等，以加强和提高对洪水的调节控制和调度能力。加速分蓄洪区安全设施和配套工程的建设，使分蓄洪的运用尽量做到适时适量，尽力减少对分蓄洪区内固定资产的破坏，减少损失和失控事故，减小灾后恢复和救灾困难。

"线"，就是河道整治和堤防建设，这是防洪的基本措施和长期持久的任务。随着社会经济的发展，大江大河沿岸和滨海地区将是城镇集市、工矿企业和水陆交通枢纽的密集地带。对江河湖海岸线的开发利用和保护，必须进行全面规划、统筹安排，利用有利时机进行治理，协调经济发展与防洪需要的矛盾。

"面"，就是在广大山地丘陵区推行水土保持和小溪小沟的治理，控制水土流失，减轻山洪、滑坡、岩崩等山地自然灾害。

3. 加强河湖洲滩、行洪区、蓄滞洪区等水域岸线的管理

加强河湖洲滩、行洪区、蓄滞洪区等水域岸线管理工作的内容很多，任务繁重，主要包括以下方面：加强水域岸线的检查观测，掌握其动态变化；组织清淤、清障，保持原设计防洪能力；监督和禁止滥围、滥垦、扩大圩区、设置新障等对蓄洪行洪有害的活动；限制和禁止在河湖管理范围内任意开发建设及开采、爆破、堆料、发掘等对防洪有害的活动；如需开发利用河湖洲滩水域岸线，必须按照规定程序由河湖主管机关会同土地管理等有关部门制定规划，报县以上地方政府批准；严格控制水域内人口的增长，鼓励外迁和外出就业，使区域内人口增长速度明显低于其他一般地区；调整水域内原有生产结构，使之更能满足行洪和蓄滞洪的需要，并尽量减少被淹损失；在滩区、行洪区、蓄滞洪区内组织必要的安全建设。

（二）防洪非工程措施

1. 完善法律法规，加强执法力度

完善的防洪减灾法律法规体系，有效的执法监督体系和强有力的行政管理手段，是实施洪水管理的有力保障。为此，建立健全与当前洪水风险管理相适应的政策法规体系是十分必要的。《水法》《防洪法》和《河道管理条例》等防洪法律法规，以及国务院批准的各大江河的流域规划和防洪规划等，在防洪减灾工作中起了很大的作用，但改革开放 40 多年来，我国国民社会经济飞速发展，尤其是进入社会主义现代化建设新时期，面临许多新情况，有必要广泛吸收各方面的意见，加以必要的修订。

2. 加强水文测报和洪水预报，提高预报精度

建立覆盖全面的"空天地"一体化水文监测体系，实现水文全要素、全量程自动监测，水文信息采集传输接收处理、预测预报和分析评价全流程自动化和智能化。完善国家水文站网，实现有监测需求的大江大河及其主要支流、流域面积 200 ～ 3000 km^2 的中小河流等洪水来源区、水资源来源区、重要防御对象水文监测全覆盖。深化气象水文融合，强化滚动预报，延长与提升预见期和预报精度。采取短期预报、中期预测、长期展望工作模式，有效延长预见期。强化预警服务，扩大覆盖范围。各地水文部门不断完善中小河流预报方案，提高预报覆盖面，向各级防汛部门和社会公众提供大量的水文预报预警信息。

3. 巩固完善防汛指挥调度组织系统，提高防汛业务水平

进一步完善优化流域防洪减灾管理机构，为实施全流域洪水风险管理提供组织保障，建立健全洪水风险区管理制度；逐步调整洪水高风险区的人口分布和生产力布局，合理规避洪水风险，严禁盲目进入洪水风险区从事生活、生产活动，人为加大新的洪水风险。运用蓄、滞、挡、泄等措施，合理配套标准适度的防洪工程体系和现代化的洪水预警预报与调度指挥系统，科学调度洪水，合理安排洪水的蓄泄关系，妥善处置超标准洪水，宜泄则泄，宜蓄则蓄，在保障防洪安全的前提下，尽量利用水库、湖泊、湿地、河槽、坑塘留住洪水，补充生态环境用水，回灌地下水，增加土壤水，科学利用水沙资源。

4. 推行洪水保险，建立洪水风险补偿机制

洪水保险应属于社会保险的一个重要内容，就是在受洪水威胁地区建立互助互济的社会保险制度，让当地的财产所有者每年交付一定的保险费，对其财产投保，在遭遇洪水后，可得到财产损失的赔偿。洪水保险是用投保人

平时普遍的、相对均匀的支出积累，来补偿保期内少数受灾人的集中损失，使受灾的投保者得以渡过难关，恢复正常的生产生活，不仅赔偿有保证，而且可减少国家的救灾负担。同时，在开展洪水保险的过程中，还可以起到限制在洪泛区内不合理开发利用，从而减少洪水灾害损失的作用。所以从防洪角度来看，洪水保险也是一项非常重要的防洪措施。从当前来看，我国的洪水保险尚处于试办和起步阶段，今后应把洪水保险当作防洪减灾的一项重要对策，创造条件坚持不懈地积极推广下去。

5. 树立防洪减灾的社会意识

我国受洪水威胁最严重的地区正是我国人口最集中、经济最发达的江河冲积平原。在全社会树立长期的防洪减灾意识，提高全社会抵御洪涝灾害的能力尤其重要。使社会全体成员都了解洪水威胁是我国的基本国情。这不仅要求各级领导与有关方面都了解我国洪水和洪水灾害的特点、防洪减灾的指导思想和基本对策，而且要将其作为科普常识在城乡居民之间作普及，使广大社会公众在生活和生产活动中主动采取必要的防洪减灾措施，这是做好防洪减灾工作的最重要的思想基础。要做好防灾减灾宣传教育，向公众普及防灾减灾的知识和灾害防范应对技能，提高全社会安全意识；要依靠人民群众来作好灾害防范应对，夯实群防群治的社会根基，充分发挥人民群众主体作用；要强化灾害应急准备，制定灾害应急预案，编制通俗易懂的应急指南，提高公众应急能力。要鼓励各单位储备必要的应急物资、逃生避险的设备，推广使用家庭应急包；还要组织开展应急演练，提高人民群众防灾避险的能力和自救互救的技能；更要提升基层减灾能力，打牢防灾减灾基层的基础，提高基层的应急救援能力，培育和规范引导社会力量参与灾害防范应对工作。

附编 重特大洪涝灾害事件

1950 年 7 月淮河中游洪水

1950 年 6—7 月，淮河流域出现三次明显的降雨过程。6 月 19—26 日间，豫皖各地先后连降大雨，农田街道开始大量积水。此后淮河流域连降暴雨，寿县 7 月 3 日的日降雨量为 113 mm，宿县 7 月 4 日 8 小时降雨量达 119 mm。暴雨中心不断延展，东自蚌埠、西至京汉路、北自陇海路、南近长江都有大雨，造成 7 月份淮河中下游干支流发生大洪水。根据治淮委员会的统计显示，此次洪涝灾害造成淮河流域内 1339 万人受灾，直接促成了新中国治淮工作的开展[①]。

一、雨情

1950 年 6 月上中旬全流域干旱少雨，下旬 25 日以后西南暖湿气流加强，西南低气压东移，淮河出现第一场暴雨，6 月 26—30 日降雨遍及全流域，淮河上中游及徐淮地区出现暴雨，正阳关、蚌埠、新蔡、淮阴次降雨量分别为 124 mm、123.5 mm、125 mm 和 84.6 mm，暴雨集中在 29 日这一天。

7 月上、中旬由于受西南涡及气旋波影响，淮河接连出现两场暴雨。7 月 2—5 日，淮河上游干流两岸、洪汝河及淮南山区出现大到暴雨，正阳关、新蔡、六安次降雨量分别为 229.2 mm、250.6 mm 和 111.4 mm；7 月 3 日，新蔡、

---

① 治淮委员会办公厅：《治淮工作报告、总结及工程检查报告》，全宗号：54，目录号：1，案卷号：27，安徽省档案馆藏，1951 年，第 26 页。

- 81 -

正阳关一天降雨量分别为 164 mm 和 113 mm；7 月 7—16 日，淮河又出现暴雨，皖北、苏北出现次降雨量超过 300 mm 的暴雨区，洪汝河、沙颍河一些站点也超过 250 mm。淮阴、蚌埠、新蔡、周口次降雨量分别为 356.2 mm、345.1 mm、258.9 mm 和 256.5 mm。该次暴雨造成淮河中下游干支流本年最大洪峰。据有关文献记载："自 6 月下旬至 7 月下旬，淮河中上游连续暴雨，据阜阳地区 6 月 21 至 7 月 23 日的记载，32 天降雨量竟达 700 公厘，超过阜阳城 31 年至 34 年每年平均降雨量 658 公厘的 6.4%（即占年降雨量的 106.4%），降雨量之大，可以概见。"[①] 7 月 17 日以后暴雨基本结束，局部地区出现短时降雨。根据 1950 年中央治淮会议水文组研究报告显示，此次暴雨过程淮河流域的平均降水量为 497.4 ～ 538.06 mm（谢家泽，1950）。

二、水情

6 月底降雨后，淮河上游干支流及洪汝河、沙颍河之沙河出现一次小洪水过程，淮河干流中游各站随之起涨。7 月 2 日起，淮河上游出现大到暴雨，长台关站水位上涨 4 m，4 日出现本年最高水位。淮河上游支流游河顺河店、浉河南湾站 3 日洪峰流量分别为 2500 m³/s 和 4120 m³/s（均为调查值）。淮河干流三河尖站 7 日出现本年最高水位 27.78 m，正阳关以下各站水位迅速上涨。7 月 7 日起沙颍河、洪汝河及淮河干流沿淮普降暴雨，洪河西平站 11 日出现最高水位，汝河新蔡站 15 日水位达到 34.47 m，16 日洪汝河出现最大流量约为 3100 m³/s（分析值）。沙颍河周口站 11 日、14 日连续出现两次洪峰，最大洪峰流量为 1240 m³/s，阜阳站 16 日出现本年最高水位 30.29 m，相应洪峰流量为 2560 m³/s。涡河蒙城站 15 日最高水位为 24.76 m。

淮北洪泽湖各支流 17 日前后也出现本年最高水位。淮南山区史河固始站 16 日出现本年最大洪水，洪峰流量估计超过 2200 m³/s。淮河三河尖 18 日出现本年第二次洪峰，水位略低于第一次，为 27 m。正阳关以下各站 7 日开始降雨时正处于前次洪水上涨阶段，18 日正阳关出现本年最高水位 24.91 m，相

[①] 《皖北生产救灾工作报告——皖北人民行政公署主任黄岩在 9 月 21 日皖北各界人民代表会议协商委员会第一节第二次委员会上的报告》，《皖北日报》，1950 年 10 月 2 日。

应洪峰流量为 12770 m³/s（包括沙颍河来水及颍河口决口流量）。蚌埠站 24 日最高水位为 21.15 m，相应洪峰流量为 8900 m³/s。浮山站 8 月 2 日洪峰流量为 7420 m³/s。洪泽湖在淮河干流及各支流同时来水的情况下，中渡站下泄流量不断增大，8 月 13 日最大流量为 6950 m³/s。蒋坝水位从 6 月 27 日的 9.2 m 起涨，到 8 月 10 日出现最高水位 13.38 m。

淮河洪水主要来自上游干支流及中游淮北各支流。据以往资料分析：6 月 29 日—8 月 6 日，淮河上游及洪汝河来水量分别为 54.5 亿 m³ 和 43.7 亿 m³；7 月 2 日—8 月 20 日，沙颍河来水量为 46.9 亿 m³；7 月初至 8 月 10 日，淮北其他支流，涡河、北淝河、浍河、沱河等来水量为 49 亿 m³。与 1921 年、1931 年洪水相比，本年暴雨洪水历时较短，水量集中。

淮河水位迅速上涨，整个淮河水系，由上游到中游，先支流后干流发生大崩溃。7 月 3 日前后，淮河支流南部谷河、润河、里河、泥河、洪河，北部及中部淝河、茨河等河堤均被漫溢，遍地汪洋，洪水并灌入阜阳专区的阜阳、临泉、太和、颍上等县城乡。7 月 6 日，洪河、淮河、黄河、白鹭河汇流、洪峰叠合，沿淮堤防虽经奋力抢险，终因水头过高相继漫溢。阜南邓郢子（即洪集）、老观巷首先漫溢，接着官沙湖淮堤、霍邱的三河尖、王截流上下决口。9 日，霍邱姜家湖、孟家湖漫溢。11 日，南岸淠河山洪暴发，灌入淮水，在安丰塘决口，并在迎河集林家沟下漫决 4 处；14 日，颍河来水凶猛，阜阳、颍上之间冲决多处；16 日前后，浍、沱、潼、肥等水并涨；颍上润赵段、庙垂段、邱家湖漫溢，仅剩南润段保存。自洪河口至正阳关东西 153 km，南北 40 ~ 80 km，水面漫无边际。

淮河干流正阳关以下，7 月 12 日凤台六坊堤，怀远三茨（即荆山湖）、茨荆段漫溢，城北张家沟冲决。16 日，寿县寿西湖漫溢。18 日，颍河沫河口附近漫决 2 处，怀远苏黄段亦决。20 日，凤台焦岗湖、禹山坝、淮南黑张段、石姚段漫溢。23 日，怀远石羊坝（即怀远西荆山脚至茨河洼左）漫溢，涡东堤黑牛咀决口。此时，怀远以上除淮南八公山矿区几千米堤防外已无完整堤圈。蚌埠以下，7 月 20 日，方邱湖堤琉璃岗涵闸处溃决，淮水从背后袭入蚌埠。21 日，五河潼堤溃破。23 日，淮水倒灌花园湖，相浮段柳沟闸溃决。26 日，五河沫河口附近漫堤 3 处。淮河与五河的支流不分，茫茫一片。

总体而言，大小支流漫堤、溃决不计其数。淮河干堤在 7 月 5 日首先在阜南县境内溃决。6 日，霍邱淮河干堤溃决，紧接着怀远、凤台、寿县境内的淮河大堤溃决。16 日，寿西淮堤漫决。18 日，蚌埠市至凤阳县段淮堤多处溃决。20 日，凤台焦岗湖、禹山坝、黑张段漫决。21 日，五河堤破。23 日，蚌埠柳沟闸溃决……此时，怀远以上淮堤，除八公山新矿区外，已无完整堤圈；怀远以下水面与堤顶相平。26 日，沫河口附近淮堤漫决，大水自蚌埠以下至五河不分河道，连成一片。正阳关至三河尖水面东西 100 km，南北 20 ～ 40 km，一望无际，几成汪洋，近河村庄仅见树梢。根据《一九五〇年皖北淮河灾区视察报告》显示："颍河七月六日第一次上涨，十二日二次上涨，水位平槽。颍上以上各沟口，因群众排水未堵或堵而未牢，先后溃决。各小河支流因暴雨不能排泄，更加上游来水，涡河平槽，南部蒙、润等河，北部茨、沘、芡、黑、泥等河皆已漫溢。至此，淮、颍连成一片，颍河北岸各支流水相连接。正阳关以下沫河口、鲁口、禹山坝、毛滩等堤防相继漫决。至此淮河左岸地带，平地行船，灾情严重万分。"据统计，淮河出现 39 处堤防溃决，颍河出现 18 处，沘河出现 9 处，涡河出现 1 处，濉河出现 8 处，唐河出现 7 处。

三、灾情

该年降水集中、连续、普遍，洪水期持续到 10 月上旬才退尽，历时约 3 个月，灾情异常严重。据相关资料记载："七月六日淮河洪水暴发，五道河流的洪水经河南新蔡、淮滨等地在洪河口相遇，沿淮群众闻声相率攀树登屋，呼号求救，哭声震野。洪水在老观巷、邓郢子首先漫决，平地水深丈余。群众将小孩用布包起，牛用绳捆起挂在树上。广大农村或陆沉或冲成平地。继而破任王段寿县城西湖、庙垂段邱家湖等堤。正阳关至三河尖水面东西二百里，南北四十至八十里，一望漫无边际，电话、公路交通断绝，有些村庄仅见树顶。""豫东潢川、皖北阜阳两地区水气森森，连成几百里汪洋……遍野号哭，其状凄惨至极。"曾希圣在 7 月 31 日皖北行署生救紧急会议上指出，此次洪水，"从淮河入皖的阜南县和霍邱县起至洪泽湖为止，共被淹 27 个县，重灾田亩 2200 余万亩，轻灾田亩 900 余万亩，共 3100 余万亩，约占皖北全区土地 5600 万亩的 3/5，淹倒的房屋共 89 万间，由于水势凶猛，来不及逃走，或攀登树上，失足落水，或船小浪大，翻船而死者 489 人，牲口农具损失巨大。受灾人口 990 余万，约占皖北总人口 2200 万之半，重灾人口 690 万，其中现既无衣无食无住无烧，也无青草养牛而必须迅速急救者 109 万人，城市被淹很多，市民需搬家者有 23 万人"①。由于此次水灾的资料残缺不全，具体的灾情损失状况已经很难统计，许多资料仅有粗略记载，但从皖北地区受灾人口、淹没土地及倒塌房屋等灾情状况足可管窥该年整个淮河流域水灾损失之惨重。

据治淮委员会不完全统计，1950 年洪水期间，淮河流域成灾面积 4687.4 万亩，其中河南省受灾面积 1873.5 万亩，成灾 942.4 万亩，受灾人口 574.4 万，倒塌房屋 36.27 万间；安徽省受灾面积 3162.75 万亩，成灾面积 2293 万亩，受灾人口 1000 余万，因灾死亡 771 人，倒塌房屋 73.92 万间；江苏省成灾面积 1172 万亩。豫、皖、苏三省因灾损失粮食共 7.9 亿 kg，直接经济损失达 24.05 亿元（当年价）。

---

① 《一致努力战胜水灾：曾希圣同志在 7 月 31 日行署生救紧急会议上关于淮河灾情和今后生救工作报告的摘要》，《皖北日报》，1950 年 8 月 4 日。

1954 年 8 月淮河中游洪水

1954 年 8 月淮河流域发生特别重大洪涝灾害。在此次洪涝灾害过程中，淮河流域出现多次强降雨过程，降雨笼罩面积广，雨期持续时间长，降雨强度大，为历史所罕见。流域内自 5 月开始降雨，6 月相继出现大雨和暴雨，至 7 月连续发生多次大暴雨。暴雨中心在涡河上游、淮北、王家坝至正阳关一带。此次降雨过程中仅 7 月份的降雨量在部分站点就已经超过了 1200 mm。河南省沈丘，安徽省王家坝、润河集、符离集等地降雨量都已超过 900 mm。中渡以上最大 30 天流域面平均降雨量 1954 年大于 1931 年，分别为 521 mm 和 445 mm。1954 年淮河洪水总量超过 1950 年洪水量 200 亿 m³，降水总量超过 1950 年 180 亿 m³。截至 1954 年 8 月 6 日，淮河蚌埠以上干、支流的水位已全部超过了保证水位，很多地方已超过历史最高水位。如安徽省正阳关 7 月 26 日的水位，就超过历史最高水位 1.64 m；蚌埠 8 月 5 日 5 时的水位，超过历史最高水位 0.95 m。尽管淮河干支流在经历了 1950 年洪水后得到了初步的治理，但此次洪水仍给淮河流域带来了严重的灾难。

一、雨情

在 1954 年 7 月暴雨洪涝灾害发生前，当年 5 月中旬淮河流域就出现了一次较大的暴雨过程，中心地区降雨量达 300 ～ 350 mm；到了 6 月份，流域内再次出现多次大到暴雨过程，降雨中心位于淮南、史淠河上游，过程累计降雨量为 400 ～ 500 mm，淮北地区降水较少。6—7 月间，西伯利亚东部上空出现一个强大的高压气团并长期滞留，高空西风带较常年偏南，使得 6—7 月西风带持续波动，进入我国境内引起锋面波动降雨。到了 7 月份，太平洋上空副热带高压脊位置较正常年份偏南，使得我国东部对流层下部西南暖湿气流长期盘踞。两者融合使得江淮地区在 7 月份长期处在降雨系统影响下，先后出现 5 次集中暴雨过程。

第一次暴雨过程：此次降雨过程主要发生在 1—7 日，历时 7 天。3 日起，暴雨向西北方向推进，4 日雨势南折并向东移动，降雨范围扩大，遍及全流域。

5 日降雨集中在王家坝至阳关一带，6 日在宿县泗洪一带，7 日暴雨仍在淠河上游。300 mm 以上暴雨区主要分布在淮河上游大别山区，中心最大降雨量史河蒋家集次降雨量为 538.2 mm，暴雨区主要分布在淮河干流以南，淮河以北自平顶山、周口、徐州、连云港一线以北，降雨量不大，均在 100 mm 以下。淮河全流域次降雨量在 200 mm 以上的范围约为 11.1 万 km²。

第二次暴雨过程：此次降雨过程主要发生在 8—12 日，历时 4 天。雨区主要在淮河干流正阳关以上流域。8 日暴雨中心在淮河上游罗山、息县一带，9—10 日降雨遍及全流域，暴雨中心在史淠河上游及河南省临泉一带。11—12 日降雨向西移动，沙河上游出现暴雨。200 mm 以上雨区分散，呈斑状分布，最大点降雨量为吴店（史河上游）的 476.4 mm。

第三次暴雨过程：此次降雨过程主要发生在 15—18 日，历时 4 天。雨区主要分布在史淠河、淮干上游和洪汝河、沙颍河上游。降雨首先出现在伏牛山区洪汝河上游，并向东平移。16 日移至淮北亳县、宿县及淮阴、阜宁一带，降雨量在 100～200 mm，淮北降雨量不大。17—18 日，淮北降雨停止，淮河干流以南的史淠河上游又出现暴雨。

第四次暴雨过程：此次降雨过程主要发生在 19—21 日，历时 3 天。降雨主要发生在淮南山区及淮北宿县、蒙城一带。如 20 日，宿县日降雨量达 183.3 mm，蒙城为 128.4 mm。

第五次暴雨过程：此次降雨过程主要发生在 22—29 日，历时 8 天。此次降雨过程大多为分散性局部暴雨，其中以 22 日和 27 日降雨量为最大，雨区分布在淮南地区及淮河下游淮阴、盐城、阜宁等地。22 日淮南山区佛子岭、前畈日降雨量分别为 125.9 mm 和 133.8 mm。27 日，淮北的淮阴、蒙城、泗县降雨量分别为 194.5 mm、106.4 mm、105.6 mm。

1954 年淮河汛期（6—9 月）降雨量，淮南地区平均为 1064 mm，暴雨中心前畈站达 2014.5 mm，7 月份最集中，占汛期降雨量的 70%，为多年同期平均值的 2.49 倍。整个 7 月份，淮河流域面平均降雨量为 513 mm。其中，连云港、徐州、许昌一线以南降雨量均超过 300 mm，雨区主要分布在淮河干流正阳关以上流域。淮南山区以及洪河、沙颍河中下游降雨量最大，共形成 4 处暴雨中心：一是淠河上游吴店—前畈一带，降雨中心过程最大降雨量为吴店的 1265.3 mm；二是沙颍河支流汾泉河临泉一带，降雨中心过程最大降雨量为 1074.9 mm；三是以淮北宿县为中心的高值区，降雨中心过程最大降雨量为 963 mm；四是沿淮干流王家坝至正阳关一带，降雨中心过程最大降雨量为王家坝 923.8 mm。累计降降雨量 700 mm 以上的笼罩面积约为 4 万 km²，近旧黄河一带降雨量较小，在 200 mm 以下。7 月份降雨量又集中在 3—17 日，淮河干流区 15 天面平均降雨量达 500 mm，占 7 月降雨量的 73%；淮南地区 474 mm，占 7 月降雨量的 63%；淮北地区平均为 460 mm，占 7 月降雨量的 76%。由此可见，1954 年淮河流域汛期降雨量主要集中在 7 月上中旬。淮河干流和淮南山区暴雨强度很大，如王家坝最大 3 天降雨量达 444.5 mm，吴店为 440 mm，润河集为 385 mm。

7 月份暴雨的主要特点是降雨强度大、范围广，降雨量大而集中，时间长而连续且中心多。整个降雨过程中从淮南山区至淮北平原、从上游到下游均为暴雨区，为全流域性大暴雨。

（1）降雨强度大、范围广。沿淮河干流王家坝、润河集及淮北的阜阳、临泉、亳县，最大日降雨量达 200 mm 以上，特别是临泉站有 3 次最大日降雨量超过 200 mm。最大 3 天降雨量：王家坝为 444.5 mm，润河集为 385 mm，吴店为 440 mm。连续 15 天降雨量（7 月 3—17 日）：王家坝为 736.9 mm，润河集为 753.7 mm，临泉为 918.6 mm，宿县为 704.8 mm。平均 15 天降雨量：淮河干流区达 500 mm，淮南地区达 744 mm，淮北地区达 460 mm。7 月份中渡以上面降雨量大于 200 mm 的面积约为 13 万 km²，面降雨量 600 mm 的面积约为 8 万 km²。

（2）降雨量大而集中。该年汛期降雨量集中在 7 月份，7 月份降雨量又集中在上中旬，且日降雨量非常大。上游王家坝站 7 月份多年平均降雨量为 200.7 mm，而该年汛期（6—9 月，下同）降雨量达 1138.6 mm，7 月份降雨量竟达 923.8 mm，为多年平均的 4.6 倍，占汛期降雨量的 81.1%；最大日降雨量为 213 mm，占 7 月降雨量的 23.1%。淮南山区前畈站 7 月份多年平均降雨量为 275.8 mm，该年汛期降雨量达 2014.5 mm，7 月份降雨量达 1259.6 mm，为多年平均的 4.57 倍，占汛期降雨量的 62.5%；最大日降雨量为 197.1 mm，占 7 月降雨量的 15.6%。淮北临泉站多年平均 7 月份降雨量为 204 mm，而该年汛期降雨量达 1327.3 mm，7 月份降雨量达 1074.3 mm，为多年平均的 5.27 倍，占汛期降雨量的 81%；最大日降雨量为 238.2 mm，占 7 月降雨量的 22.2%。7 月份降雨量又主要集中在上、中旬（3—17 日），淮河干流区平均 15 天降雨量占月降雨量的 74%，淮南地区平均 15 天降雨量占月降雨量的 63%，淮北地区平均 15 天降雨量占月降雨量的 76%。

（3）暴雨时间长而连续且中心多。7 月份暴雨一场接一场，先从淮南山区出现，然后向西北推进至沙颍河、洪汝河，再折向东，移至淮北地区。于是当支流洪水到达干流后，又遭遇干流及淮北地区暴雨，使得各地洪水同时涌向干流，加上连续暴雨，前期洪峰尚未过去，后期洪峰又相继到达，洪峰叠加，造成大洪水。

二、水情

淮河流域 5 月中下旬及 6 月下旬发生过两次洪水，7 月大汛之前干流汛前底水高。7 月份主要集中在上中旬的连续大暴雨，中心又在淮河上中游的王家坝、润河集一带，所以上游各支流 7 月 1—3 日洪水过程此起彼伏，涌向干流。由于干流河槽下泄能力上大下小，到中下游合成复式洪峰，形成量大峰缓、持续时间长的大洪水。正阳关站 7 月 23 日洪峰流量达 12700 m³/s。各站最大洪峰流量大都出现在 7 月中下旬。由于淮河中游湖泊、洼地的调蓄作用，所以下游洪峰出现时间推至 8 月份，中下游的高水位持续时间亦很长。加上淮北宿县、蒙城、阜阳等地区大暴雨造成内水积涝，延缓了退水期，8 月份降水虽少，但洪水至 9 月以后才退尽。

本次洪水过程洪水峰量大，是新中国成立以来淮河流域最大的一次洪水。7 月连续 5 次暴雨，上游干支流洪峰起伏次数较多。干流王家坝以下，受河槽及沿淮湖洼调蓄影响，峰形逐渐平缓。最大洪峰流量上游干流和支流均出现在 7 月中下旬，干流蚌埠站向后推迟到 8 月。1954 年淮河特大洪水主要来自淮河上游及南支潢河、白露河、史灌河等支流。这一带大部分属山区，降雨量大、来势猛，洪水起伏次数多，洪水涨落过程较快，淮河上游淮滨站 7 月 6 日第一次洪水即冲毁了堤坝，洪水漫溢。南支各河道均有溃口漫溢，固始县、蒋家集等地区洪水泛滥，平地行船一往无阻。北支的洪汝河、沙颍河中下游及淮河干流王家坝至正阳关一带洪水也很大。中游段的蓄洪工程濛洼、城东湖、城西湖、瓦埠湖均于 7 月 6—7 日相继开闸蓄洪。7 月份蓄洪量达 89 亿 m³。城西湖 7 月 11 日最大进湖流量为 700 m³/s，寿西湖决口后最大进湖流量达 8050 m³/s，濛洼 23 日最高蓄洪水位为 29.25 m，蓄洪量 10.56 亿 m³。城东湖 24 日蓄满，水位达 26 m，水与堤平，使东湖闸失控。王家坝 7 月 24 日最大洪峰流量为 9610 m³/s；正阳关 7 月 26 日最高水位为 26.55 m，超过历年最高值，洪峰流量为 12700 m³/s；蚌埠站 8 月 5 日最大流量为 11600 m³/s；中渡站 8 月 6 日最大流量为 10700 m³/s。淮河上游王家坝 7 月份总水量为 123.93 亿 m³，中游鲁台子站 7 月份总水量为 310.5 亿 m³，其中淮河上游及南岸支流占 74%，北支洪汝河、沙颍河来水量占 26%。

三、灾情

1954 年 7 月降雨量大而集中，造成淮河特大洪水，中游最大 30 天洪水量为 531 亿 m³，超过 1931 年洪水量，淮河干流五河以上洪水位均超过 1931 年洪水位。安徽省淮北大堤失守，堤防普遍漫决，淮北平原成大片洪泛区。根据《淮河流域水利手册》记载："河南省淮滨县几乎全县淹没，沈丘县 80% 以上土地积水深 1 ～ 2 m。河南省合计 83 县 2 市受灾，淹田 1342 万亩，33970 处农田水利工程被冲坏，房倒 30 万间；安徽省 2620 万亩农田受淹，房倒 168 万间，死亡 1098 人，死畜 1052 头；江苏省淹地 1063 万亩，死亡 832 人，冲坏桥梁 1071 座，涵洞 156 个。淮河下游里下河地区连续暴雨，各河水位猛涨，内涝严重。"据《淮河流域水利手册》，全流域被淹耕地达 6464 万亩（宁远等，2003）。

1954 年特大洪水灾情，各部积极调度抗洪救灾物资，及时调拨了通信、防洪救灾各种物资。经过抗洪抢险斗争，保住了涡东干堤、洪泽湖大堤、里运河堤防，保全了蚌埠、淮南两市以及津浦铁路的安全。抗洪中治淮防洪水利工程，在防洪、减灾中起到了重要作用。

1954 年长江中下游洪水

1954 年大气环流反常，雨带长期徘徊在江淮地区，6、7 两月大范围暴雨达 9 次之多。长江中下游地区发生了近百年未有的特大洪水，长江汉口站洪峰流量为 76100 m³/s，最高洪水位为 29.73 m，超过历史最高水位 1.45 m，中下游各控制站超过历年最高水位 0.18～1.66 m。长江干流大通站洪峰流量为 92600 m³/s，7—9 月径流量为 6123 亿 m³，为同期多年平均值的 1.7 倍。受暴雨洪水的影响，长江中下游地区发生严重洪涝灾害，其中湖南、湖北、江西、安徽、江苏五省 123 县市受灾，受灾人口 1888 余万，因灾死亡 3 万余人，被淹耕地 4755 万亩，直接经济损失逾 100 亿元。

一、雨情

1954 年大气环流反常，从 5 月上旬至 7 月下旬的 3 个月内，雨带长期徘徊在江淮流域，梅雨期长达 60 余天，而且梅雨期中大面积暴雨一次紧接一次，共达 12 次之多。每次暴雨过程历时一般为 3～5 天，最长一次为 7～9 天。日暴雨（日降雨量 ≥ 50 mm）覆盖面积在 10 万 km² 的雨日达 19 天。

5 月份有 3 次暴雨过程，每次持续时间为 3～4 天，为汛期暴雨初始阶段。雨区主要在长江以南，广西、湖南、江西、皖南、浙江、福建等省区降雨量均在 300 mm 以上，鄱阳湖水系和钱塘江上游降雨量在 500 mm 以上，黄山站月降雨量达 1037 mm，300 mm 以上的雨区范围约有 74 万 km²，相应降水总量为 3000 亿 m³，5 月份降雨量为同期平均值的 1.5～3.5 倍。

6 月份有 3 次暴雨过程，13—19 日、22—28 日两次暴雨持续时间都较长。主要雨区依然在长江干流以南地区，位置比 5 月份稍往北移，500 mm 以上雨区往西扩展。湖北螺山月降雨量达 1047 mm，黄山达 937 mm，300 mm 以上雨区范围为 71 万 km²，相应降水总量为 3200 亿 m³，笼罩面积比 5 月份稍小，但降雨量较 5 月份增加了 7%。

7 月份暴雨次数最多，共有 6 次暴雨过程，其暴雨强度、笼罩面积、降水总量都比较大。雨区往北推移，降雨中心分布在长江干流以北和淮河流域，月最大降雨量吴店站达 1265 mm，其次监泉站为 1075 mm，王家坝为 924 mm，宿县为 963 mm。300 mm 以上雨区范围约为 91 万 km²，相应降雨总量为 4280 亿 m³，为汛期各月中降雨量最大的一个月。14 日以后，日暴雨范围在 10 万 km² 以上的只出现过两天，暴雨强度、笼罩面积明显衰减，为第三阶段。

8、9 月副热带高压位置西伸北抬，梅雨结束，长江中下游降雨接近尾声。雨区主要在四川盆地、汉水流域，最高月降雨量四川桐梓林站为 654 mm，长江流域 300 mm 以上雨区范围仅 0.6 万 km²，相应降雨总量为 27 亿 m³。9 月份降雨基本结束。

1954 年长江中下游地区的降雨属于典型的梅雨型降雨，持续时间长，暴雨强度大，暴雨范围很广，降雨总量很大。在 5—7 月 3 个月中，长江中下游地区降雨连绵不断，各地暴雨此起彼伏，除 5 月 11、17、18 日，6 月 2、3 日 5 天没有暴雨外，其余每天均有暴雨，流域内 5—7 月间有 12 次比较集中的降雨过程。最大日降雨量为 7 月 11 日安徽吴店站 423 mm，其次为 6 月 25 日湖北螺山 339 mm。3 天最大降雨量以黄山站最大，为 458 mm（5 月 19—21 日），城陵矶为 444 mm（6 月 15—17 日），广福为 441 mm（6 月 24—26 日），王家坝为 445 mm（7 月 4—6 日），吴店为 449 mm（7 月 11—13 日）。除以上少数站点暴雨强度较大外，其余各次暴雨中心日降雨量大多在 100～200 mm 之间。如 5 月 24 日，6 月 25、28 日，7 月 12 日，暴雨覆盖面积均在 20 万～22 万 km²，日降水总量在 190 亿～220 亿 m³（50 mm 以下降雨量未计及在内）。6 月 22—28 日，一次降雨过程 100 mm 以上笼罩面积为 69 万 km²，降水总量达 1269 亿 m³。流域内降雨量 600 mm 以上的范围很广，自淮北徐州往西经漯河、襄樊、万县、重庆、宜宾一线以南广大地区面积约为 148 万 km²，相应降水总量约为 14000 亿 m³。降雨量在 1200 mm 以上的高值区范围约为 29 万 km²，位于长江中下游的洞庭湖水系、鄱阳湖水系和安徽省的大江南北两侧，相应降水总量为 4200 亿 m³，过程最大点降雨量为 2824 mm（黄山）。上述地区降雨量为常年同期降雨量的 2～3 倍。

二、水情

由于该年长江中下游地区雨季提前到来，洪水发生也比一般年份要早。洞庭湖、鄱阳湖水系于 4 月份即进入汛期，5 月份，湖南、江西、湖北均出现大雨和暴雨，上游支流乌江、嘉陵江、岷江 5 月下旬也相继出现洪峰，干流万县等站超过历年同期最高水位，长江中游城陵矶以下水位亦迅速上涨。从 4 月 1 日至 5 月底，2 个月内，汉口水位就上涨约 10 m。5 月底，黄石超过警戒水位。6 月份，长江上游金沙江、岷江、乌江连续出现洪峰，同时中游地区洞庭湖水系、鄱阳湖水系洪水频频发生，入江水量剧增，上中游洪水发生遭遇。6 月底，汉口超过警戒水位，九江以下 6 月中旬已突破警戒水位，长江中下游汛情出现全面紧张局面。长江中下游 5、6 月份积雨之后，江湖水量均已盈满，加上 7 月份又迭次出现大面积暴雨，终于酿成长江罕见的特大洪水。宜昌站 7 月 30 日水位为 54.77 m，洪峰流量为 62600 m³/s，荆江河段出现严重水情，由于及时采取分洪措施，沙市水位才可控制在 44.4 m 以下。

8 月份，金沙江、岷江、嘉陵江、汉水流域降雨量较大。8 月 27 日，金沙江屏山出现 23900 m³/s 最大洪峰流量，长江上游连续出现洪峰；宜昌站 8 月 7 日水位达到 55.73 m，为 1877 年以来第二高水位，洪峰流量为 66800 m³/s。监利以下因受沿江堤防溃口影响，最高水位出现的时间分别在 7 月中旬至 8 月中旬。汉口站 8 月 18 日最高水位为 29.73 m，为 1865 年有实测记录以来的最高值，8 月下旬以后长江中下游干流水位渐次下降。

（一）洪峰流量

1954 年汛期雨季持续时间长，暴雨次数多，中下游洪水遭遇川水，中下游干流发生近百年来最大洪水。1954 年，宜昌以上干流洪峰流量重现期并不高，如屏山站调查到历史最大洪水 1924 年洪峰流量为 36900 m³/s，为 1954 年的 1.4 倍。自 1892 年以来的 100 多年中，超过 1954 年洪水的有 5 次，1954 年洪峰流量约为 15 ～ 20 年一遇。宜昌以下情况不同，沙市、城陵矶、汉口、九江、大通最高洪水位均超过历史最高值，汉口超过 1849 年历史最高水位 0.62 m，大通超过 1949 年历史最高水位 0.46 m。各主要支流岷江、嘉陵江、汉江、赣江洪峰值都不大，为一般常遇洪水。相对来说，洞庭湖水系资水、沅江、澧水洪水较大，但也只是约 15 年一遇的洪水。

（二）洪水量

1954 年汛期持续时间很长，各主要支流洪水过程呈连续多峰型，经流域调节后，干流洪水过程涨消缓慢，洪水量很大。上游寸滩 5—8 月 4 个月的径流总量较常年高 30%，各站均值比越往下游越高，至大通 4 个月总径流量比常年高出 55%。其中，8 月份水量比常年增大最多，汉口为常年的 1.66 倍，大通为常年的 1.86 倍。长江支流，上游岷江、嘉陵江 5—8 月 4 个月径流量较常年约高出 20%～25%，乌江、汉江以及洞庭湖、鄱阳湖水系 4 个月水量均比常年同期高 50% 以上，比值最大的沅江为常年的 1.97 倍。赣江、湘江汛期开始得较早，通常径流量主要集中在 5、6 两月，而该年 7 月赣江水量依然很大，比常年同期翻了一番还多，湘江 7 月份水量比常年同期增加了 75%。该年沅江来水量特别大，4 个月总径流量为 779 亿 m^3，其中 7、8 两月为多年同期均值的 2.76 倍和 2.63 倍，因而长江中下游干流长时段洪水量很大。根据实测资料统计，大通 30 天洪量为 2190 亿 m^3，60 天洪量为 4210 亿 m^3。

（三）1954 年分洪溃口情况

1954 年 7 月 5 日，上游出现第一次洪峰，下荆江监利河段已超过保证水位，8 日沙市水位达到 43.89 m，荆江大堤全线进入抗洪紧张阶段。7 月 22 日，沙市水位达 44.38 m，形势危急，遂于同日 2 时 22 分开启北闸分洪，分洪量为 23.53 亿 m^3。分洪后，沙市水位维持在 44.38 m。7 月 29 日 6 时，沙市水位再度上涨，于是第二次开启北闸分洪，分洪量为 17.17 亿 m^3。分洪后，沙市最高水位维持在 44.39 m。8 月 1 日 21 时 40 分，北闸第三次分洪，分洪量为 82 亿 m^3（包括腊林洲扒口分洪），三次分洪量为 122.7 亿 m^3。8 月 8 日 0 时，监利上车湾大月堤扒口分洪流量为 8930 m^3/s，总量为 291 亿 m^3。长江中下游平原分洪溃口水量总计 1023 m^3。

三、灾情

1954 年的洪水在长江中下游为近百年来最大的一次，由于新中国成立初期及时加固了堤防，兴建了荆江分洪工程，同时又采取了一系列临时措施，加上各级政府领导组织防汛抢险工作得力，终于保证了重点堤防和重要城市的安全，灾情大为减轻，但洪灾损失仍很大。

长江中下游湖北、湖南、江西、安徽、江苏五省，有 123 个县市受灾，淹没农田 4755 万亩（扣除分洪溃口前已受溃灾的淹没面积外，因分洪溃口增加的淹没面积约为 2500 万亩），受灾人口 1888 万，死亡 3 万余人，京广铁路不能正常通车达 100 天。五省灾情据不完全统计，其结果如附表 1 所示。

附表 1　1954 年长江中下游五省洪涝灾情统计表

省	受灾县市（个）	受灾人口（万）	受灾面积（万亩）	溃口与分洪			山洪		渍涝		死亡人口
				溃口数	受灾人口（万）	受灾面积（万亩）	受灾人口（万）	受灾面积（万亩）	受灾人口（万）	受灾面积（万亩）	
湖北	43	926	2127	46	538	1313	85.5	159	303	656	30582
湖南	20	257	589	1	165	385			92.2	204	470
江西	12	191	652	2		243		148		260	972
安徽	27	514	909	13		511		398			1145
江苏	21		478	2		52.9				425	
合计	123	1888	4755	64	703	2505	85.5	705	395	1545	33169

1956 年 8 月海河大水

1956 年 7 月底至 8 月上旬，海河流域连续出现大暴雨，各河普遍发生洪水。滹沱河、漳河出现了有实测记录以来的最大洪峰，大清河、子牙河、南运河干支流多处决口、漫溢，海河平原普遍遭受洪涝灾害。这一年因洪受灾面积为 3150.7 千公顷，因涝受灾面积为 1223.2 千公顷。

一、雨情

本年雨季开始得较早，6 月上旬就出现了 100 mm 以上的暴雨。7、8 月份又有多次 100 mm 以上的暴雨发生。6—9 月汛期降雨量平原地区一般为 400 ~ 600 mm，山区为 700 ~ 1200 mm，背风山区也多在 400 ~ 500 mm。7 月底到 8 月初又出现了两次比较集中的大暴雨。第一次暴雨为 7 月 29—31 日，雨区沿太行山迎风坡呈块状分布。29 日最大的暴雨中心在东姚（河南省林县），日降雨量为 168 mm，日降雨量大于 25 mm 的雨区面积超 6 万 km²。30 日暴雨中心在土圈（河南省林县），日降雨量为 156 mm，大于 25 mm 的雨区面积超 5 万 km²。31 日暴雨移至大清河、永定河、潮白河迎风山区，暴雨中心沙峪［北京市怀柔县（今怀柔区）］日降雨量为 171 mm，日降雨量大于 25 mm 的雨区面积超 11.6 万 km²，大于 100 mm 的雨区面积仅为 29 日暴雨的 55%。第二次暴雨为 8 月 2—6 日，雨区笼罩平原区的大部、迎风山区大部及部分背风山区。8 月 2 日，大于 25 mm 的雨区南起黄河，北到永定、潮白河，西抵太行山脊，东临渤海，面积达 16.7 万 km²；大于 100 mm 的面积为 1600 km²，暴雨中心窦王墓（河北省井陉县）日降雨量为 242 mm。8 月 3 日，暴雨的强度继续增大，出现了两个大于 300 mm 的中心：狮子坪（河北省平山县）为 385 mm，窦王墓为 302 mm。另出现 7 个大于 200 mm 的中心。雨区北扩到滦河流域，向西伸入太行山背风区，整个雨区面积（25 mm 以上的面积）为 16.5 万 km²。8 月 4 日暴雨逐渐减弱，暴雨中心石盆站［河北省沙河县（今沙河市）］为 154 mm，25 mm 以上的雨区面积超 9 万 km²。8 月 7—9 日部分地区仍有较大降雨，如滦河的滦县 8 月 8 日降雨量为 109 mm，7—10 日降雨量为 138 mm，大清河涿县（今涿州市）东茨村站 7—10 日降雨量为 203 mm 等。

这两次暴雨具有如下特点：（1）强度大、范围广。本次降雨，狮子坪站 3 天降雨量为 746.9 mm，为 1956 年以来的最高纪录。雨区笼罩了流域迎风山区及背风山区和平原的大部，7 天（7 月 29 日—8 月 4 日）降雨有 4 个较大的中心，从南到北分别是卫河上游陵川县东双脑 732 mm、滩沱河上游井陉县窦王墓 786.2 mm、大清河上游易县紫荆关 652.3 mm、永定河官厅山峡青白口 461.8 mm。（2）暴雨深入背山区。1956 年 8 月上旬暴雨中心移动路径与"63.8"暴雨类似，均为沿太行山自南向北移动，但 1956 年暴雨中心较"63.8"偏西约 50 ～ 60 km，更加伸入背风山区，这是潭沱河、漳河 1956 年的洪峰及洪量均超过"63.8"洪水的主要原因。（3）暴雨中心多。8 月 3 日 1 天降雨量在 200 mm 以上的暴雨中心有 9 个，2—4 日 3 天降雨量在 300 mm 以上的中心有 11 个，7 月 29 日—8 月 4 日 7 天降雨量在 400 mm 以上的中心多达 14 个。故暴雨中心多是"56.8"暴雨与流域其他几场有名大暴雨的一个显著不同的特点。

二、水情

1956 年 6、7 月份，本流域各水系即有三四次中小洪水发生。7 月底开始，各河普遍涨水，许多河流超过行洪标准，相继采取分洪措施，但因洪水过大，各河干、支流多处发生决口漫溢。到 8 月下旬，东淀、文安洼、贾口洼连成一片，高水位持续一个多月。20 世纪 50 年代初期兴建的独流减河充分发挥了泄洪的作用，洪水没有危及天津市及津浦铁路的安全。

1. 漳卫南运河

卫河上游主要支流淇河新村站 8 月 4 日出现洪峰流量为 3380 m³/s，相当于当时河道保证流量（400 m³/s）的 8 倍多，其他支流也同时发生洪水，造成多处决口漫溢，相继利用良相坡、长虹渠、柳围坡、白寺坡等滞洪区滞洪，卫河干流不能容纳大量洪水，两堤决口 200 多处，右堤决口的部分洪水流入马颊河。8 月 6 日，卫河楚旺水文站出现洪峰流量为 780 m³/s。漳河观台站 7 月 23 日即出现洪峰流量为 2610 m³/s，24 日在下游右岸大名县升斗铺分洪入大名泛区。8月4日1时观台洪峰流量达9200 m³/s，为有实测记录以来的最大值。右堤在临漳、魏县、大名一带决口数十处，并于临漳二分庄分洪。由于洪水过大，漳河北大堤又在临漳岸上村及旧魏县决口2处，部分洪水进入黑龙港。漳卫河合流处的称钩湾站8月6日出现洪峰流量为1980 m³/s，为当时河道保证标准（800 m³/s）的2倍多。7日在临清江庄左堤决口，口门宽500 m，大约分泄了卫运河一半的水量。临清站于8月7日出现洪峰，流量为1110 m³/s。四女寺、捷地、马厂等减河分泄大部分洪水直接入海，确保了南运河下游河道的安全。

2. 子牙河

滏阳河上游各支流8月3、4日相继出现洪峰为2000～4000 m³/s不等。邯郸、邢台地区沿河各县普遍受淹，大陆泽、宁晋泊连成一片，潘阳河干流衡水、冀县一带两岸决口30余处，溃不成河。因石德铁路阻水，在衡水以西扒口7处，以东扒口4处，连同2个涵洞和滏阳河2座桥，共15处过水。8月23日最大过水流量为1265.5 m³/s。衡水西关进水，县城被淹。滹沱河黄壁庄8月4日洪峰流量达13100 m³/s，为有实测记录以来的最大值。由于洪水过大，8月3日北堤就在藁城、无极一带漫决，部分洪水漫入大清河系的磁河汇入潴龙河。5日北堤又在深泽西赵庄决口，部分洪水连同大清河系潴龙河决口洪水进入清南平原汇入文安洼。此后南堤弃守，安平县城进水，滹沱河、滏阳河之间大片土地被淹。子牙河献县8月2日起洪水猛涨，6日突破河道保证标准水位（17.5 m），流量超过1000 m³/s。8月8日子牙河下游大城县姚马渡左堤决口。12、13日右堤又相继在献县郭马房、老河口决口。子牙河右堤决口洪水连同南运河临清江庄决口洪水一起奔向贾口洼。

3. 大清河

白洋淀以上各支流（南支）相继于8月3、4日出现洪峰，沙河南雅握洪峰流量为4010 m³/s，潴龙河北郭村8月5日洪峰流量为3390 m³/s。北郭村以上老唐河北堤漫决，部分洪水漫入孝义河汇入白洋淀。8月5日北郭村以下潴龙河右堤在安平县秦王庄及博野县刘村、宋村等地决口，部分洪水漫入文安洼。白洋淀水位7月底开始猛涨，为使白洋淀洪水通过溢流洼进入东淀，8月1日在榕花树扒开大清河堤，因遇大清河北支洪水下泄，反而倒漾入白洋淀。8月6日提启赵王新渠泄洪闸，并在毕家房扒开赵王新渠右堤向文安洼分洪（赵王新渠下口入东淀的堵堤未扒开）。8月8日白洋淀十方院出现最高水位为11.3 m；12日榕花树口门不再逆流，白洋淀洪水进入溢流洼。大清河北支各河6、7月份已有两三次中小洪水。干流白沟站6月30日出现洪峰流量为317 m³/s，7月4日又出现262 m³/s的洪峰，当即扒开新盖房口门分洪。8月4日上游拒马河千河口最大洪峰流量为4200 m³/s，白沟以上南拒马河左堤，白沟河右堤均已全线漫溢。为确保白沟河左堤及南拒马河右堤，多处扒口向兰沟洼分洪，洼内20多个村庄被淹，水深4 m多。8月6日白沟站最大流量为2990 m³/s，新盖房最大分洪流量为2750 m³/s。8月10日大清河下游在坝县任庄子右堤决口，部分洪水入文安洼。

4. 西三洼

天津市西部的东淀、文安洼、贾口洼俗称西三洼，由于大清河北支洪水下泄，东淀水位猛涨，8月9日第六堡水位达7.49 m。由于各河决口洪水陆续汇集，文安洼于8月8日起猛涨，8月14日文安洼水位高于东淀，即在滩里扒口向东淀分洪，最大分洪流量曾达2000 m³/s。8月20日起贾口洼水位也迅速上涨，8月31日在八堡附近扒开锅底口门向东淀分洪。至此，文安洼、贾口洼、东淀三洼连成一片。东淀第六堡、贾口洼八堡、文安洼大赵，先后于9月8日、14日、17日达到最高水位，分别是7.61 m、7.93 m、8.33 m。独流减河进洪闸自7月11日提启泄洪，经北大港入海，8月8日最大流量为1190 m³/s，7—9月3个月共泄洪48.54亿 m³；经海河入海的子牙河洪水，7—9月共泄洪59.57亿 m³，两者合计泄洪108.11亿 m³。

5. 永定河、北运河

本年永定河官厅以上未发生大洪水，山峡区间洪水较大。官厅水库最大入库流量推算为980 m³/s（8月3日），最大泄量为827 m³/s（8月5日）。三家店、卢沟桥8月3日洪峰流量分别为2640 m³/s、2450 m³/s。至7日凌晨0：40，下游左岸麻各庄（今大兴区）决口，决口时流量为600 m³/s，口门最大流量为800 m³/s。为堵闭此口门，8月17日将永定河水导入小清河，汇入大清河系，最大过水流量为102 m³/s，过水总量为600万 m³。8月31日复归永定河。北运河通县（今通州区）8月7日洪峰流量为1130 m³/s，下游尚有凉水河、龙凤新河汇入，经青龙湾河、筐儿港减河分洪入七里海、大黄铺洼，到屈家店最大流量为 594 m³/s（8 月 7 日），汇入海河干流。

6. 潮白河、蓟运河

潮白河 6、7 月份涨了几次小洪峰，苏庄站 8 月 4 日出现最大洪峰流量为 2350 m³/s，除经牛牧屯引河分流少量洪水入北运河外，大部入黄庄洼。蓟运河支流州河、淘河 7 月底同时涨水，洪峰流量均超过 300 m³/s。8 月 4 日邵庄闸全部提启分洪入青甸洼，全洼蓄水约 1.4 亿 m³。九王庄 8 月 4 日出现洪峰流量为 413 m³/s，以后缓慢下落。

7. 滦河

本年滦河多次发生洪峰，以 8 月 11 日滦河滦县站 2390 m³/s 为最大，未造成洪水灾害。

三、灾情

本年主要河流多处决口、漫溢、分洪，京广铁路以东、南运河以西的大部分土地被淹，如大清河北支兰沟洼和白洋淀周边连成一片，徐水、清苑、雄县、安新、高阳、任丘等县全部受淹，潴龙河决口，沿河五县淹地 145 千公顷，受灾村庄 967 个。滹沱河洪水特别大，由于防守及时，石家庄未遭洪水灾害，但涝水成灾，市区街道积水最深达 1 m，倒房 3000 间。下游深泽、安平、饶阳、献县等县由于滹沱河两岸决口全部被淹。溢阳河主要支流漫溢决口，两岸永年、曲周、鸡泽洪涝水汇集，支漳河两岸遍地是水，邯郸地区淹地 520 千公顷，灾民 200 余万。衡水地区平地行洪，洪水与石德铁路道轨相平，衡水车站附近水深 1 m。子牙河右堤老河口、郭马房决口洪水连同上游溢阳河及南运河决口洪水在黑龙港从南到北连成一片，平地行洪，漫过广大平原直抵贾口洼。据统计，本年全流域因洪受灾面积约为 3150 千公顷，成灾面积约为 2095 千公顷，经济损失约为 39.74 亿元，受灾人口约 2780 万，死亡 1745 人，倒塌房屋 310 万间，京广铁路、石德铁路多处被冲毁或扒口泄洪，损失极大（见附表 2）。

附表 2　海河流域 1956 年洪涝灾害损失统计

省 （区、市）	农田面积（公顷）		受灾人口 （万）	死亡人口	倒塌房屋 （万间）	损失粮食 （万 kg）	直接经济损失 （万元）
	受灾	成灾					
内蒙古	0.3	0.03					2.86
河北	233.33	153.33	850	>1032	>200	>41613	313720
河南	41.2	32.53	1853	261	72.5	33346	44820
山西	6.22	1.75	—	397	10.9		9543
山东	7.8	6	47	45	11.5	7383	3984
北京	17.6	7.07	9.4	10	5.3	9539	7372
天津	8.8	8.8	20.3	—	9.5		17956
合计	315.25	209.51	2779.7	>1745	>309.7		397398

注：直接经济损失按当年价格计算；本表未包括因涝受灾农田 1223.2 千公顷，经济损失 1.77 亿元，救灾费用 0.04 亿元。

1957年7月沂沭泗水系大水

1957年7月6—24日，沂、沭、运、潍河水系连续发生大暴雨，雨区主要位于黄河南岸，自河南省许昌附近往东延伸至胶东半岛。15天累计降雨量在400 mm以上的笼罩面积73900 km²，最大点降雨量844.4 mm，造成南四湖地区特大洪水。沂沭河、潍河及沙颍河、涡河上游也发生较大洪水。由于当时南四湖堤防及入湖河道堤防标准低，骆马湖西、北大堤和上游大中型水库尚未修建，全流域行洪调洪能力差。这次暴雨洪水，南四湖堤防大部分漫溢，周围超4000 km²内一片汪洋。骆马湖、黄墩湖周边地区淹没面积达1000 km²以上。沂河、泗河及不牢河堤防出现多处决口、漫溢，导致山东、河南、江苏三省发生较为严重的洪涝灾害。

一、雨情

（一）降雨过程

1957年入汛以来，至7月5日前，沂沭泗地区降雨较常年同期整体偏少。但7月6日以后，持续18天的大雨或暴雨，至24日降雨基本结束。在此期间有6次集中暴雨：7月6—7日为第一次范围较大的暴雨。100 mm等降雨量线呈西南—东北走向，暴雨区范围达30500 km²。有三个暴雨中心，为崖庄降雨量205 mm、山亭降雨量150 mm、复程降雨量189 mm。50 mm等降雨量线笼罩了除菏泽、济宁、曲阜以北外的全流域。8、9两天流域降雨量不大，至10日强度剧增，出现第二次大暴雨，日降雨量超过50 mm，暴雨区范围达81900 km²。100 mm等降雨量线包围沂沭河区的中部及南四湖区的西北部，面积为23630 km²。有三个暴雨中心，为高里降雨量267 mm、邹县降雨量238 mm、定陶降雨量217 mm。50 mm等降雨量线包围了沂沭河区、南四湖的上级湖地区及邳苍地区北部。11日雨势稍停，自12日开始至19日，连续出现3次暴雨过程。其中12—13日暴雨区南移，100 mm等降雨量线呈东西向，面积 23130 km²。暴雨中心降雨量为角沂 297 mm、蒋自崖 233 mm、复程 282 mm。50 mm 等降雨量线包围全流域。14—16 日暴雨区略北移，100 mm 降雨量带呈西南东北向，面积为 24620 km²。暴雨中心降雨量为莒县 167 mm、蒋自崖 229 mm、单县 183 mm。50 mm 等降雨量线基本包括了全流域。17—19 日暴雨最大，100 mm 以上的雨区范围达 71500 km²，有两个暴雨中心，为蒙阴降雨量 269 mm、济宁降雨量 294 mm。50 mm 等降雨量线包围全流域。20—22 日期间，降雨不大，一般在 50 mm 以下。至 23 日又有一次较大的暴雨过程，50 mm 以上的雨区范围约为 20700 km²。22—23 日间，100 mm 等降雨量线包围南四湖东北部地区，面积为 6230 km²。暴雨中心降雨量为滕县 213 mm、泗水 190 mm。50 mm 等降雨量线包围南四湖东北部地区及沂沭河区中北部地区。24 日以后降雨基本结束。

这次降雨过程持续时间很长，前后历时半个多月，其间又出现多次暴雨，各次暴雨位置始终在沂河、沭河及南四湖地区来回摆动。在沂河、沭河中游和南四湖地区出现两个暴雨中心区，100 mm 以上的大暴雨区大体上呈东西向带状分布。前者雨区位置偏南，呈东西向分布，范围较大，150 mm 以上的雨区 54900 km²。后者位置略向东北偏移 1 个经纬度，呈东北—西南向分布，雨区范围较小，150 mm 以上的笼罩面积为 27300 km²。由于各次暴雨位置来回摆动范围不大，400 mm 以上雨区集中在南四湖、沂河、沭河以及大汶河和潍河流域，其笼罩面积约为 73900 km²。

（二）暴雨强度

"57.7"暴雨在各次降雨过程中，短历时（3、6、12、24 小时）暴雨强度不大，暴雨中心角沂站最大 24 小时降雨量为 278.5 mm。该地区实际记录到的 24 小时最大降雨量超过 300 mm 很普遍，1971 年 8 月 9 日微山县夏镇记录到 24 小时最大降雨量达 575.8 mm，1958 年 8 月 4 日莱阳县石河头调查到 24 小时降雨量达 740 mm。"57.7"暴雨 15 天累积降雨量则较大，最大点降雨量蒋自崖为 844.4 mm（7 月 10—24 日），7 月 6—20 日 15 天沂河临沂以上流域面平均降雨量为 598.5 mm，沭河大官庄以上面平均降雨量为 560.1 mm，南四湖韩庄以上面平均降雨量为 537.2 mm。

二、水情

（一）洪水发生时间及过程

该年在沂沭河、南四湖、潍河流域，自 7 月 6 日开始涨水，至 28 日其间连续出现多次洪水涨落过程。

沂沭河自 7 月 7 日水位上涨。沂河临沂站 7 日 22 时出现第一次洪峰，3000 m³/s 以上的洪峰流量出现 8 次，流量超过 10000 m³/s 的有 2 次，最大流量为 19 日 23 时的 15400 m³/s，最大 30 天洪量为 52.8 亿 m³。沭河大官庄站 8 日 5 时出现第一次洪峰，洪峰流量超过 1000 m³/s 的有 8 次，其中有 2 次超过 4500 m³/s，最大流量为 11 日 18 时的 4910 m³/s，最大 30 天洪量为 20.9 亿 m³。13 日沂河洪水经江风口分洪，历时 16 天，分洪量 8.5 亿 m³，最大流量为 20 日 1 时的 3380 m³/s。经分沂入沭水道分洪 22 天，分洪量 8.2 亿 m³，最大流量为 20 日 0 时的 3180 m³/s。两处共分洪 16.7 亿 m³，占沂河临沂站 30 天洪量的 31.7%。沂河南下（李庄站）最大流量为 20 日 1 时的 7830 m³/s。沭河大官庄人民胜利堰南下最大流量为 1870 m³/s，30 天洪量为 5.9 亿 m³。胜利堰下老沭河（包括分沂入沭）最大流量为 3390 m³/s，30 天洪量为 14.6 亿 m³。新沭河大官庄最大流量为 2950 m³/s，最大 30 天洪量为 15 亿 m³。沂沭河的分洪措施大大减轻了下游河道堤防及骆马湖、新沂河的防洪、抗洪负担。

南四湖水位从 7 月 6 日明显起涨。湖面平均水位（南阳和微山岛两站平均）7 月 5 日为 32.15 m，29 日达最高水位 36.33 m。南阳站最高水位为 25 日的 36.48 m，微山岛站的最高水位为 8 月 3 日的 36.29 m。7 月 6 日—8 月 5 日 30 天南四湖泄水总量为 14 亿 m³，蓄水量（包括湖滨淹没区滞蓄水量）增加了 86.2 亿 m³。运河镇最大流量为 7 月 23 日的 1660 m³/s，30 天最大洪量为 33.1 亿 m³。

骆马湖杨河滩水位从 7 月 6 日起涨，16 日水位达 22.85 m。随即启用了黄墩湖滞洪，最大分洪流量为 3000 m³/s，滞洪量为 6.12 亿 m³。7 月 21 日出现最高湖水位 23.15 m。7 月 11 日—8 月 9 日 30 天内，骆马湖入湖水量为 73 亿 m³。其中沂河（华沂站）来水 34.9 亿 m³，南四湖下泄 18.1 亿 m³，邳苍地区产水

11.5 亿 m³，江风口分水入流 8.5 亿 m³。由于来水大大超过骆马湖、中运河及不牢河的防洪能力，堤防多处漫溢决口，仅不牢河下段有岸 3 次决口，导致中运河西形成宽约 20 km 的行洪区，其水量估计达 5 亿 m³。7 月 14 日—8 月 12 日 30 天出湖水量为 67.5 亿 m³，其中嶂山 26.9 亿 m³、皂河闸 21 亿 m³、六塘河 17 亿 m³、黄墩河小闸 2.6 亿 m³。

（二）洪峰流量及稀遇程度

7 月份虽然连续出现多次暴雨，但短历时暴雨强度不是很大。发源于沂蒙山的沂沭河的洪峰流量与历史上各次大洪水比较，量级不算太大。沂河临沂河段，在 1912—1983 年的 72 年间，大于 1957 年洪水的就出现过 3 次；沭河大官庄河段，在 1881—1983 年的 103 年中，大于 1957 年洪水的有 5 次，1957 年的洪峰流量相当于 15 ～ 20 年一遇。比较突出的是长历时洪水总量，沂河临沂 30 天洪量为 52.84 亿 m³，为 1949 年以来最大的一次，仅次于 1912 年；沭河大官庄 30 天洪量为 20.92 亿 m³，为 1918 年以来最大的一次。

南四湖地区是一次特大洪水，独山站最高水位 36.46 m，比 1875 年历史最高水位仅低 0.77 m；微山站最高水位 36.29 m，比 1935 年历史最高水位低 0.98 m。南四湖下游控制站韩庄 30 天洪量达 110 亿 m³。

三、灾情

1957 年以前流域内尚未修建控制性水库工程，河道防洪、排涝的能力很低。"57.7"暴雨洪水，导致山丘区大量梯田、地堰、小型塘坝、房舍被冲毁。沂河干流虽经分沂入沭及江风口两处自由分洪，但下游郯城段仍有两处决口。南四湖支流泗河、洸河、城河、老京杭运河、新万福河等决口、分洪 10 余处，湖西平原河堤及南四湖湖堤大部漫溢，湖堤内外水面相连，农田大部分被淹。

菏泽地区的巨野、菏泽、成武、单县、曹县、定陶等 6 个县城，城外积水高于城内，济宁地区的滕县城曾两度被洪水包围。据临沂、济宁、菏泽 3 个地区 34 个县（市）的不完全统计，洪水成灾面积 2004 万亩，是新中国成立以来灾情最重的一年，粮食减产 13.39 亿 kg，水围村庄 10222 个，倒塌房屋 260.5 万间，死亡 1070 人。其中潍河流域受灾面积 1592 万亩，成灾面积 1399 万亩，受灾人口 637 万，死亡 1006 人，倒塌房屋 95152 间，损失粮食 95520 万 kg，冲毁堤防 213.3 km，冲毁涵闸 351 座，共造成直接经济损失 77085 万元（当年价）。同时还造成特大涝灾，南四湖湖滨最大淹没面积 300 万亩，流域受灾面积 1220 万亩，因涝灾粮食减产 10500 万 kg，经济损失 22500 万元。津浦铁路路基被淹，津浦铁路的兖州、两下店车站，中断行车 5 小时，灾区的工业生产和其他国民经济事业亦遭到不同程度的损失。

1957 年松花江洪水

1957 年汛期，松花江流域降雨频繁，特别是 7—8 月，流域内大部分地区一直阴雨连绵，最多降雨日达 45 天。嫩江下游西侧支流和第二松花江流域出现多次大雨和暴雨，导致流域内主要江河出现大洪水和特大洪水。第二松花江上游嫩江支流雅鲁河、绰尔河、洮儿河均出现 20 ～ 50 年一遇的大洪水。松花江干流哈尔滨站出现了新中国成立以来的最大洪水，实测最大流量为 12200 m³/s。洪水给松花江流域带来严重的洪涝灾害，据不完全统计，因洪涝灾害造成流域内 1464 千公顷农作物受灾，受灾人口 433 万，因灾死亡 117 人。

一、雨情

受东北低压和蒙古低压影响，1957 年 7、8 月份黑龙江省西部和西南部降雨量较多。加之冷空气活动较强和受 5710 号台风影响，松花江、嫩江流域出现强降雨过程。

1957 年 6 月份降雨量正常，各主要江河流域平均降雨量小于或接近历年同期平均值。7、8 两月共出现 10 次降雨过程，连续降雨 40 余天，最多者达 45 天，雨区遍及整个松花江流域，降雨量在 100 mm 以上的面积超 50 万 km²。其主要雨区分布在嫩江中下游和第二松花江、牡丹江流域，降雨量一般都在 200 mm 以上。洮儿河察尔森站 7 月 24 日—8 月 5 日 13 天总降雨量为 304 mm，是该站 7、8 两月多年平均降雨量的 1.2 倍。其中，雅鲁河巴林站降雨量为 235.5 mm，罕达罕河景星站降雨量为 246.3 mm，绰尔河两家子站降雨量为 209.7 mm，洮儿河连降 13 天降雨量达 300 mm。黑龙江嫩江地区平均降雨量约为 280 mm，第二松花江一带平均降雨量为 380 mm，丰满上游地区 8 月 16—30 日降雨量为 174 mm，有的地方超过 500 mm。松花江中游及拉林河一带降雨量为 370 mm，且降雨集中，强度亦较大。8 月 21—22 日因台风侵袭出现大暴雨，导致丰满水库上游普降 90 mm 暴雨。入汛以后，该地区降水总量达 250 ～ 300 mm，哈尔滨、大赉等地区超过 400 ～ 500 mm，个别地区达 600 mm。

7、8月两月降雨的主要过程：7月1—5日，降雨分布面广，笼罩整个松花江流域，但在面上分布不均匀。降雨量在5～100 m的地区主要在嫩江上游、拉林河支流卡岔河流域以及辉发河和饮马河上游。7月15—16日，降雨分布在嫩江支流乌裕尔河和讷谟尔河流域。这是一次局部性暴雨，暴雨中心在克山县，克山站最大1小时降雨量为150 mm，最大6小时降雨量为201.2 mm，最大24小时降雨量为220.7 mm，过程降雨量为326 mm。7月24—25日，降雨分布在雅鲁河下游齐齐哈尔一带和洮儿河黑帝庙一带。24日出现暴雨，暴雨中心在黑帝庙，日降雨量为89.5mm，其他地区均在50 mm以上。25日，第二松花江上游的盘石站、木石河土顶子站及太平山站出现暴雨，太平山站日降雨量为63.9 mm。7月26—30日，出现大面积暴雨的时间为26日、27日。26日暴雨集中分布在伊通河流域，日降雨量为60～80mm；27日暴雨分布在嫩江下游的洮儿河和霍林河流城，日降雨量为50～100 mm。其他三日降雨量较小。8月1—5日，降雨主要分布在嫩江中下游及其右侧支流甘河、音河、雅鲁河、绰尔河洮儿河、霍林河。最大次降雨量出现在洮儿河的察尔森站，为136.9 mm。在此期间，第二松花江和伊通河也出现了大雨和暴雨，伊通河翁克站次降雨量为143.6 mm；降雨分布在嫩江左侧支流乌裕尔河和呼兰河上游；暴雨中心在呼兰河南关站，次降雨量为110 mm；乌裕尔河龙安桥站次降雨量为62.1 mm。第二松花江丰满水库上游8月11日以后阴雨连绵，8月20—22日又受10号台风影响，一次降雨量100 mm，个别地区达150 mm以上，齐齐哈尔和第二松花江上游降雨量均在200 mm以上，其中蛟河最多达334 mm、靖宇达315 mm、桦甸达274 mm，暴雨中心在上游头道江和檬江口一带。

二、水情

嫩江各支流7月初先后开始涨水，8月初雅鲁河、绰尔河、洮儿河等次第出现洪峰，洮儿河发生有记录以来的最大洪水，察尔森站8月5日洪峰流量为1959 m³/s，洮南站洪峰水位为149.58 m，超过1956年的最高水位0.48 m，江桥站洪峰流量为6300 m³/s，相当于15～20年一遇的洪水。绰尔河两家子站 8 月 7 日洪峰流量为 3260 m³/s。嫩江干流大赉站 8 月 9 日以后水位显著上涨，至 8 月 29 日最大流量达到 7790 m³/s，洪峰水位 129.96 m，超过保证水位 0.76 m（为有记录以来最大洪水），而后徐徐消退。消退过程十分缓慢，至 10 月 8 日流量才消退到 2000 m³/s，前后过程历时近两个月。

受 10 号台风影响，第二松花江上游丰满水库 8 月 22 日最大入库洪峰流量为 1.7 万 m³/s，水库最高水位达 266.18 m（超过历史最高水位），为了迅速降低水库水位，放流增至 6000 m³/s。8 月 18—30 日，13 天中共放水 42 亿 m³；下游扶余站 8 月 31 日最大洪峰流量 5900 m³/s，相邻的拉林河也出现洪峰，蔡家沟站 8 月 30 日亦出现了 1090 m³/s 的洪峰流量，松花江哈尔滨站下游支流蚂蚁河、牡丹江、倭肯河也出现了较大洪水。

由于嫩江洪水与第二松花江、拉林河洪水遭遇，形成松花江干流特大洪水，松花江干流 7 月 21 日开始涨水，水位达 114.58 m，松花江下岱吉站 8 月 30 日出现 1.5 万 m³/s 的洪峰流量，向下传播又与拉林河注入的 1090 m³/s 洪水汇合，9 月 6 日达到最高水位 120.3 m，最大流量 12200 m³/s。松花江干流最大 3 天、7 天洪量分别为 30.7 亿 m³ 和 69.1 亿 m³。6 日以后开始消退，平均每天消退 7.18 cm，至 11 月 25 日回落到起涨水位，历时 128 天。

干流哈尔滨站的洪水 9 月 7 日 17 时到达木兰站，水位为 110.49 m，超过 1956 年的最高水位 0.2 m；9 月 8 日 24 时洪峰到达通河站，流量为 11900 m³/s；干流洪水于 9 月 11 日 3 时到达下游佳木斯站，洪峰水位 80.34 m，超过 1956 年的最高水位 0.08 m，流量为 15400 m³/s。

松花江干流哈尔滨站洪水，由嫩江、第二松花江、拉林河及区间来水组成。嫩江洪水主要来自右岸支流雅鲁河、绰尔河和洮儿河。从 60 天洪量组成情况来看，哈尔滨站洪水主要来自嫩江和第二松花江，拉林河来水较少。哈尔滨站洪峰流量主要由嫩江、第二松花江及拉林河的洪水组成。根据实测资料分析，由大赉、扶余站至哈尔滨站洪水的传播时间大约是 8 天，由拉林河蔡家沟站至哈尔滨站的传播时间大约是 4 天。哈尔滨站 9 月 6 日的洪峰主要由嫩江洪峰与第二松花江洪峰前部分组成，拉林河及其区间所占比重不大。

三、灾情

1957年松花江洪水是新中国成立以来最大的一次，哈尔滨实测最高水位和最大流量均高于 1932 年历史最大洪水。本年汛期，黑龙江省和吉林省两省军民大力防汛，虽然水大，但哈尔滨市江堤未曾决口，但由于洪水大、持续时间长，汛期内又接连出现 6～8 级大风天气，故沿江河堤防多处发生脱坡、渗水和溃决。据不完全统计，此次洪涝灾害造成全流域受灾耕地面积为 1464 千公顷，成灾面积为 1129 千公顷，受灾人口 433 万、81.4 万户，倒塌房屋 7.03 万间，死亡 117 人、2645 头牲畜，冲毁各种建筑物 1392 处。其中：

吉林省农田受灾 443 千公顷，成灾 313 千公顷，受灾人口 63.2 万、11.66 万户，死亡 23 人、1446 头牲畜，倒塌房屋 2.03 万间，冲毁桥梁 446 座、水库 6 座、塘坝 5 座，决口堤防 271.9 km。吉林省白城、洮南、安广、镇赉等县市洮儿河堤防决口，洮儿河大桥被冲垮，白城至前郭铁路冲断多处。

内蒙古兴安盟受灾农田 61 千公顷，其中重灾 30 千公顷，死亡 19 人，冲毁水利工程 68 处，倒塌房屋 1 万多间，死亡牲畜 1199 头。

黑龙江省洪涝灾害受灾耕地 960 千公顷，成灾 753 千公顷，受灾人口 370 万、死亡 75 人，倒塌房屋 3.28 万间，减产粮食 12 亿 kg，冲毁水库 1 座、涵洞 422 座、堤防 235.29 km、公路 183.35 km，冲毁其他水利工程 839 座，铁路中断行车 834 小时，死亡大牲畜 5452 头，经济损失达 2.4 亿元。其中，肇源县境内的松花江干流和嫩江干流堤防，有方春、老虎背、金家屯、牛营子、立陡山、靠山屯、双沟子等 7 处堤防溃决，淹农田 70.4 万亩，有 248 个自然屯、24800 户、12.4 万人受灾；肇源县城被水包围，经大力抗洪抢险，县城未曾进水；哈尔滨市江北岸松浦区韩增店堤段决口，淹地 4 万亩；宾县满井堤段闸门处决堤，淹农田 1.38 万亩。

1958年7月黄河三门峡、花园口区间洪水

1958年7月14—18日，黄河三门峡至花园口区间（简称三花区间）普降暴雨和大暴雨。暴雨中心出现在三花间畛水上游的曹村和洛河支流的仁村，仁村日降雨量达到650 mm。三花区间干支流洪水同时遭遇，致使黄河花园口站出现了洪峰流量为22300 m³/s 的特大洪水。洪水造成京广铁路桥中断交通14天，山东、河南两省淹没村庄1708个，灾民74.08万人。

一、雨情

1958年，进入主汛期后，黄河流域连续降雨。7月上旬后，山陕区间、渭河中下游和伊、洛、沁河流域降雨量均在50 mm以上。其中，7月14—18日，黄河中游出现了历时5天的强降水。

自7月上旬开始，黄河中游降雨较多。本次暴雨过程是由4场雨组成的，第一场雨出现在14日8—20时，黄河中游地区电闪雷鸣、大雨如注，山陕区间和三门峡到花园口黄河干支流区间普降暴雨。第二场雨出现在15日20时—16日20时，降雨强度显著增大，并出现100 mm以上的大暴雨区。这两场雨雨区均偏于晋西南和洛河上游。前者雨强较小，15日开始降雨强度显著增大，并出现100 mm以上的大暴雨区。第三场雨出现在16日20时—17日8时，主要雨区在三花区间的干流区间和伊、洛、沁河中下游，汾河中下游，淮河流域的北汝河、沙河，以及汉江的唐白河上游地区，暴雨中心在垣曲、瑞村、盐镇，最大降雨量为249 mm。第四场雨出现在18日8时—19日8时，为零星暴雨，雨区偏南，局部地区降雨量较大，最大降雨量为137 mm。上述暴雨的时空分布特点，有利于三花区间各支流洪水叠加和遭遇，是一种比较严重的降雨类型。

7月14—18日，暴雨的次降雨和最大一天降雨区均呈现南北向带状分布。主要雨区在110°E ~ 113°E之间，自山西省吕梁山东坡向东南方向延伸，沿着伏牛山东坡转向淮河上游和汉江中游。这一地区近14万km²的面积上，总降雨量约230亿m³。本次暴雨的高值区在黄河三花区间，面平均最

大 1 天降雨量为 69.4 mm，最大 3 天降雨量为 119.1 mm，最大 5 天降雨量为 154.6 mm。暴雨笼罩面积达 86800 km²，其中 100 mm 笼罩面积为 27630km²，200 mm 笼罩面积为 16000 km²，500 mm 笼罩面积为 450 km²。

暴雨最强中心出现在洛河支流涧河的仁村和黄河三小区间畛水上游的曹村附近。据调查资料，仁村最大 24 小时降雨量达 650 mm。实测最大 12 小时降雨量为王屋山瑞村站的 303.1 mm，最大 24 小时降雨量出现在晋南的垣曲气象站，为 366.5 mm。实测 5 天最大降雨量为 498.8 mm，出现在淮河支流北汝河上的傅店站。暴雨中心地区降雨集中出现在 16 日夜至 17 日晨，如垣曲站和傅店站最大 6 小时降雨量占 5 天总降雨量的 50%。

二、水情

受暴雨影响，7 月 17 日 10 时—18 日 0 时，沿程次第出现最大流量，从而形成干支流洪水在花园口同时遭遇的不利情况。三花区间黄河干流花园口站 7 月 15 日 12 时起涨，7 月 18 日 0 时出现最大洪峰流量 22300 m³/s，水文站洪水位达到 94.42 m，洪峰持续 2.5 小时，22 日 18 时落平，历时 7 天，洪水过程由 3 个洪峰组成，主峰在中间。小浪底站 14 日 20 时起涨，17 日 10 时出现最大洪峰流量 17000 m³/s，峰顶持续 1.5 小时，21 日 0 时落平，历时 6.5 天。三门峡站（根据陕县站水文资料）7 月 14 日 17 时起涨，18 日 16 时出现最大洪峰流量 8890 m³/s，20 日 0 时落平，历时 5 天。支流伊洛河黑石关站，7 月 16 日 12 时起涨，17 日 13 时 30 分出现洪峰流量 9450 m³/s，23 日 0 时落平，历时 5 天，洪水过程由两个洪峰组成，主峰在前。沁河小董站 7 月 16 日 14 时起涨，17 日 20 时出现洪峰流量 1050 m³/s，至 22 日 0 时落平，洪水过程 5 天。

这次洪水是由三门峡以上、伊洛河、沁河及三花间的干流区间四地区来水所组成的，7 天洪量 61.11 亿 m³，其中三门峡以上来水 33.17 亿 m³，占 54.4%，三花间来水 27.94 亿 m³，占 45.6%。三花间的水量主要来自伊洛河，为 18.52 亿 m³，其次是干流区间，为 6.74 亿 m³，最小为沁河 2.68 亿 m³。

黄河下游是著名的地上河，素有"悬河"之称，两岸有大堤约束。长垣至范县的临黄大堤与北金堤之间为北金堤滞洪区，孙口至艾山间有东平湖，在大洪水情况下可起分洪滞洪作用。支流主要有汶河，经东平湖汇入黄河。下游河道上宽下窄，滩槽高差约 2～3 m，花园口至孙口主槽宽度为 1000～1500 m。两岸大堤堤距，花园口至孙口一般为 10 km，个别为 5 km，最大为 23 km，艾山以下为 1～3 km。相应地，泄洪能力也是上大下小。洪水进入下游河段后，东坝头以下全部漫滩，大堤临水，堤根水深一般为 2～4 m，个别水深达 5～6 m，同时高水位持续时间长，高村至洛口河段洪水在保证水位持续 34～76 小时。洪水漫滩后，由于花园口至孙口槽蓄作用大，洪峰削减较多。孙口至艾山段在东平湖的滞洪下，孙口的流量为 15900 m³/s，至艾山削减到 12600 m³/s，从而该场洪水顺利通过艾山以下的窄深河道，保证了济南市和黄河两岸人民的安全。

三、灾情

此次暴雨洪水对黄河下游防洪威胁较大，出现不同程度的险情，如横贯黄河的京广铁路桥，洪水冲毁了郑州黄河大桥 11 号桥墩，相邻两孔钢梁落入水中，京广铁路交通中断 14 天。据不完全统计，山东、河南两省的黄河滩区和东平湖湖区，淹没村庄 1708 个，受灾 74.08 万人，淹没耕地 304 万亩，房屋倒塌 30 万间。三花区间有关各县也遭到不同程度的水灾。

1963年8月海河洪水

1963年8月上旬，海河流域发生了一场罕见的特大暴雨，暴雨主要发生在南运、子牙及大清河流域。暴雨中心獐獏站7天的降雨量达2050 mm，为我国大陆最高纪录。这次暴雨强度之大、雨区范围之广、降雨历时之长均为本流域有实测资料以来所未有的，造成了海河流域特大洪水。海河南系子牙、大清、南运三大水系洪水总量达330亿 m³。部分中小型水库垮坝，不少河流进入丘陵平原以后，相继漫堤决口，泛滥于豫北、冀南及冀中广大平原，京广铁路沿线桥涵路基受到很大破坏，洪水下泄后，严重威胁天津市及津浦铁路的安全。

"63.8"暴雨洪水主要发生于太行山迎风山区。新中国成立后修建的岳城、岗南、黄壁庄、王快、西大洋等大型水库，有效地控制了山区的洪水，削减了洪峰流量；中下游的白洋淀、文安洼、东淀、贾口洼、宁晋泊等洼淀，作为天然滞洪区，对控制洪水下泄起到了很大的作用；下游地区新建和扩建的独流减河、四女寺减河和新开辟的入海水道，大大提高了洪水宣泄能力，减轻了平原地区洪水灾害，确保了天津市的安全。

一、雨情

1963年8月上旬，海河流域处于较深的低槽控制之下，冷暖气流在这一地区不断交绥，受太行山地形的影响，造成了强烈的辐合作用，加之西南低涡接踵北上迭加，更加强和维持了这一过程，形成了这次强度大、历时长、降雨量集中、分布面广和总量特大的罕见暴雨。

（一）降雨过程

降雨从8月1日开始，10日雨止，历时10天，其中95%以上降雨量集中在8月2—8日。8月2日雨区主要在淮河流域上游地区。海河流域的西南部分地区降雨量较小，日降雨量一般在100 mm左右。3日暴雨区由南往北进入海河流域，中心在邯郸附近，日降雨量达466 mm，暴雨区主要分布在太行山南部的迎风山区。4日暴雨继续北移，降雨强度和雨区范围都显著增大，暴雨中心獐獏站日降雨量达 865 mm。暴雨主要分布在滏阳河流域的迎风山区，日降雨量超过 500 mm 的雨区面积有 990 km²，超过 200 mm 的雨区面积达 11200 km²。5日暴雨继续向北移动，中心移至獐獏以北的黄北坪，日降雨量达 500 mm。6日暴雨继续北上，降雨强度减弱，雨区分布较分散，大于 200 mm 的暴雨中心多达 11 个，其中最大中心正定，日降雨量为 290 mm。7日雨区继续向北扩展，日降雨量大于 50 mm 的面积达到 80800 km²，暴雨强度再度增大，达到本次暴雨的第二个高潮，暴雨主要分布在大清河流域，暴雨中心大清河完县（今顺平县）司仓站日降雨量达 704 mm。由于本次暴雨强度大、范围广，所以 7 日降雨总量达到 122.1 亿 m³，为本次暴雨日降雨总量的最大值。8日暴雨中心继续北移至北京附近来广营，日降雨量达 429 mm；滏阳河及大清河流域降雨量显著减小，但南部卫河流域又出现一片新雨区，暴雨中心在安阳附近的小南海，日降雨量达 365 mm。暴雨区的面积显著减小，暴雨已进入衰退阶段。9日太行山区先后雨止，暴雨区东移，暴雨中心出现在平原东部静海一带，日降雨量为 235 mm。10日河北省绝大部分地区无雨，只有东北部唐山、滦县一带局部地区有暴雨。

（二）暴雨分布

"63.8"暴雨的分布大致与太行山平行，形成一条南北长 520 km、东西宽 120 km、降雨量超过 400 mm 的雨带。降雨量的分布很不均匀，南北有两个降雨量特大中心。南部中心在滏阳河上游邢台、临城以西山区，7 天（8 月 2—8 日）降雨量东川口为 1464 mm，菩萨岭为 1562 mm，獐獏为 2050 mm；北部中心在大清河上游保定以西山区，7 天降雨量司仓为 1303 mm，七峪为 1329 mm。南北两个暴雨中心都出现在太行山麓浅山丘陵地带。

（三）暴雨特点

"63.8"暴雨的主要特点：

（1）强度大。暴雨中心地区降雨量强度之大、雨势之猛为以往罕见。南部獐獏、菩萨岭等地，北部司仓、七峪等地最大 24 小时、1 天、7 天降雨量

为本地历史最大暴雨纪录的 2～3 倍，与淮河流域"75.8"林庄暴雨接近，7
天降雨总量超过"75.8"暴雨。

（2）持续时间长。海河流域暴雨（日降雨量超过 50 mm）的持续时间
一般只有 2～3 天。而"63.8"暴雨在东川口、獐獏一带达 6～7 天；滏阳
河流域的临城、树滩、獐獏、赵庄、西台峪、郝庄等站日降雨量连续 5 天
超过 100 mm，还有一些站连续 3～4 天超过 200 mm。大暴雨持续时间之长
为本地区所罕见。

（3）分布面广。"63.8"暴雨日降雨量大于 50 mm 的暴雨区面积最大超过
80000 km²。7 天降雨量大于 100 mm 雨区面积在 15 万 km² 以上。

（4）总水量多。最大 1 天、3 天及 7 天的降雨总量分别为 122 亿 m³、
318 亿 m³ 及 600 亿 m³，均超过本地区著名的大水年，如 1924 年、1939 年及
1956 年，为这些年份最大 3 天、7 天降雨总量的 1.03～1.75 倍。

二、水情

（一）洪水发生的时间及过程

1963 年 6、7 月份，雨区范围内降雨量较常年同期偏小，漳卫、子牙、大
清诸河上游山区河道及大部分水库底水较低。8 月 1 日以后，随着暴雨强度的
不断增大，漳卫、子牙、大清三水系各干支流相继于 8 月 3—5 日开始涨水。
卫河涨水最早，各支流有三次明显的洪峰，分别出现在 8 月 3 日、6 日及 8 日，
以 8 日的洪峰为最大。滏阳河于 3 日开始普遍涨水，多数河流出现两次洪峰，
一次出现在 4 日，另一次出现在 6 日，较大的支流如沙河、洺河等最大洪峰
出现在 6 日，槐河、泜河等较小支流最大洪峰多出现在 4 日。北部大清河流
域由于暴雨集中在后期，各干支流一般只在 8 日前后出现一次洪峰过程。各
河 8 月 10 日以后均开始回落，15—20 日大部落平。由于上游洪水相继漫越京
广铁路泻入平原，广大冀中、冀南平原地区，平地行洪几乎尽成泽国。平原
及洼地退水时间很长，一般至 9 月水位才缓缓回落，子牙河献县等站退水延
续至 10 月而未尽。

（二）各河系洪水情况

1963 年 8 月上旬的特大暴雨主要降落在太行山东侧迎风山区，致使南运、子牙、大清三水系形成特大洪水，而海河流域其他水系洪水并不突出。南运、子牙、大清三水系洪水情况如下：

1. 南运河洪水

南运河水系包括卫河、漳河及下游的卫运、南运河。卫河的洪水较大，超过 1956 年洪水，为有实测记录以来的最大值。多数河道出现三次洪水过程，尤以 8 日洪峰为最大。如卫河上游合河站，8 日出现 1350 m³/s 的洪峰流量，超过 1956 年的 1030 m³/s；支流淇河新村站，8 日洪峰为 5590 m³/s，大大超过 1956 年 3380 m³/s 的最高纪录。安阳河安阳站也出现创纪录的洪峰流量 1180 m³/s。由于洪水量大而且集中，自上游淇门附近至称钩湾多处出现漫堤决口或扒口分洪，致使下游平原、洼地连成一片水域。各滞洪区滞蓄的洪水大部于 8 月底 9 月初退归卫河，部分地区积水延至 9 月底始退入卫河。漳河的洪水一般较 1956 年小。观台站 1963 年调查洪峰流量为 7040 m³/s（实测为 5470 m³/s，成果偏小），而 1956 年实测为 9020 m³/s。岳城水库调蓄水量达 6.59 亿 m³，占入库洪水总量 18.8 亿 m³ 的 35%，而下泄最大流量为 3500 m³/s，削减洪峰 50%，发挥了拦洪削峰作用。岳城水库下游漳河南堤有 5 处扒口分洪，北堤严桥段发生严重漫溢决口，溃决水量向东北汇入黑龙港地区，经威县、清河、故城、景县等县境直趋贾口洼。卫运河称钩湾站接纳漳河及卫河来水，虽经漳河北堤决口分流，洪峰流量仍达 3240 m³/s；临清站也出现 2540 m³/s 的洪峰流量，超过 1956 年（1956 年临清站洪峰为 1110 m³/s）。南运河四女寺附近的恩县洼于 8 月 13 日开始分洪，经四女寺减河直接入海，8、9 两月入海总量达 40.37 亿 m³，加上下游捷地、马厂减河分流，经九宣闸下泄入天津的水量不足 1 亿 m³，大大减轻了南运河洪水对天津的威胁。

2. 子牙河洪水

子牙河支流滏阳河是"63.8"特大暴雨的中心地区，洪水超过了历史最高纪录，为本次洪水产水量最多的地区。8月2日后，各河相继涨水，4日水势猛涨，形成第一次洪峰，随后水位回落，至6日又出现第二次洪峰。槐河、泜河等支流最大洪峰出现在4日，洺河、沙河等支流6日出现最大洪峰。东川口、马河、佐村三座中型水库漫顶冲毁，乱木水库扒口后刷深到底，还形成河流改道。小型水库被冲垮坝的更多。京广铁路沿线桥涵大部被毁，铁路以东平原各河连成一片，洪水通过永年洼、大陆泽、宁晋泊等洼地，越过石德铁路，倾入贾口洼。滏阳河干流上游东武仕水库，6日入库洪峰流量达 2029 m³/s，经水库调节后泄量仅 152 m³/s。但由于牤牛河、渚河、沁河、输元河等支流来水都很大，在高臾以下决口漫溢，邯郸市亦遭水淹，洪水下泄注入永年洼后，漫入大陆泽。滏阳河直接入大陆泽的支流有洺、沙、七里、白马、小马、李阳等河。以洺河最大，临洺关站6日出现的洪峰流量达 12300 m³/s（集水面积 2326 km²）。沙河朱庄站 9500 m³/s（集水面积 1220 km²），为 1956 年洪水的 3~4 倍。上游东川口中型水库（控制面积 84 km²）于 8 月 4 日上午溃坝，下游垣上村调查估算最大流量达 12000 m³/s。其他各河来水都很大，并造成佐村、马河中型水库和一些小型水库失事。滏阳河入宁晋泊支流的有泜、沛、槐、㴲河。泜河上游为暴雨中心獐獏所在，西台峪 8 月 4 日实测最大流量为 3990 m³/s，其控制面积仅 127 km²。临城水库推算的最大入库流量为 5560 m³/s，洪水总量达 5.34 亿 m³，经水库调蓄后，8 月 6 日最大下泄流量为 2450 m³/s，削减洪峰 56%。在水库削峰的情况下，下游的北盘石村（冯村附近）最大流量仍达 4380 m³/s，致使京广线冯村铁桥被冲毁。该地 1963 年出现的最高水位仍比建库前的 1924 年最高水位高 0.84 m。京广铁路以东，滏阳河各支流堤防溃决数百处，除一些地势较高的城镇和高地以外，遍地行洪，永年洼、大陆泽、宁晋泊三洼连成一片。大陆泽环水村站 8 月 7 日最高水位 33.41 m，比 1956 年高 1.45 m。宁晋泊徐家河站 8 月 8 日最高水位 30.7 m，宁晋县城墙顶距水面仅 1 m。洪水在邢家湾一带以宽十余千米的洪流顺滏阳河两岸向东北奔向衡水县（今衡水市）之千顷洼，8 月 7 日淹新河，8 日没冀县，10 日漫衡水。石德铁路漫水段达 20 km，根据漫水段流量资料推算，衡水 8 月 12 日最大流量达 14500 m³/s，最高水位为 24.42 m，高出附近堤顶 1 m 多。滏阳河下游东岸洪水进入黑龙港地区，西岸洪水进入滹沱河泛区，与滹沱河洪水汇合。子牙河另一支流滹沱河，岗南水库以上推算最大入库流量为 4390 m³/s，较 1956 年洪水小，黄壁庄水库推算的最大入库流量为 12000 m³/s。洪水主要来自暴雨中心区边缘的岗南—黄壁庄区间，区间最大支流冶河平山站 8 月 5 日出现最大洪峰流量 8900 m³/s，超过 1956 年的 8750 m³/s。黄壁庄以下过京广铁路，于北堤无极、牛辛庄漫溢入大清河。大清河南支潴龙河水量达 2.49 亿 m³，以下又在深泽彭赵庄和安平的刘门口、杨各庄决口三处，约有水量 2 亿 m³ 入文安洼。南岸经分洪入滹沱河泛区。滹沱河洪水与滏阳河洪水汇合后，子牙河水位猛涨，献县附近于 8 月 12—13 日决口数处，洪水进入黑龙港地区。献县站于 12 日出现最高水位 18.68 m。献县附近决口洪水与滏阳河以东洪水汇合后，漫流宽度达 30 km，以每天约 10 km 的速度奔向贾口洼。

3. 大清河洪水

大清河南支包括潴龙河、唐河、清水河、府河、漕河、瀑河、萍河等。上游分布有横山岭、口头、王快、西大洋、龙门 5 座大型水库及红领巾、刘家台、大牟山等中型水库。下游过京广铁路汇集于白洋淀。8 月 7 日各河几乎同时开始涨水，水库涨水更快，均于 8 月 8 日前后出现最高库水位，大部分水库相继溢洪，其中界河上游刘家台水库（集水面积 174 km²）于 8 日凌晨溃坝失事，在其下游 20 km 处的东土门村附近，调查估算最大流量约 17000 m³/s。尚有小型水库如陈候、魏村、塔坡等被冲毁。有不少水库在这场洪水中发挥了显著的防洪作用。如沙河王快水库，8 月 7 日最大入库流量据推算为 9600 m³/s，而最大下泄量仅 1790 m³/s，削减洪峰 81%。8 月上旬洪水总量为 11.48 亿 m³，水库拦洪量达 5.42 亿 m³，占来水量的 47.22%。各水库以下到京广铁路一带地区的区间来水很大，加上刘家台等中小水库溃坝失事后的洪峰，造成了这一地区的严重洪水，大部分河流一出山口即漫溢横流，致使京广铁路以西大部分平原地区成为一片泽国，保定市部分地区水深达 1～3 m。洪水横越铁路以后，平地行洪，向东直泻白洋淀。白洋淀水位 9 日下午开始陡涨，14 日达最高。十方院最高水位为 11.58 m，相应蓄水量为 41.72 亿 m³。大清河北支包括琉璃河、拒马河、易水等。最北面的琉璃河涨水最晚，来水量也较小。

拒马河紫荆关站 8 月 8 日最大洪峰流量为 4490 m^3/s，下游张坊站亦于 8 日出现 9920 m^3/s 的洪峰流量，该站附近的千河口站 1956 年的最大流量仅为 4200 m^3/s。中易水安各庄水库 8 日推算的最大入库流量为 6350 m^3/s，最大下泄量仅 499 m^3/s，削峰达 92%。易水与南拒马河汇合后的北河店站，也于 8 日出现 4770 m^3/s 的洪峰流量，为 1956 年的 1.6 倍。北河店以下至白沟镇站之间两岸堤身单薄，沿途发生溃决漫溢。南北拒马河与白沟河汇流后的白沟镇站，于 8 月 5 日起涨，7 日即开始向新盖房分洪道分洪，9 日出现最大洪峰流量 3540 m^3/s，白沟镇下泄水量直接进入东淀。

（三）天津外围洪水情况

8 月上旬，海河南系各河上游自南往北出现大洪水。上游各大、中型水库充分发挥了拦洪削峰作用，高水期间各水库总蓄水量接近 60 亿 m^3，大多数水库削减洪峰 70%～80%，有效地减轻了下游的防洪负担。但由于洪水来势过猛，不少中、小型水库漫顶溃坝，大、中型水库相继溢洪，上百亿立方米的洪水进逼天津市外围，汇集于东淀、文安洼、贾口洼等洼淀。各洼淀水位高出天津市区数米，危及天津市及津浦铁路的安全，形成天津外围十分紧张的抗洪形势。为确保天津市及津浦铁路的安全，当时主要采取以下措施：

（1）白洋淀扒口分洪确保千里堤安全。白洋淀是大清河中游重要蓄水滞洪洼淀，千里堤是白洋淀的东南屏障。由于大量洪水倾泻入淀（总计 60 亿 m^3，而白洋淀在保证水位下只能蓄水 27 亿 m^3），白洋淀一昼夜内水位上涨 2.7 m，8 月 11 日水位达到 11.37 m，高于堤顶，仅依靠子埝挡水，有全堤溃决之危。为此，白洋淀决定扒口分洪。11 日在小关村分洪入文安洼，13 日又在榕花树分洪入溢流洼。两口门共分洪 27.6 亿 m^3，从而解除了白洋淀的危机，保住了千里堤的安全。

（2）三洼联合。运用东淀、文安洼、贾口洼（简称为西三洼），以文安洼最大，其容积大于另两洼之和，但以贾口洼来水最多，占西三洼上游总来水量的 50% 以上。为了最大限度地发挥洼淀滞洪的作用，减轻贾口洼的负担，采取西三洼联合运用的措施。白洋淀下泄洪水和大清河北支、子牙河来水最先进入东淀，水位于 11 日开始猛涨，13 日第六堡水位突破保证水位（8 m）。

为减轻东淀的汛情，除开启西河闸、独流泄洪闸导流入海外，又打开滩里闸、锅底（八堡）闸分别向文安洼、贾口洼分洪。但水位仍在猛涨，西河（子牙、大清河汇流后称西河）、独流减河北大堤汛情十分危急。于是，14 日在赵王新渠西桥、滩里闸附近隔淀堤扒口，使洪水提前进入文安洼。与此同时，子牙河献县右堤决口，洪水与漫过石德路的滏阳河洪水以及漳卫河漫决洪水共 100 亿 m³，以 10000 m³/s 的流量进入贾口洼。19 日起洼内水位猛涨，至 20 日一昼夜上涨 3.17m。为减轻贾口洼的压力，20 日 12 时扒开王口镇附近的子牙河两岸堤防向文安洼分洪。19 日深夜至 20 日 16 时，拓宽滩里口门至 1000 m，以增加向文安洼的泄量，腾出东淀部分库容。20 日 18 时扒开七堡附近的隔淀堤，向北分洪入东淀。21 日在王口上游姚马渡附近又扒开子牙河左堤，使子牙河来水先行进入文安洼。三洼联合运用之后，先是解除了东淀的危机，继而缓解了贾口洼的巨大压力，使贾口洼八堡水位于 20 日 22 时涨至 8.94 m 最高水位后缓缓下降，而东淀、文安洼水位分别于 21 日、23 日超过 8 m，从而出现了抗洪斗争"高水位、持久战"的局面。入西三洼洪水总量近 200 亿 m³。

（3）开辟新的入海出路。海河流域南运河有四女寺、捷地、马厂等减河直接入海，入海水量为南运河总来水量的 67%，但子牙河以北各河洪水，只有通过海河和独流减河入海，两处最大泄量只能达到 2700 m³/s。为宣泄西三洼大量的洪水，必须另辟新的入海水道。经勘察决定在打通西三洼的同时，于 20 日 16 时扒开南运河王家营村附近的堤防，利用津浦路二十五孔桥，疏通桥下分洪道向东分西三洼洪水入团泊洼、唐家洼、北大港。疏通了入海通道，从口门入海的洪水总量共 76.34 亿 m³，约占 1963 年排洪入海总量的 40%。

（四）洪水组成及水量平衡

南运、子牙、大清三水系，1963 年 8 月一次洪水总量为 270.16 亿 m³。其中，子牙河为 137.06 亿 m³，占三水系的 50.8%，大清河及南运河洪水总量分别为 80.74 亿 m³ 及 52.36 亿 m³，各占三水系的 29.8% 及 19.4%。在子牙河水系中，滏阳河的洪水最为突出，其流域面积在艾辛庄以上仅占三水系的 9.7%，但洪水总量为 79.09 亿 m³。大清河水系中以南支的洪水最大，为 59.95 亿 m³，其洪水总量占三水系的 22.2%。南运河水系中卫河（北善村以上）的洪水大于漳河洪水，占三水系的 11%。据水量平衡计算，三水系 8、9 两月的来水总量为 332.60 亿 m³，其中 8 月份为 301.29 亿 m³。水库及洼淀至 9 月末尚拦蓄水量 84.3 亿 m³，占来水总量的 1/4；入海水量为 221.58 亿 m³（包括卫河上游入马颊河的水量 0.8 亿 m³），占总量的 2/3；其余 26.72 亿 m³ 为损失量，占总量的 8%。

（五）洪水稀遇程度

自有水文记录以来，1917 年、1924 年、1939 年、1954 年、1956 年都是大水年。1963 年除漳河观台、滹沱河黄壁庄以外，其他各河均出现了创纪录的特大洪水，滏阳河支流洺河临洺关站，最大洪峰流量达 12300 m³/s，为最大实测纪录 1924 年 4840 m³/s 的 2.5 倍，沙河朱庄站最大洪峰流量 9500 m³/s，为该站最高纪录 1956 年 2610 m³/s 的 3 倍多。其次为滹沱河的冶河和大清河各支流。海河南系南运、子牙、大清河系除大清北支外，1963 年洪量均超过以往各大水年。子牙河系滏阳河、南运河系卫河、大清河系南支为 1956 年的 2～3 倍。

1963 年 8 月，下游各洼淀水位都超过历史最高纪录，且高水位持续时间大大超过以往各大水年。由以上几方面综合比较可以看出，"63.8"洪水是海河流域有记录以来最大的洪水。根据临城、安各庄两座大型水库设计洪水分析成果，临城水库位于獐么暴雨中心下游，"63.8"洪峰流量重现期约为 300～500 年，1 天及 3 天、7 天洪量重现期分别大于 1000 年和 2000 年。安各庄水库位于北部司仓暴雨中心边缘地带，其洪峰的重现期约为 150～180 年，时段洪量约为 100～120 年。

三、灾情

南运河，子牙河、大清河水系 1963 年 8 月洪水，其水量之大、来势之猛、影响范围之广，为历史所罕见。洪水期间，上游各大型水库发挥了显著的拦洪削峰作用；下游独流减河、二十五孔挢、四女寺减河等泄洪工程大大减轻了洪水灾害，确保了天津市的安全，但1963年洪水造成的灾害仍然极为严重。

据河北省统计，邯郸、邢台、石家庄、保定、衡水、沧州、天津7个专区共101个县遭受洪水灾害，占7个专区县（市）总数的96%。其中，被水淹的县（市）有28个，被水围困的县城有33座，保定、邢台、邯郸三市市内水深2～3 m。全省受灾村庄22740个，其中水淹13124个，倒塌房屋1265万间，2545个村庄的房屋全部被洪水荡毁。农田受灾2473千公顷，成灾1947千公顷（仅统计洪灾数），有超133千公顷农田被水冲沙压，失去了耕作条件，减产粮食24.6亿kg，受灾人口2700万，死亡5030人，伤42700人，大牲畜死伤13万头，经济损失达55.2亿元，救灾投入约150亿元（皆按当年价格计算）。7个专区的公路84%被毁，包括公路桥112座，淹没公路约6700 km。国家仓储物资损失极大，国营和供销社损失商品约值4000多万元，水泡粮食1亿多斤。保定、邢台、邯郸三市市区水深2～3 m，石家庄市内也有部分地区浸水，四市有225个工矿企业一度停产，占四市工矿总数的88%，停产造成的损失达3000多万元。水利工程也遭受严重破坏，刘家台、东川口、马河、佐村4座中型水库失事（乱木水库副坝冲毁，形成河流改道），许多座小型水库被冲毁（其中16座被淤平），占保定、石家庄、邢台、邯郸4个专区原有小型水库数的37%。南系三河主要河道决口2396处，支流河道决口4489处，滏阳河350 km全部漫溢。梯田、塘坝毁失达50%以上，平原排水工程约有90%被冲毁、淹没，灌区工程62%被冲毁。

据河南省统计，新乡、安阳两市被淹，市内工厂被迫停产。受灾严重的有20个县，受灾农田面积582千公顷，成灾513千公顷，损失粮食3.7亿kg。倒塌房屋226.5万间，有6座小型水库垮坝失事，受灾人口1747万，死亡628人，全年直接经济损失18.5亿元。

据山西省统计，受灾农田11千公顷，成灾3千公顷，倒塌房屋3.12万间，受灾人口8.2万，死亡115人，损失粮食1.93万kg，直接经济损失2046万元。

据山东省统计，农田受灾159千公顷，成灾125千公顷，倒塌房屋16.6万间，受灾人口97万，死亡38人，损失粮食22520万kg，直接经济损失1.26亿元。

据北京市统计，城内积水0.5 m以上，市内交通一度瘫痪，市区295个工厂停产或半停产，农田受灾66千公顷，成灾30.4千公顷，倒埋塌房屋1.11万间，6.9 万人受灾，死亡 35 人，直接经济损失 2052 万元（其中工业损失 1000 万元以上）。

据天津市统计（按现在区划范围），农田受灾 168 千公顷，成灾 168 千公顷，20.2 万人受灾，倒塌房屋 14.12 万间，直接经济损失 4.11 亿元。

据铁路部门统计，京广、石太、津浦、石德及支线铁路相继冲坏达 822 处，总长度为 116.4 km，路基冲失土方 165 万 m³，冲毁桥梁 209 座，其中严重者 51 座，仅大桥就被冲毁 12 座。房屋损失 57724 m²，通信线路损毁 959.7 km，信号设备损坏 102 km，电力线路损坏 107 km，累计中断行车 372 天。

1975 年 8 月淮河上游大水

1975 年 8 月上旬受 3 号台风影响，河南省西南部山区的驻马店、南阳、许昌等地区发生了我国大陆上罕见的特大暴雨，暴雨中心林庄最大 24 小时降雨量为 1060.3 mm，连续 3 天降雨量 1605.3 mm。这造成了淮河上游洪汝河、沙颍河以及长江流域唐白河水系发生特大洪水，致使两座大型水库垮坝，下游 7 个县城遭到毁灭性灾害。

洪汝河、沙颍河为淮河上游两大支流，发源于河南省西南部伏牛山区，在京广铁路线以西为山丘区，以东为平原区。山丘区高程为 200 ～ 500 m，最高峰石人山达 2153 m，河道比降较大，进入平原以后比降急剧变缓，山丘区与平原之间过渡段甚窄。洪汝河流域面积 12380 km²，由洪河和汝河两大支流组成，于新蔡县班台汇合。流域上游有石漫滩、板桥、薄山、宿鸭湖 4 座大型水库，中下游有老王坡、蛟停湖等滞洪区。沙颍河位于洪汝河以北与洪汝河毗邻，集水面积 39880 km²，干流全长 481 km，为淮河最大支流。习惯上以沙河为沙颍河上游干流，其主要支流有北汝河、澧河，中下游有颍河、贾鲁河、汾泉河等支流汇入，上游有白沙、昭平台、白龟山、孤石滩 4 座大型水库，18 座中型水库及泥河洼滞洪区。

一、雨情

（一）降雨过程

7 月份本地区降雨量稀少，在"75.8"暴雨到来之前，各地尚在紧张地抗旱。受 3 号台风影响，8 月 4—8 日连续出现大暴雨，暴雨中心林庄，5 天累计降雨量达到 1631.1 mm，暴雨强度之大在大陆是极为罕见的。这次特大暴雨主要集中在 8 月 5—7 日，4 日和 8 日降雨量较小。前后有以下三次暴雨过程。

第一次为 8 月 5 日 14 时至 6 日 2 时。5 日 14 时板桥附近首先出现小片雨区并向西北、东南方向扩展到广大山丘区，至 19—23 时强度最大，尚店（石漫滩库区）2 小时降雨量达 250.6 mm，下陈（板桥库区）2 小时降雨量达 336.7 mm。5 日 24 时以后强度减弱，范围缩小，至 6 日 2 时过程结束。该过程历时 12 小时，主要雨区在洪汝河上游及澧河、干江河一带。有两个暴雨中心，下陈站降雨量 471.4 mm，尚店站降雨量 549.3 mm。

第二次为 6 日 14 时至 7 日 16 时。6 日 12—14 时在薄山水库上游出现一片雨区，16 时雨区向东北方向扩展，成为东西向分布雨带。20—22 时薄山水库附近又出现一片新雨区，7 日 2 时该雨区北移并向东扩展到京广铁路线以东洪汝河平原地区，至 16 时止，全过程长达 26 小时。在平原地区形成一条西北—东南向的弧形暴雨带，中心在上蔡附近，上蔡站过程总降雨量达 758.6 mm。

第三次为 7 日 12 时至 8 日 8 时。7 日 12—14 时薄山水库上游出现新的暴雨区，20 时以后暴雨中心从东南向西北移至林庄一带，20—24 时暴雨中心停滞少动，林庄站 4 小时降雨量达 641.7 mm，降雨强度达到这次过程的顶峰。8 月 8 日以后，中心向西北方向移出，各地先后停雨。这次过程前后历时 20 小时，林庄过程总降雨量为 971.9 mm，郭林过程总降雨量 930.2 mm。

以上三次过程都是从 12—14 时开始的，至 20 时后强度达到最大，其中第一、第三次暴雨主要在山丘区，第二次暴雨在平原区。降雨时程分配，山区各站都呈双峰型，降雨量前小后大，集中在后期。老君站和林庄站最后 6 小时降雨量分别占 5—7 日 3 天总降雨量的 53% 和 52%，这种雨型分配，对水库调度运用极为不利。

（二）雨区分布

这次暴雨 4—8 日总降雨量分布基本上沿着洪汝河、沙颍河、唐白河上游的低山丘陵区，呈西北—东南向分布。受第二次降雨过程影响，有一条东西向的分支由西向东伸向东部平原地区。降雨量空间分布梯度变化很大，主要中心有三处，都发生在山丘区。如板桥附近的林庄、石漫滩水库上游的油房山和干江河上游的郭林，降雨量分别为 1631.1 mm、1411.4 mm 和 1517 mm。平原地区以上蔡的 847.3 mm 为最大。该场暴雨，4—8 日 5 天累计降雨量大于 200 mm 以上的雨区范围为 43800 km²，相应总降水量为 201 亿 m³；400 mm 以上的雨区范围为 18900 km²，600 mm 以上的雨区范围为 8970 km²。日降雨量地区分布随雨区的移动而有差异。5日雨区在西南山丘区，中心有两处：板桥附近的下陈和尚店附近的王皮岗。降雨量超过 400 mm 的笼罩面积为 474 km²。6日雨区向东移到平原地区，上蔡站日降雨量为 513.5 mm，400 mm 以上雨区为 553 km²。7日雨区又回到山丘区，主要中心林庄日降雨量为 1005.4 mm，杨楼日降雨量为 809.7 mm，郭林日降雨量为 999 mm。400 mm 以上雨区达 4600 km²，大大超过了前两天的降雨量。

（三）暴雨强度

这场暴雨中心地区强度极大，当地居民描述："雨像盆里的水倒下来一样，对面三尺不见人。"在林庄雨前鸟雀遍山坡，雨后鸟虫绝迹，死雀遍地。最大 60 分钟降雨量以 8 月 5 日下陈站的 218.1 mm 为最大；1 小时时段降雨量以 8 月 7 日老君站的纪录 189.5 mm 为最大；3 小时时段降雨量以林庄站的纪录为最大。这些记录分别为本地区以往最高纪录的 1.7 ～ 2.3 倍，超过了我国大陆以往历次暴雨的实测记录，包括著名的海河"63.8"特大暴雨。在这些记录中尤以林庄的最大，6 小时降雨量 830.1 mm，已达到世界最高纪录。

二、水情

（一）洪水过程

"75.8"洪水发生之前，洪汝河、沙颍河两水系由于 7 月份降雨较常年同期偏少，除少数水库蓄水位超过汛期限制水位外，大部分水库及河道的底水都较低，各地正在抗旱。8 月 4 日开始降雨后，洪汝河、沙颍河、唐白河等各水系上游相继于 5、6 日开始涨水，一般出现两次洪峰：第一次在 5—6 日，第二次在 7—8 日，其中以第二次洪峰为大。由于来水过大，板桥、石漫滩两座大型水库在 8 日凌晨漫坝失事。此外，竹沟、田岗等中型水库及多座小型水库也相继失事。老王坡、泥河洼等滞洪区也先后漫决，河道堤防到处漫溢决口，沙颍河和洪汝河洪水互相窜流，中下游平原最大积水面积达 12000 km²，造成了极为严重的洪涝灾害。现就调查中了解的洪水经过情况分水系叙述如下。

1. 洪汝河水系

洪汝河水系上中游是本次暴雨中心地区，也是产流集中的地区。8月4日中午前后开始降雨，上游各河水位一般在5日上午起涨，傍晚水势猛涨，出现第一次洪峰，6日晨至7日上午降雨强度稍减，有小峰。7日上午至8日凌晨暴雨强度增大，7日夜里出现第二次也是本次暴雨中最大的洪峰。汝河板桥水库第二次入库洪峰流量出现在7日23时30分，流量达13100 m^3/s，在所有溢洪设施全部开启的情况下，库水位已平坝顶，到8日晨1时，坝前最高水位达117.94 m，超过防浪墙顶0.3 m，水库溃坝失事，最大流量达78800 m^3/s（其中主溢洪道及输水洞下泄700 m^3/s）。溃坝洪水进入河道后，平均以约6 m/s的速度冲向下游，6小时内向下游倾泻洪水达7.01亿 m^3。溃坝洪水冲至遂平附近，水面宽展至10 km，粗估洪峰流量约53400 m^3/s，平地积水4.5 m左右。部分洪水过遂平县后进入宿鸭湖水库，另一部分洪水分南北两股漫流而下，南股经上蔡南侧向东南漫流，北股沿上蔡岗西北侧向东北方向漫流，越过洪河窜入沙颍河水系支流汾泉河的黑泥河，其余部分则与上蔡岗南股洪水相汇，漫流于汝河、洪河之间。臻头河是汝河的主要支流，上游薄山水库在暴雨之前库水位低于汛期限制水位6.01 m。暴雨以后，入库洪水有三次洪峰，最后一次最大，出现在7日20时30分，洪峰流量为9550 m^3/s。上游竹沟水库（中型，库容1840万 m^3）在7日22时34分垮坝失事后，薄山水库水位迅猛上涨，从7日16时至8日2时10个小时上涨了9.34 m，8日3时最高库水位达122.75 m，超过坝顶0.41 m，经大力抢险，才使大坝转危为安。在洪水期间水库最大下泄流量为1600 m^3/s，起到了显著的削峰作用，减轻了下游灾情。汝河宿鸭湖水库在汝河与臻头河会口处，坝长达35.3 km，是个平原水库。由于上游板桥水库失事，部分溃坝洪水沿汝河和汝河右岸坡地进入宿鸭湖，加上薄山水库下泄及区间洪水，入库洪水峰高、量大，8日9时30分最大入库流量达24500 m^3/s，10时库水位已超过校核洪水位（56.83 m，500年一遇）。为确保大坝安全，除充分利用夏屯新老闸下泄外，8日13时30分在大坝南端野猪岗附近陈小庄南炸口分洪，8日20时库水位上涨达57.66 m（桂庄水位），距坝顶仅0.34 m，相应蓄水量为12.28亿 m^3，大坝全线多处出现险情，局部坝段开始漫溢，经紧张抢险并在陈小庄再次炸口扩大泄量后，才使水库转危为安。入宿鸭湖水库的洪水总量为 19.65 亿 m³，最大下泄流量为 6100 m³/s。汝河宿鸭湖水库以下河道安全泄量仅为 1850 m³/s，宿鸭湖下游的汝河左右堤防先后在 7 日晚至 8 日晨漫决，两岸洪水与洪河漫流洪水混在一起直泻班台（在这次洪水过程中，蛟停湖滞洪区未用）。洪河上游滚河石漫滩水库处于油房山暴雨中心附近，在第二次也是最大洪峰过程中漫坝失事。4 日开始下雨后，5 日夜石漫滩水库出现第一个洪峰，最大入库流量为 3640 m³/s。7 日水库上游骤降大暴雨，24 时出现第二次洪峰，流量达 6280 m³/s。由于来水既大又猛，库水不及下泄，8 日 0 时 30 分库水位达 111.4 m，超过防浪墙顶 0.35 m，大坝开始溃决。据推算，最大垮坝流量为 30000 m³/s，由溃坝起至水库泄空的 5 个半小时内，向下游倾泻洪水 1.67 亿 m³，石漫滩水库下游田岗水库（中型，库容 2700 万 m³）随之漫决。洪水出田岗水库后，一股顺洪河而下，另一股向北与沙颍河水系干江河在锅垛口决口进入洪汝河水系的洪水汇合，漫流于舞阳县以南一带，而后经三里河（又称洪溪河）两岸下泄入洪河。

上述洪水约于 8 日 7 时冲入废杨庄水库。经废杨庄水库滞蓄后，由水库原大坝缺口下泄（大坝缺口由 60 m 宽冲展至 130 m），下泄洪水漫决洪河左右堤长达 5 km，左堤决口 18 处，右堤决口达 35 处（其中左堤最大的黄沟决口宽达 741 m），左右堤总决口宽度约 2700 m。由洪河左堤决口的洪水向东北进入老王坡滞洪区，其水量约为 5.71 亿 m³，由右堤漫决的洪水向东漫流至西平县，过京广铁路到上蔡县境内与汝河洪水相汇，再沿洪汝河平原区漫流而下。洪河老王坡滞洪区，在 6 日 11 时 18 分开始由桂李闸分洪进水。其后，在 7 日 8 时杨庄以下洪河左堤的漫决水与 8 日下午沙颍河水系支流澧河右堤决口漫过漯（河）舞（阳）公路的 5.94 亿 m³ 洪水先后进入老王坡，再加上老王坡内水，使坡内水位急骤上涨。8 日 5 时坡心水位已超过设计蓄洪水位（57.65 m），而来水不断增多，老王坡东北面的干河南堤在 8 日下午全线漫溢，8 日下午至 9 日凌晨，南面陈坡寨至五沟营之间的洪河左堤及东面的东大堤先后有 10 处漫决，总漫决宽度约为 600 m。洪水期间，进入老王坡的水量共达 15.72 亿 m³，9 日 14 时坡心最高水位达 59.21 m，相应蓄水量为 4.54 亿 m³，约为设计蓄水量的 2.3 倍。老王坡五沟营退水闸自 6 日下午即开闸泄洪，至 8

月 21 日下午关闸，共下泄洪水 2.62 亿 m³，而经老王坡滞洪大堤漫决的水量则达 13 亿 m³ 之多。洪河五沟营与汝河宿鸭湖以下，洪水期间河道普遍漫溢，不仅洪河、汝河相互窜流，而且洪河与汾泉河的洪水也相互窜流，导致水文站失去控制作用。洪汝河班台站自 5 日开始起涨，7 日水位急骤上涨，一天涨幅达 9 m 之多。洪河分洪道班台闸当 7 日 13 时 30 分闸上水位为 34.38 m 时开闸分洪。由于上游汝河右岸漫决，8 日班台洪河右岸洼地开始行洪；10 日以后，班台以下洪河左堤漫决，洪水开始进入洪洼；11 日在洪河左岸新蔡县城附近刘埠口炸口，大量洪水从班台左侧洼地漫流而下。班台地段由于受地形影响，洪水被约束在 4 km 宽的范围内行洪。由于上游来水过大，下游泄水能力太小，班台以上积水时间长达 10 ～ 15 天，平地积水深在 2 ～ 5 m。洪河班台站在 13 日 4 时出现最高水位（37.39 m），12 时出现最大流量 6610 m³/s。"75.8"暴雨造成的洪汝河洪水自 8 月初起直至月底才全部下泄入淮河干流。经计算，从 8 月 5 日—9 日 12 日通过班台站（控制面积 11740 km²）下泄的总水量（包括坡洼漫决水量）达 55.13 亿 m³。

2. 沙颍河水系

沙颍河水系在本次暴雨中，漯河以上降雨量很大，其中尤以澧河及其支流干江河和沙河上游降雨量更为集中。其他支流一般降雨量仅 100 mm 左右，因此沙颍河各支流洪水情况很不一致。干江河是澧河的支流，处于郭林、油房山暴雨中心范围之内。8 月 6 日 3 时 30 分干江河官寨站出现第一次洪峰，流量为 6840 m³/s，已超过历年实测最大流量；稍回落后，7 日 17 时出现第二次洪峰，流量为 5410 m³/s；7 日夜 8 日凌晨又降暴雨，在 8 日晨 5 时 48 分出现第三次也是最大的洪峰流量 14700 m³/s，为历年实测最大流量的 2.8 倍，洪峰持续时间达半个小时，洪水过程历时 3 天。由于洪水迅猛，洪峰接踵而至，自官寨以下到干江河河口，两岸全线漫溢，洪水奔腾直下，冲断平（顶山）舞（阳）铁路和漯（河）南（阳）小铁路，冲垮铁路桥。下泄洪水一部分仍由河道注入澧河，一部分在干江河右岸锅垛口地段漫决。漫决洪水经三里河窜流入洪汝河水系，经估算水量为 4.23 亿 m³。这部分水量与洪河石漫滩垮坝洪水相汇。另一部分洪水沿干江河左岸坡地自南向北越过澧河进入泥河洼滞洪区。澧河上游的孤石滩水库在郭林暴雨中心边缘。7 日下午水库上游又下大暴雨，8 日 4 时 30 分最大入库流量达 5630 m³/s。为与干江河洪水错峰，水库曾控制下泄。8 日 5 时库水位涨至校核洪水位以上，溢洪设施全部开启，6 时30 分最大下泄流量为 2610 m³/s，下泄洪水在上澧河店与干江河来水相会。澧河堤防从 6 日起即全线漫决，自上澧河店至漯河市，仅舞阳境内澧河左右堤决口就达 44 处。左岸漫决洪水全部入泥河洼，右岸漫决洪水冲过唐河，翻过漯南小铁路，漫过漯舞公路后窜入洪河的老王坡滞洪区。从 8 日起至 13 日，从漯舞公路漫流的水量约为 5.94 亿 m³。沙河上游暴雨期间总降雨量一般在300 ～ 400 mm，由于降雨量大，昭平台、白龟山水库水位急速上涨，先后超过设计洪水位。白龟山水库 8 日 21 时最高水位达 106.21 m，离校核洪水位仅 0.79 m。为确保水库安全，水库加大泄量。8 日昭平台、白龟山水库最大下泄流量分别达到 3110 m³/s、3300 m³/s。白龟山水库泄水与北汝河来水在沙河马湾闸以上相汇，沙河堤防全线吃紧。7 日在襄城县境内决口 2 处。马湾闸8 日 22 时 30 分水位达 70.96 m；最大流量达 3240 m³/s，超过河道保证流量390 m³/s。9 日在叶县和舞阳境内沙河左右堤决口达 30 余处，南决洪水全部入泥河洼，北决洪水顺坡漫流而下，越过京广铁路进入沙河、颍河之间三角地带。为减轻泥河洼滞洪区的负担，确保漯河市、京广铁路的安全，8 日在沙河左堤霍堰、右堤包头赵等处人工炸口分洪，放弃沙河、颍河之间部分地区，洪水在周口归槽下泄。泥河洼滞洪区由于澧河来水早，6 日 4 时 42 分罗湾分洪闸开闸进洪，7 日 9 时 18 分沙河的马湾分洪闸也开闸进洪。到 7 日 20 时，经二闸进洪水量为 1.24 亿 m³，加上沙河、澧河漫决来水及部分泥河洼内水已达 2.16 亿 m³，二闸即行关闭。8 日澧河、沙河洪峰接踵而来，上游漫决洪水大量涌进泥河洼。8 日 22 时洼内最高水位到达 69.8 m，超过设计蓄水位 1.8 m，此时，泥河洼下部堤防全面漫决。北边漫决的水穿过沙河，并与沙河上游漫决水相汇，流入沙河、颍河之间的三角地带。南边漫决的水部分穿过澧河并与澧河上游漫决洪水相汇，越过漯舞公路进入洪河的老王坡滞洪区。北汝河在暴雨期间除上游局部地区降雨量在 400 mm 以上外，一般为 150 ～ 200 mm。襄城站在 7 日 11 时、9 日 0 时相继出现两次洪峰，流量分别为 3000 m³/s 和2870 m³/s，略超过保证流量。但因与沙河洪水遭遇，襄城以下部分堤防漫决，与下游泥河洼水连成一片。颍河在洪水期间水量很小，但也由于沙河北堤漫决水直冲颍河，导致颍河李湾上下游堤防漫决，沙河、颍河洪水相混。沙颍河漯河以上，从沙河北堤漫决入沙颍河之间地段的水量约为 7.17 亿 m^3，减轻了洪水对漯河市及下游的压力，漯河站于 9 日 3 时出现最高水位，为 62.9 m，相应最大流量为 3950 m^3/s，超过保证水位的历时达 3 天。漯河以下至周口，除沙河、颍河河道本身下泄洪水外，大量洪水由沙河北边坡洼下泄，到周口才全部归入河槽。周口以上沙颍河另一大支流贾鲁河，洪水期间来水很小，周口站 9 日 1 小时最大流量为 3450 m^3/s。汾泉河上游正处于洪河老王坡东面，最大降雨量约 500 mm，但其下游降雨量很小，不足 10 mm。经估算，汾泉河本身产水量不大，仅为 5.77 亿 m^3。但因洪汝河水系老王坡滞洪区的干河南堤、东大堤在 8 日开始漫决，约有 10 亿 m^3 洪水窜入汾泉河，加上洪河左堤全面漫决，大水期间汾泉河以南一片汪洋，水流互窜，主客水不分，9 日晚洪水漫流入安徽省临泉县境内，泉河左堤多处决口。13 日临泉县城进水，洪水漫越临（泉）界（首）公路后，继续向东漫流，直至阜阳附近才全部归槽下泄。经计算，通过杨桥汾泉河河道下泄水量为 18.08 亿 m^3，通过坡地漫流的水量为 2.65 亿 m^3，粗估由洪汝河、老王坡决入汾泉河的水量达 15.69 亿 m^3。阜阳站除承受上游本身来水外，又在 8 日至 28 日接纳经汾泉河而来的客水 15.19 亿 m^3，导致颍河下游两岸长期处于高水位的紧张时期，超过保证水位历时长达 10 天，一直到 9 月初洪水才全部流入淮河干流。经计算，从 8 月 5 日至 9 月 4 日通过阜阳站下泄的水量达 56.85 亿 m^3，其中周口来量 34.89 亿 m^3，汾泉河杨桥来量 20.85 亿 m^3。

3. 唐白河水系

唐白河于襄阳附近注入汉江，属长江流域。唐白河水系主要由唐河和白河两大支流组成，"75.8"暴雨主要发生在唐河上游，唐河的唐河站集水面积 4573 km^2，8 月 5 日 10 时洪水起涨，6 日 16 时出现小峰，随着第三次暴雨开始水势猛涨，9 日出现 13100 m^3/s 的特大洪水，13 日以后落平。下游郭滩站，集水面积 8677 km^2，比唐河站增加 90%，而洪峰流量为 13400 m^3/s，增加不大。洪水主要来自唐河站以上。郭滩站 7 天最大洪量为 18.6 亿 m^3。白河洪水不大，新店铺站集水面积 10958 km^2，最大洪峰流量仅 4630 m^3/s，属一般洪水。

4."75.8"暴雨洪水对淮河干流的影响

"75.8"暴雨集中在洪汝河、沙颍河两水系,在淮河干流和其他水系降雨量并不大。淮河干流上游及淮南山区一般一次总降雨量为 50～100 mm。淮河上游淮滨站洪水不大,8 月 9 日 23 时洪峰流量为 4230 m³/s,10 日 18 时洪峰传到王家坝。但因洪河正在涨水,故王家坝最高水位延至 15 日 17 时 30 分才出现。蒙洼蓄洪区在 15 日 17 时 30 分开闸蓄洪。从 8 月 6 日—9 月 13 日从淮河王家坝总的下泄水量为 77.89 亿 m³,最大下泄流量约为 7000 m³/s。8 月 14 日前后 4 号台风的降雨,在王家坝以上降雨量不大,主要在淮南山区淠河、史灌河上游,对淮河正阳关洪水稍有影响。由于洪汝河、沙颍河洪水下泄,正阳关于 8 月 20 日 17 时出现最高水位为 26.39 m,鲁台子在 8 月 18 日出现最大流量,为 7990 m³/s。鲁台子 8 月 8 日—9 月 15 日总下泄水量为 146.37 亿 m³。"75.8"暴雨在淮河正阳关(鲁台子)以上的产水量约为 129 亿 m³,其中洪汝河班台以上产水量为 57 亿 m³,沙颍河阜阳以上为 56 亿 m³,淮干淮滨以上为 15 亿 m³,区间约为 1 亿 m³。"75.8"暴雨洪水使淮河蚌埠以上蒙洼、城东湖蓄洪区和南润段、润赵段、赵庙段、唐垛湖、姜家湖、便峡段、上下六方堤、石姚段、幸福堤、荆山湖 11 个行洪区在 8 月 15—22 日相继蓄洪、行洪。淮干蚌埠站在上游行、蓄洪区运用的情况下,8 月 25 日出现最高水位,为 21.06 m,8 月 24 日出现最大流量,为 6900 m³/s。蚌埠以下沿淮行洪区都未使用,洪水传至洪泽湖时其影响已不明显。

(二)洪峰流量

"75.8"洪水主要发生在淮河支流洪汝河、沙河以及唐白河的唐河上游。在其相邻流域洪水量级不大。如淮河干流淮滨站集水面积为 16100 km²,最大洪峰流量为 4230 m³/s;北汝河襄城站集水面积为 5670 km²,最大流量为 3000 m³/s;颍河李湾站集水面积为 6780 km²,最大流量为 1140 m³/s;唐白河支流白河新店铺站集水面积为 10958 km²,最大流量为 4630 m³/s,都属于一般性的洪水。板桥水库上游一条小支沟石河下陈河段集水面积仅 11.9 km²,洪峰流量高达 618 m³/s,下游祖师庙集水面积为 71.2 km²,形成 2470 m³/s 的洪峰流量。板桥水库以上集水面积为 768 km²,经推算最大入库流量达 13100 m³/s,

澧河支流干江河官寨河段集水面积为 1124 km²，最大流量达到 14700 m³/s。洪水量级之大，在其历史上是没有的。该场暴雨在淮河正阳关以上产水总量约 129 亿 m³，其中洪汝河班台以上产水量为 57 亿 m³，沙颍河阜阳以上水量为 56 亿 m³，淮河干流淮滨以上 15 亿 m³，区间约 1 亿 m³，洪水主要来自京广铁路线以西。沙颍河产水主要来自澧河及沙河。唐白河郭滩新店铺以上产水约 41 亿 m³，主要来自唐河。

（三）洪水稀遇程度

据该年暴雨洪水区内的居民反映：这样连续下三天三夜的特大暴雨，几辈子都没有听说过。洪汝河沿岸一些村庄过去从来没有上过水，这次都被洪水冲毁了。根据文献记载，该地区历史上最大的一次洪水为 1593 年。在沙颍河上游《鲁山县志》记载："大霖雨四至八月，平地为渊。"中下游《陈州府志》（淮阳）："淫雨连月，平地水深数尺，破堤浸城，四门道路不通，出入以舟，沙颍等河堤决横流，桑田成河，漂没民舍，死者无算。"洪汝河《汝南县志》："黑风四塞，雨若悬盆，鱼游城关，舟行树杪，连发十有三次。"淮河干流《固始县志》："七月二十七日夜，雷雨大作，水漫山腰，人畜随水而下。"唐白河也有类似记载，该年洪水灾害异常严重。但是这两年洪水的降雨情况不同，1593 年暴雨次数多，汛期降雨时间长，雨区范围比"75.8"大。"75.8"洪水主要由一次大强度的暴雨形成，暴雨中心强度极大，而暴雨区范围较小，所造成的洪水灾害受水库垮坝的影响很大。因此这两次洪水不能直接进行比较，但可以肯定，1593 年在洪汝河、沙颍河亦曾发生了特大洪水。自 1593 年以后的 400 多年间，历史上还没有发现与"75.8"相类似的特大洪水。

再从降雨强度来看，"75.8"暴雨中心地区短历时降雨量均超过了我国大陆以往历次暴雨记录，林庄 6 小时降雨量为 830.1 mm，为世界最高纪录。位于暴雨中心区的汝河板桥河段，集水面积 768 km²，洪峰流量 13100 m³/s，也达到同等流域面积世界最大值。由此可见，"75.8"暴雨中心地区洪水是非常稀遇的。在唐白河支流唐河、沙颍河支流澧河为近百年来最大洪水。

三、灾情

此次洪水造成河南省 2 座大型水库、2 个滞洪区、2 座中型水库和 58 座小型水库垮坝失事，冲毁涵洞 416 座、护岸 47 km，河堤决口 2180 处，漫决总长 810 km，中下游平原最大积水面积达 12000 km²，造成极为严重的洪涝灾害。据不完全统计，河南省有 29 个县市、1100 万人口、1700 多万亩耕地遭受严重水灾，其中遭受毁灭性和特重灾害的地区约有耕地 1100 万亩、人口 550 万，倒塌房屋 560 万间，死伤牲畜 44 万余头，冲走和水浸粮食近 20 亿斤，淹死 26000 余人。京广铁路冲毁 102 km，中断停车 18 天，影响运输 48 天。特别是两座大型水库失事，给下游造成毁灭性灾害。遂平、西平、汝南、平舆、新蔡、漯河、临泉等城关进水，平地水深达 2～4 m，仓库被淹，工厂停产，建筑设施被毁。

1981 年 7 月四川洪水

1981 年 7 月 9—14 日，川渝地区发生历史上罕见的大面积强降雨过程，嘉陵江、涪江、沱江流域，以及岷江和渠江流域部分地区均为暴雨所笼罩。川渝两地 135 个县市均普降暴雨，降雨量超过 100 mm 以上的面积竟达 17.36 万 km²。嘉陵江、涪江、沱江同时出现大洪水，在嘉陵江、沱江中下游、涪江下游均出现了新中国成立以来的最大洪峰流量，岷江、渠江也出现了较大洪水，致使四川盆地出现了有水文记录以来的最大面积洪水。长江干流寸滩站洪峰流量达 85700 m³/s，为 20 世纪以来最大洪水。由于山洪暴发、洪水泛溢，四川、重庆遭受严重洪涝灾害，受灾人口达 1500 多万，受淹农田 1300 多万亩，洪灾造成的直接经济损失约 20 亿元。

川渝地区水系发育，支流众多，水量丰沛，除嘉陵江广元以上发源于甘肃、陕西以外，涪江、沱江均发源于四川盆地缘山区，从北向南注入长江，其集水面积共达 13.6 万 km²。受季风交替影响，川渝地区属副热带湿润气候，水汽主要为印度洋孟加拉湾的暖湿空气供给，年平均降雨量在 900 ～ 1200 mm 之间，降雨量由山区向盆地递减，降雨量年内分配不均匀，汛期（5—10 月）降雨量一般均占全年的 80%。其中暴雨多集中在 7、8 月。强降雨易导致山洪暴发，洪水泛滥。嘉陵江、涪江、沱江区内暴雨出现较为频繁。川渝地区在 1485—1974 年间，出现雨涝的年份有 132 年，严重洪涝年份 17 年（平均约 30 年出现一次）；沱江干流在 1325—1949 年的 625 年中，出现大水达 38 次，其中内江大水入城 10 次（平均 60 年一次），嘉陵江干流在 773—1949 年的 1177 年中，出现大水达 62 次，其中合川大水入城达 20 次（平均 60 年一次）。

一、雨情

（一）降雨过程

1981 年 6 月下旬以后，位于长江上游的四川省连续降中到大雨，局部地区发生暴雨。6 月 29 日—7 月 4 日，又有一次较大的降雨过程，岷江、沱江水系一般降雨量为 40 ~ 60 mm，嘉陵江水系大部地区降雨量都在 100 mm 以上。7 月 9—14 日，由于受西南季风云团和西南涡的影响，形成大范围的连续暴雨。在暴雨发生时，又因受位于我国东部的太平洋副热带高压脊的阻挡，在盆地西部（旺苍、苍溪、盐亭、三台、中江、金堂、成都、邛崃、广元、蒲江、洪雅一带附近）停滞了一段时间，形成了阻塞性降雨过程。

"81.7" 典型致洪暴雨过程发生在 7 月 9—14 日，主要由两个降雨阶段组成：第一段发生在 9—11 日，长江流域的主雨带位于岷沱江、涪江、嘉陵江及长江中下游干流，主要暴雨中心位于长江中下游，上游暴雨强度和范围均较小；第二段发生在 12—14 日，长江流域主雨带位于长江上游，暴雨带呈东北—西南向，暴雨强度大、范围广，其中以 12 日 11 时—13 日 11 时暴雨强度最大，暴雨区由岷江、沱江、涪江及嘉陵江的中上游开始，逐步扩大至雅砻江、向家坝一寸滩区间，14 日降雨减弱，主雨带位于金沙江中下游、三峡万县—宜昌区间。其中：

9 日，岷江、大渡河青衣江中下游、嘉陵江中游地区开始降雨，雨区分布较分散，暴雨中心在青衣江下游，夹江站日降雨量为 173.5 mm，日降雨量大于 50 mm 的笼罩面积为 1.2 万 km²。

10 日，雨区范围缩小，日降雨量大于 50 mm 的笼罩面积 0.76 万 km²，大于 100 mm 以上的笼罩面积为 2160 km²，主要雨区在岷江、沱江中游，暴雨中心在沱江中游资中县石坝湾站，日降雨量为 168.9 mm。

11 日，雨区范围扩大，主要雨区东移至嘉陵江、涪江及沱江流域，日降雨量大于 50 mm 的笼罩范围近 2 万 km²，100 mm 以上的为 380 km²，分布在嘉、涪、沱江的中游一带，暴雨中心在涪江中游江油县（今江油市）小溪坝，中心强度稍有减弱，日降雨量为 139.4 mm。

12 日，雨区迅速扩大，笼罩了嘉陵江中游、涪江、沱江上中游及岷江中游地区，日降雨量 50 mm 以上的笼罩面积为 7.5 万 km²，100 mm 以上的笼罩面积为 39440km²，并出现多个暴雨中心，暴雨中心雨强显著增大，岷江崇庆县（今崇州市）万家场站日降雨量 225.4 mm、沱江资阳县（今资阳市）太平站日降雨量 222.9 mm、涪江北川县甘溪站日降雨量 255.6 mm，最大暴雨中心在嘉陵江中游广元县（今广元市）上寺站，日降雨量达到 345.8 mm，最大 24

小时降雨量为 418.5 mm。

13 日，雨区进一步扩大，暴雨中心雨强有所减弱并渐向东移，整个四川盆地被大雨所笼罩，并波及陕甘南部、贵州北部。日降雨量 50 mm 以上的笼罩面积为 13.7 万 km²，100 mm 以上的笼罩面积为 43720 km²。暴雨中心仍在嘉陵江中游，中心强度有所减弱，中心苍溪县九龙山站日降雨量为 242.4 mm。

14 日，雨区东移，范围缩小，雨强亦减弱，暴雨中心仍停滞在嘉陵江中游，广元县白水站日降雨量 132.3 mm，日降雨量 50 mm 以上的笼罩面积 3.2 万 km²，100 mm 以上的笼罩面积仅 740 km²，以嘉陵江中游广元白水日降雨量 132.3 mm 为最大。此后，四川盆地降雨过程结束。

（二）雨区分布

此次暴雨过程主要位于岷江、沱江、嘉陵江流域，三水系控制站高场、李家湾、北碚以上总的流域面积为 31.48 万 km²，6 天面平均雨深 118 mm，降水总量 370 亿 m³。其中以沱江和涪江降雨量最大，流域面平均雨深均超过 200 mm，岷江最小，流域面平均雨深 78.6 mm。其中 11 日 8 时—15 日 8 时为此次暴雨的主雨时段。同时在嘉、涪、沱三江出现量级相差不大的 4 个暴雨中心：一为嘉陵江上寺，降雨量为 473.5 mm；二为涪江天仙寺，降雨量为 420.8 mm；三为嘉陵江张坝，降雨量为 401.3 mm；四为沱江马井，降雨量为 339.0 mm。上寺 400 mm 以上的笼罩面积为 480 km²，占各中心 400 mm 以上笼罩面积总和的 64.9%。上寺 4 天总量为 7 天总量的 96.7%。7 月 11 日 8 时—15 日 8 时暴雨 100 mm 以上的笼罩面积为 123040 km²，200 mm 以上的笼罩面积为 45700 km²；300 mm 以上的笼罩面积为 10940 km²；400 mm 以上的笼罩面积为 770 km²。

第一阶段暴雨范围不大，3 天总降雨量 100 mm 以上暴雨笼罩面积为 15048 km²，暴雨中心在雅砻江支流安宁河冕宁县安宁桥站，降雨量为 206.1 mm。暴雨主要集中在第二阶段，3 天总降雨量 100 mm 以上笼罩面积达 103480 km²，雨区主要位于岷江、沱江、涪江和嘉陵江中上游，大于 300 mm 的暴雨中心有 5 个，散布在岷江、沱江、嘉陵江、涪江水系上，以嘉陵江的上寺站最大，降雨量达 439.7 mm。其中 7 月 12 日雨区主要位于岷江中游和沱江、涪江、嘉陵江中上游，渠江降雨量很小，在 10 mm 以下，雨区呈东北—西南向分布。50 mm 以上雨区范围 7.5 万 km²，100 mm 以上的范围近 4 万 km²。100 mm 以上大暴雨区内出现 4 个超过 200 mm 的暴雨中心区，其范围都较小，而绵阳、中江一带又有一个显著低值区，降雨量在 50 mm 以下。13 日雨区范围增大，大于 50 mm 的笼罩面积达 13.7 万 km²，比 12 日扩大 6 万 km²，但强度有所减弱。日降雨量超过 200 mm 的暴雨中心区有 4 个，散布在嘉陵江和涪江中游，合计笼罩面积约 1580 km²。本次降雨过程中，沱江累积面降雨量最大为 228.9 mm，其次为涪江 192 mm、嘉陵江 119.6 mm、渠江 110.1 mm，再次为岷江 67.9 mm，雅砻江为 55.8 mm，干流向家坝至寸滩段为 53.1 mm，金沙江中游为 46.5 mm，金沙江下游为 32.8 mm。

二、水情

1981 年 7 月，四川盆地岷江、沱江、嘉陵江普遍发生了大洪水。由于嘉陵江洪水峰高量大，且与干流朱沱洪峰遭遇，于 7 月 15 日 21 时出现洪峰，洪峰流量为 43500 m³/s。在纳入嘉陵江的洪水之后，长江上游重庆寸滩站 16 日 13 时洪峰水位为 191.41 m，洪峰流量达到 85700 m³/s，超过该站新中国成立以来的最高洪水位（1968 年为 185.65m）5.76 m，与自 1892 年有水文记载以来的最大洪水（即 1905 年 8 月最高洪水位 191.54 m，最大流量 83100 m³/s）接近。5 天洪水涨幅超过 20 m，寸滩至宜昌段，除南岸有乌江加入外，尚有区间面积超 5 万 km²。由于乌江及三峡区间未发生大洪水，寸滩洪水经河槽调蓄沿程递减，17 日 18 时洪峰到达万县，流量为 76400 m³/s。洪峰于 18 日 22 时安全通过葛洲坝水利枢纽，到达宜昌洪峰流量为 71000 m³/s，19 日 8 时最高水位为 55.38 m，比 1954 年低 0.38 m，流量超过 1954 年约 4000 m³/s，与自 1877 年有水文记载以来的最大流量（1896 年 71100 m³/s）接近。

（一）洪水发生的时间及过程

这场洪水的降雨过程历时较长，自 7 月 9 日开始至 14 日结束，历时 6 天。9—11 日期间，降雨强度较小，暴雨区的范围也比较小，河流底水抬高，没有形成洪水。这场灾难性的特大洪水，主要是由12、13日两天的大暴雨导致的。

由于暴雨区范围广、强度大，自7月13日开始，岷江、沱江、嘉陵江中下游干流水位急剧上涨。洪水来势迅猛，嘉陵江武胜站不到3天时间水位上涨了19.67 m；北碚站水位涨幅达25.44 m；长江干流寸滩站5天洪水上涨了20.36 m。至15日前后，洪水达到最大。洪峰出现时间岷江稍早，高场站为14日15时，沱江李家湾站为15日18时，嘉陵江北碚站为16日8时，自西往东逐渐推迟。洪水来势猛，消退也快，岷江高场、沱江李家湾、嘉陵江武胜等干流控制站，洪水涨落历时约3～4天，北碚站峰形略胖，过程历时也只有6～7天。长江干流寸滩站，自14日开始水位急剧上涨，至16日21时出现最高洪水位191.41 m，至20日主峰段结束，历时约7天。3天以后，于19日8时宜昌站出现最高洪水位55.38 m，由于重庆至宜昌区间洪水小，在行进过程中，历时稍有增长，洪峰流量有所削减。沙市站7月19日14时洪峰水位达44.46 m，为该站当年最高洪水位，是自1903年有记载以来的第三位。沙市以下（不含沙市）各站都低于新中国成立以来的最高水位。

（二）洪峰流量与洪水量

（1）洪峰流量。"81.7"洪水，长江干流寸滩站洪峰流量达到85700 m^3/s，为自1892年有实测资料以来最大的一场洪水。寸滩以上金沙江、岷江、沱江、嘉陵江四大水系，以嘉陵江洪峰流量最大，北碚站洪峰流量为46400 m^3/s（7月16日14时），超过1975年的最大流量37100 m^3/s；其次为岷江高场站25400 m^3/s（7月14日16时30分）；沱江李家湾17100 m^3/s（7月16日0时30分），接近1948年历史最大流量18900 m^3/s。金沙江洪水不大，屏山站洪峰流量18600 m^3/s，出现在7月20日，其组成寸滩的最大流量实际上只占10000 m^3/s左右。

（2）洪水量。长江干流宜昌站7天洪量334.8亿 m^3，与历年比较洪水量不算很大，在105年（1877—1981年）的实测记录中，有10年超过335亿 m^3，而3天洪量172.5亿 m^3，位居105年中的第二位。岷江、沱江、嘉陵江、金沙江各水系，10天洪量岷江为96亿 m^3，沱江40亿 m^3，嘉陵江最大，为156.1亿 m^3，金沙江为127.1亿 m^3。嘉陵江北碚站，7天洪量在 43 年（1939—1981 年）的实测记录中，最大的为 1975 年，洪水量为 146 亿 m^3，超过"81.7"洪水（138.7 亿 m^3），而"81.7"洪水的 3 天洪量为 97.1 亿 m^3，比 1975 年洪水（85 亿 m^3）大。由此可见，此次洪水过程呈现出短时段洪量较大的特点。

（三）洪水遭遇与组成

1981 年 7 月 9—14 日连续 6 天降雨，降雨量超过 100 mm 的范围笼罩了岷江、沱江、涪江、嘉陵江等几大支流。暴雨由西向东移动，盆地几条大支流洪峰出现的时间也自西向东次第推迟，各支流洪水在长江干流寸滩站发生遭遇，导致流量为 85700 m^3/s 的特大洪水。

通过分析此次洪水长江干流寸滩站和宜昌站的洪水组成可见，寸滩站 10 天洪量为 422.9 亿 m^3，沱江、嘉陵江总量为 194.1 亿 m^3，占寸滩总量的 45.9%，其中嘉陵江占 36.6%，沱江占 9.3%；金沙江和岷江，洪水量级虽然不大，但其流域面积约占寸滩以上 72%，对寸滩洪水量的组成仍然占很大比重，两江总水量为 204.4 亿 m^3，占寸滩总量的 48.3%。宜昌站洪水总量 431.6 亿 m^3，其中寸滩占 98%，寸滩至宜昌区间集水面积约 14 万 km^2，而洪水量仅占宜昌站的 2%。

三、灾情

1981 年四川省气候异常，6 月下旬至 9 月中旬，先后在凉山、渡口、荣昌等地，沱江、涪江、嘉陵江、岷江等流域，永川地区，马尔康、金川等地出现了 5 次暴雨洪灾过程。其中，尤以 7 月 12—15 日的特大暴雨洪灾最为严重，有 138 个县下了暴雨，沱、涪、嘉三江流域和重庆以下的长江干流出现了特大洪水，岷江、渠江、青衣江亦相继出现了较大洪水，川渝地区灾情极为严重，受灾县份达 119 个（市、区），淹没县城 57 个、场镇 776 个，城乡受灾人口 1584 万，死亡 888 人，致伤 13010 人，倒塌、冲毁房屋 153.4 万间，淹没和冲毁农田 1756 万亩，其中基本无收的 459 万亩，冲毁耕地 147.5 万多亩，造成粮食减产超过 30 亿斤，直接经济损失达 20 亿元以上。其中：

（1）城镇。在 119 个受灾县份中，被洪水淹没的县以上的城市达 53 个，其中以金堂、潼南、合川、资阳、资中、射洪、南部 7 个县城灾情最重，绝大部分城区均为洪水所淹，如金堂县城主要街道水深 5 ～ 6 m，楼房普遍淹及两层，平房大多没于水下，淹没时间长达两昼夜。此外，成都市区、北碚、丰都、涪陵、万县、内江、富顺、遂宁、盐亭、剑阁、南充等县区市灾情也很严重。如成都市区有 273 条街道被淹，受淹约 32000 户，受淹建筑面积 54.72 万 m²，房屋倒塌 1.54 万 m²。南充市 3.9 万间住房被淹，被淹面积占市区面积的 41.5%。

（2）农业。耕地受灾面积 1311 万亩，其中基本无收的 342 万亩，冲毁耕地 112 万亩，冲走、死亡大牲畜超 13.8 万头，粮食减产 13.3 亿 kg。

（3）工业。据不完全统计，7、8、9 月因灾停产或半停产的工矿企业有 2691 个。

（4）交通。成昆、成渝、宝成三条主要铁路干线多处发生塌方，运输中断 10 ～ 20 天之久。如成渝铁路广顺场至荣昌区间有 1.2 km 洪水位超过轨顶 0.26m；洪安乡至五凤溪区间，接连发生塌方；简阳至庙子沟区间路基被洪水淹没，临江寺附近路基被冲毁。横跨青白江、沱江、涪江、嘉陵江的铁路桥梁，都因洪水位超过警戒水位，线路被迫中断。公路被破坏情况更为严重，80 条公路干线和 482 条县以上的公路全部冲断，占全部省、县公路的 32.3%。公路和电信线路多因淹没、塌方、冲刷而导致断道阻车和电信断绝。

（5）水利工程。因"81.7"洪水垮坝失事的小型水库有 15 座，出现险情的有 538 座，冲毁渠道 2576 km、堤防 641 km、小水电站 130 座、提灌站 3401 个。

1981 年 9 月黄河上游洪水

1981 年 9 月，黄河上游发生了一场长时间大范围的持续降水，这场降雨的主要雨区在龙羊峡以上。黄河上游发生了 1904 年以来的一次大洪水，唐乃亥水文站洪峰流量为 5570 m³/s，45 天洪量为 120 亿 m³，经龙羊峡水电站施工围堰滞洪和刘家峡水库的调蓄后，兰州站为 5600 m³/s，洪峰之高、洪量之大、历时之长均超过历年实测最高纪录。龙羊峡水电站施工围堰和兰州、宁蒙、兰包铁路等地区均受到洪水的严重威胁。青海、甘肃、宁夏三省区的 26 个县市、28 万人受灾。

一、雨情

从 8 月 13 日—9 月 12 日，黄河上游地区连续降雨达 31 天，其中有 3 次较强的降水过程，以 9 月 9 日为最大，雨区主要在积石山一带，降雨中心久治站最大日降雨量达 43 mm。本次黄河上游降雨的特点是强度小、雨日多，日降雨量很少达到暴雨（日降雨量大于 50 mm）量级。对雨区中心 10 个降雨量站的资料进行统计，各量级降雨日数：无雨 3 天，小雨（0.1～10 mm）18.5 天，中雨（10.1～25 mm）9 天，大雨（25.1～50 mm）1.5 天。

首先，自 8 月 13 日开始，在西北地区东部的陕、甘、川三省交界处出现暴雨，导致陇海铁路一度中断。而后，8 月 13—29 日黄河上游连续降雨 17 天，但降雨量不大，一般为 50～100 mm，仅局部地区达 150～200 mm。由于前期干旱，该时段的降雨大多下渗损失，增加土壤湿度，河道底水抬高。第三次过程是 8 月 30 日—9 月 13 日黄河上游地区又连续降雨 15 天，该时段降雨雨区范围较大，降雨量又集中在 8 月 30 日—9 月 5 日几天内，降雨量达 100～150 mm。由于前期（8 月 13—29 日）降雨使流域内土层基本达到饱和，所以后期（8 月 30 日—9 月 13 日）降雨对形成唐乃亥断面的洪峰起了主要作用。9 月 1—13 日龙羊峡以上，流域平均总降雨量达 130～140 mm。

本次降雨过程的雨区范围，除笼罩黄河上游唐乃亥以上及大夏河、洮河外，还涉及长江流域的通天河、雅砻江、大金川、岷江和白龙江等流域，是一场跨省、跨流域的大面积降雨。黄河唐乃亥以上200～300 mm的主雨带呈西北—东南向分布，最大点降雨量在长江流域的三打古，次降雨量394.9 mm。150 mm等降雨量线笼罩面积超过25万 km²，其中唐乃亥以上150 mm降雨量笼罩面积为110400km²。200 mm以上笼罩面积为124500 km²，其中唐乃亥以上为73400 km²；300 mm笼罩面积达7830 km²，其中唐乃亥以上为4910 km²。

二、水情

黄河干流各站的洪水过程是由各区间支流的洪水叠加而成的。如吉迈站8月30日20时起涨，至9月7日8时出现洪峰1360 m³/s，与其上游支流热曲河9月5日出现的洪峰600 m³/s相呼应；玛曲站9月16日2时出现洪峰流量4470 m³/s；贵德站9月18日2时出现洪峰流量4620 m³/s；循化站9月19日出现洪峰流量4410 m³/s；刘家峡水库9月20日8时出现洪峰流量5240 m³/s；兰州9月15日2时出现洪峰流量5610 m³/s。

由于白河流域有大片沼泽草地，调蓄作用大，洪峰起涨和峰现时间均滞后，所以干流玛曲断面洪峰起涨晚，峰顶持续时间长。唐乃亥站由于玛曲—唐乃亥区间有融雪径流汇入，洪水起涨时间早于上游玛曲，于9月13日就出现5470 m³/s的洪峰。唐乃亥以下至兰州段干流的洪水都受到了龙羊峡施工围堰滞洪和刘家峡水库蓄水的影响，兰州洪峰仍达5600 m³/s，为200年一遇的洪水。洪水过程的特点是涨落缓慢、洪水总历时长，玛曲以下各断面洪水过程均在30天以上。

三、灾情

青海省沿黄七县中，龙羊峡水库上游贵南、共和二县主要是农场淹没损失，下游五县主要是转移搬迁损失。9月13—26日搬迁人口3.8万，拆除房屋7200多间。全省受灾有7个县、28个公社、4.8万人，淹没和冲毁电灌站100多座，冲毁堤防17 km、公路200 km，直接经济损失984万元。

甘肃全省受灾八县二市、30个公社、20万人，淹没农田10万余亩，冲毁房 4000 多间，冲毁堤防 34 km、水利设施 200 多处，直接经济损失达 2000 多万元，其中兰州市区受灾 20 个公社共 11.3 万人，淹地 4 万亩，倒房 3600 间，毁堤 4.1 km，9 个企业短期停产。

宁夏洪水期间转移受灾人口 4 万多，受灾农田 8.7 万亩，倒房 4500 多间，中宁县及跃进渠胜金关决口 2 处，全区直接经济损失达 1200 万元。

内蒙古洪水期间，受灾村庄 25 个、2231 户、1.25 万人，倒塌房屋 3800 多间，淹没农田 19 万亩，损失粮食超过 100 万 kg、牲畜 5.66 万头，堤防决口 5 处，全区直接经济损失 2264 万元。

1983 年汉江上游大水

　　1983 年 7 月底 8 月初，汉江上游发生了一场特大洪水，安康水文站最大洪峰流量 31000 m³/s，最高洪水位 259.3 m，超过城墙 1 ～ 2 m，安康老城遭到"灭顶之灾"，城区平房几乎冲毁殆尽，800 余人被淹死。这场洪水，安康灾情独重，但上游石泉或下游洪水并不大，属一般大洪水。灾后统计表明，此次洪涝灾害安康地区经济损失达到 7.2 亿元。

　　汉江，又称汉水、汉江河，为长江的支流，发源于秦岭南麓陕西宁强县境内，流经沔县（今勉县）称沔水，东流至汉中始称汉水；自安康至丹江口段古称沧浪水，襄阳以下别名襄江、襄水。汉江流经陕西、湖北两省，在武汉汉口龙王庙汇入长江。河长 1577 km，流域面积 1959 年前为 17.43 万 km²，位居长江水系各流域之首；1959 年后，减少至 15.9 万 km²。干流湖北省丹江口以上为上游，河谷狭窄，长约 925 km，集水面积 95220 km²；丹江口至钟祥为中游，河谷较宽，沙滩多，长约 270 km，区间集水面积 45120 km²；钟祥至汉口为下游，长约 382 km，区间集水面积 18660 km²，流经江汉平原，河道蜿蜒曲折、逐步缩小。

　　自古以来，汉江流域洪涝灾害频发，根据历代方志资料显示，前 208—2010 年间，汉江流域出现有记录的洪涝灾害共有 336 次，平均每 6.6 年就发生 1 次，其中特别重大洪涝灾害 18 次、重大洪涝灾害 136 次。

一、雨情

　　1983 年汛期，安康地区降雨偏多，汛期 199 天中有 125 天以上时间在降雨。其中安康县降雨 143 天，紫阳县 140 天，石泉县 139 天。特别是初汛的 5 月 12 日，就开始第一次全区性 3 天大雨；汛期内连阴雨天气发生 9 次，造成一定灾害。整个汛期总降雨量均超过历史平均值：安康 980.1 mm，汉阴 1152.3 mm，石泉 1309.3 mm，宁陕 1140.8 mm，紫阳 1505.3 mm，岚皋 1308 mm，平利 1036 mm，旬阳 801 mm，白河 812.2 mm，镇坪 1217.2 mm。安康地区历史降雨量平均值为 77 ～ 1117.4 mm，各县较均值多二至三成。岚皋县较 1964 年年降雨量 1269.9 mm 增多 39 mm。其他各县超过历年汛期均值 30% ～ 50%。

受副热带高压位置偏西影响，7 月 27—31 日，汉江上游出现一次连续降雨过程。27 日汉中上游西部地区开始降雨，降雨量一般在 30 mm 以上，28 日强度逐渐增大，28、29 两天汉中地区普遍出现大雨和暴雨，日降雨量多超过 60 mm，局部地区出现大暴雨，南郑小河坝 29 日降雨量达 132 mm。30 日雨区渐次东移，安康地区西部相继出现大雨和暴雨，西乡左溪站日降雨量达 159 mm，石泉站日降雨量达 119 mm。31 日汉中地区降雨基本停止，雨区主要分布在下游安康地区，14 时以后，雨势逐渐减弱。整个降雨过程历时 5 天。

本次暴雨中心在汉中、镇巴至宁陕、紫阳之间，其中最大暴雨中心点小渔坎的过程降雨量为 410.4 mm，次暴雨中心点瓦房店过程降雨量为 253 mm，铁炉坝为 214.4 mm。宁强、汉中、南郑、城固、洋县、紫阳等县连续 2 ～ 3 天出现暴雨，其中西乡、镇巴、石泉、紫阳等地日降雨量均超过了 100 mm，镇巴最大日降雨量达 137.3 mm（7 月 30 日）。上游汉中地区在 5 天（27—31 日）的降雨过程中，汉中市川上主要集中在 27—29 日，城固、西乡、镇巴等地主要集中在 30—31 日；安康地区 28—31 日降雨过程中，80% 以上的站点降雨量都集中在 30—31 日两天之中。在此次降雨过程中，100 mm 的等值线包括了岚皋—安康—旬阳以西及宁陕旬阳坝—钢铁—佛坪以南的广大地区；150 ～ 200 mm 的等值线包括了紫阳、汉阴、石泉、洋县、城固、留坝以南地区。

根据气象观测资料显示，此次暴雨中心的位置并不在汉江流域而在大巴山南侧的嘉陵江、渠江上游。如嘉陵江上游雍和站 27、28 两天连续出现 148.9 mm 和 242.5 mm 的特大暴雨。29、30 两天，暴雨范围扩大，并逐渐东移，大暴雨区依然在嘉陵江和渠江流域。次暴雨中心降雨量雍和站为 603 mm，槐树站为 560.9 mm，鱼渡站为 493.5 mm，暴雨中心区都在大巴山的南侧。位于大巴山北侧的汉江流域，处在这场暴雨的边缘，石泉以上流域面平均降雨量（7 月 27—31 日）为 169.8 mm，暴雨中心小坝达 410.7 mm；石泉—安康区间面平均降雨量 151.7 mm，最大点降雨量瓦房店为 253 mm，铁炉坝为 214.4 mm。与近期几次实测暴雨相比，降雨量并不大。

二、水情

安康"83.8"特大洪灾发生前，即 7 月 20 日—8 月 1 日，汉江全流域连阴雨、暴雨，产流极多，为特大洪水的形成作了铺垫。1983 年 7 月 31 日，汉江上游发生百年一遇特大洪水，31 日 21 时火石岩洪峰流量为 28500 m^3/s，水位上涨 26 m；22 时 18 分，安康水文站洪峰流量为 31000 m^3/s，最高洪水位为 259.30 m，高出安康城墙 1.5 m，为近百年来的最大洪水。据历史洪水考证，1583—1983 年的 400 余年间，汉江 7 次出现流量 30000 m^3/s 以上的特大洪水，此次洪水为最大洪水。而安康上游石泉最大入库流量为 16100 m^3/s，低于 1949 年和 1955 年约 10 年一遇的洪水流量。下游郧县（今郧阳区）油房沟站（丹江口水库入库站）洪峰流量 29100 m^3/s，集水面积比安康增加近 1 倍，而洪峰流量则小于安康站，为一般洪水。

受暴雨影响，7 月 28 日，汉江干支流相继涨水，30 日 21 时 30 分，干流洋县水文站洪峰流量为 9860 m^3/s。安康河段洪水来势很猛，7 月 31 日 2 时洪水起涨，安康水文站水位为 244 m，相应流量 7400 m^3/s，之后洪水猛涨；9 时 30 分石泉水库最大泄洪流量 14000 m^3/s。13—19 时，石泉—安康区间各支流相继出现洪峰，池河马池站 31 日 13 时 30 分洪峰流量为 952 m^3/s，任河瓦房店站 31 日 14 时洪峰流量为 5460 m^3/s，渚河红椿站 31 日 16 时洪峰流量为 1830 m^3/s，岚河六口站 31 日 19 时洪峰流量为 617 m^3/s，月河长枪铺站 31 日 18 时的洪峰流量为 3210 m^3/s。各支流洪峰流量与石泉水库下泄流量相继遭遇叠加，至 19 时水位超过 257 m，17 小时水位上涨了 13 m，洪水位接近城墙顶部，洪水仍继续上涨，19 时 30 分至 20 时洪水漫过城堤，8 月 1 日 1 时 30 分水位达到最高，为 259.3 m，超过城堤 1～2 m，东堤、北堤相继溃决，安康城悉被淹没。

这场洪水来势迅猛，消退也很快。通过分析安康水文站"83.8"洪水和 1974 年洪水资料，可见 1974 年洪水为"83.8"洪水之前实测期内最大的一次洪水，洪峰流量为 23400 m^3/s，滨江河街，城堤以外的东关、西关均被水淹。"83.8"洪水大于 1974 年洪峰流量的持续时间约为 16 个小时，洪峰流量大于 25000 m^3/s 的滞时仅七八个小时，安康河段大洪水峰形都很尖瘦。

汉江上中游，河道穿行于秦、巴山区，支流众多，呈羽状排列，发源于大巴山区河流，短小流急，如果上下游支流同时发生洪水，将会造成错峰，不至形成安康"83.8"特大洪水。而7月底这次降雨过程，降雨量和强度虽然不是很大，但雨区的扩张与位移都十分有利于干支流洪水遭遇。7月31日11时，石泉最大入库流量为16100 m³/s，最大出库流量为15600 m³/s，石泉至安康河道距离188 km，大洪水洪峰传播时间为10～12小时。其间较大支流有池河、任河、大道河、岚河、月河等。安康以上流域7月29日—8月1日3天洪水组成，石泉以上流域占58%，石安区间占42%。

三、灾情

"83.8"洪水雨洪过程呈现出暴雨空间分布很不均匀、雨强集中、支流洪水较大、暴雨中心的移动情况特殊的特征。暴雨中心的走向与洪水汇流方向一致，各单元区的洪峰流量基本上全面遭遇，导致约15年一遇的暴雨却产生约200年一遇的洪峰流量。安康灾情极重，而其上游或下游并未造成严重灾情。

此次洪水来势迅猛异常，老城内多处渗水，东堤、北堤相继溃决，7月31日20时，大北门、小北门、喇叭洞等堤段因洪水浸泡堤身裂缝溃堤，汹涌洪水直倾古城，洪水涨至新城北门口，老城东堤内水深达13 m，居民密集的东关水深7～8 m，水位超过北城墙和汉江大桥1～2 m，全城一片汪洋。决口口门总长达508.7 m，全城遭到"灭顶之灾"，受灾89600人，因灾死亡共870人，近2万人被围困在城内的数十座高大建筑物上，受灾18000户、89600人。全城除少数高大混凝土建筑和坚固的平房外，9万多间平房冲坍殆尽，达124万 m²，国家、集体、个人财物大量被冲淹，劳动人民世世代代苦心经营的老城区几乎被洪水破坏殆尽。此外，石泉、旬阳、白河县沿河43个集镇淹没严重，其中石泉县城淹没面积占城区总面积的40%。

持续的雨涝和7月31日—8月1日的特大洪水，导致全区直接经济损失达7.2亿元，其中安康县城区4亿多元，包括：

（1）农业损失。全区农作物受灾总面积269.4万亩，其中粮食作物受灾

248.36 万亩，成灾 176.39 万亩，减产 29664 万斤；油料作物受灾 134.0 万亩，成灾 6.8 万亩，减产 481.4 万斤；经济作物受灾 7.6 万亩，成灾 4.4 万亩。洪水还冲走、淹泡存粮 3764 万斤、存油 46.92 万斤。粮油损失合计 3.2 亿元。

（2）房屋损失。洪水袭击导致大量城乡房屋倒塌、被冲毁，计倒塌房屋 115755 间，造成危房计 137370 间，受灾户 225329 户、1121147 人。城乡职工、群众因洪水突袭、山体滑坡、搬迁抢险而死亡者 1063 人。7 月 31 日洪水决堤后，仅安康城关区受灾 18600 户，受灾人口 89660，死亡 870 人，倒塌房屋 31460 间，造成危房 38100 间。古城东关的决口处，房屋、街道几乎一派废墟。

（3）水利工程损失。全区冲毁渠道 3993 条，总长 504.7 km，冲毁河堤 480 km、堰塘 328 口、小水电站 155 处装机 5667 kW、机井 309 眼、喷灌站 100 多处、抽水站 94 处。摧毁各类农田 15.12 万亩，其中稻田 1.7 万亩，旱平地和水平梯地 13.4 万亩。农田水利工程设施遭到破坏，给全区农业生产造成很大影响，直接危及工商经济及群众生活。

（4）交通损失。全区公路干、支线共坍塌土石方 327 万 m³，护岸挡墙塌方 81 万 m³；毁坏公路油、砂路面 656 km，大小桥涵 3957 处；冲垮码头 2 处、渡口 19 处。汉江航道因山石阻塞，85 km 主航道难以通航。此外，大量电杆断倒，线路被毁，迫使不少地方中断照明、通信和广播等。

（5）企事业单位损失。全区受灾行政事业、企业单位计 1323 个，仅档案、图书、仪器、医疗器械、机器车床及公用家具等损失，折合人民币 7000 余万元。

1985 年 8 月辽河大水

1985 年汛期，辽宁省相继遭受台风、暴雨等多种灾害性天气的影响，盛夏期间（7—8 月），降雨集中，暴雨次数多。中、东部广大地区 2 个月的降雨量接近或超过正常全年降雨量。6、7、8 月 3 个月，降雨 600 mm 以上的地区面积达 76090 km²，占全省总面积的 52%。由于降雨持续时间长、范围广，几次洪水重叠，洪水总量大，加上辽河下游套堤、河滩内高秆作物以及桥梁严重阻水，造成干流巨流河以下 287 km 河段最高水位均接近或超过了历年最高纪录，高水位持续 1 个多月。尤其是 8 月份，连续受到 3 次台风的直接袭击，是历史上罕见的，造成了严重的洪涝灾害。全省 13 个市中有 8 个市为重灾区，受灾人口达 1279.3 万，直接经济损失达 47 亿元。

一、雨情

1985 年汛期，辽宁省相继受台风、暴雨等多种灾害性天气影响，台风频度大，8 月份相继遭受 3 次台风直接影响，导致大连、营口、盘锦、鞍山和辽阳等地区普降大暴雨或特大暴雨。

1985 年 8 月，辽河中下游地区发生大小降雨 7 次，其中主要有 4 次，造成辽河 1 个月之内连续发生 4 次洪水。8 月初，太平洋副热带高压位置较常年偏东、偏北，经常维持在日本和日本海附近，且持续稳定少动。而大陆高压强度减弱，有利于太平洋地区的台风沿副热带高压后部北上，直接影响辽河。8 月 2 日，6 号台风于黄海岸一带登陆，辽河东部地区普降大雨，主要雨区在清、柴、泛、浑、太诸河，1—4 日，浑河、太子河一般降雨量为 120 mm，最大降雨量羊胡子沟为 219 mm，清、柴、泛河一般降雨量为 100 mm，最大降雨量张家楼子站为 134 mm。8 月 14 日，8 号台风又在黄海岸一带登陆，辽河中下游地区再次普降大雨，主要雨区仍在清、柴、泛、浑、太诸河上游，12—14 日一般降雨量在 100 mm 以上，最大降雨量的腰寨子站为 110 mm。8 月 19 日，9 号台风于辽东湾登陆，辽河中下游全面大雨。主要雨区在辽河干流和浑河、太子河下游地区，降雨量逐渐往中上游递减，这场雨范围广、强度大，18—21 日 100 mm 以上降雨量笼罩面积约达 3.2 万 km²，200 mm 以上降雨量笼罩面积约达 1 万 km²，最大降雨量牛庄站达 405 mm。8 月 23—25 日，辽河中下游又普遍降雨，主要雨区仍在清、柴、泛河和浑、太子河中上游，降雨量一般在 50 mm 以上，最大降雨量东陵站为 96 mm。这次降雨量虽然不大，但前期流域已饱和，降雨量几乎全部成为径流，造成了辽河第 4 次洪水。

本次降雨过程的主要特点是：一是次数多、强度小。7、8 两月，流域降雨共 12 次，其中 7 月 5 次，8 月 7 次，次数之多，为历史记录所罕见。虽然总降雨量很大，但次降雨量较小，历时长，强度不大。例如上述 4 场主要降雨，一般历时 3、4 天，一般降雨量 100～200 mm，点降雨量除牛庄 4 天累计过程降雨量 405 mm 外，没有特大暴雨。这几场连续降雨造成了辽河洪水量大、峰小的特点。二是降雨范围广、降雨中心稳定少动。7、8 两月 12 次降雨中，除少数外，主要雨区都分布在清、柴、泛、浑、太诸河中上游地区，整个雨区笼罩了包括东辽河在内的辽河中下游地区，范围广、主要雨区稳定少变。

二、水情

1985 年汛期，虽然东辽河及辽河中下游地区累积降雨量很大，但由于大伙房和参窝两座大型水库控制，浑河和太子河下游洪水比较平稳，没有产生大洪水，较大洪水主要在辽河干流。

8 月份，辽河干流共出现 4 次连续重叠洪水。第一次洪水，辽河干流铁岭站 8 月 2 日开始起涨，8 日出现洪峰，最大流量为 1710 m³/s；同日巨流河站起涨，11 日洪峰流量为 1620 m³/s；下游朱家房子站 5 日起涨，15 日洪峰流量为 1550 m³/s，洪水上涨均较缓慢。第二次洪水，铁岭 16 日洪峰流量为 1150 m³/s，巨流河 21 日洪峰流量为 1740 m³/s，朱家房子 23 日洪峰流量为 1740 m³/s。第三次洪水，铁岭 20 日洪峰流量为 1470 m³/s，巨流河 23 日洪峰流量为 1860 m³/s，朱家房子站 24 日洪峰流量为 1860 m³/s。第四次洪水，铁岭 26 日洪峰流量为 1750 m³/s，巨流河 28 日洪峰流量为 2020 m³/s，朱家房子 29 日洪峰流量为 1980 m³/s。第二、三、四次洪水下游比上游洪峰流量大的现象，是由铁岭到巨流河区间 6752 km² 的径流造成的。8 月 2 日，辽河干流铁岭以下从 300 m³/s 的平稳流量起涨，直到 9 月 20 日落平，洪水过程历时 50 天。铁岭以下 390 km 河段达 1000 m³/s 的流量历时 22 天，1500 m³/s 的流量历时 9 天，大流量和高水位历时之长，为有记录以来所罕见。西辽河郑家屯流量很小，而且处于不断消退的过程；东辽河太平站有三次涨水过程，最大洪峰流量为 628 m³/s，对下游洪水有一定增值作用。

铁岭是辽河干流的主要控制站。铁岭来水由三部分组成：一是东、西辽河太平和郑家屯两站来水；二是清河、南城子和柴河三座大型水库泄流；三是福德店到铁岭区间的降雨径流。此区间扣除大中型水库控制的面积以后为 8544 km²，是辽河干流洪水的主要来源区。铁岭站总量为 36.3 亿 m³，其中，东、西辽河来水占 34.7%，水库放水占 21.5%，郑、太、清、南、柴—铁大区间来水占 43.8%。巨流河站总量为 43.8 亿 m³，其中铁岭来水占 83%，铁—巨大区间来水占 17%，说明铁岭至巨流河区间 6752 km² 比福德店—铁岭 8544 km² 区间产流小，符合常年规律。巨流河到朱家房子段以及下游河段，两边是大堤，柳河来水不大，此外没有其他支流加入，下游站比上游站洪水总量略有减少。

1985 年辽河铁岭站洪水与历年大洪水比较（下游站因溃堤跑水不能比较，上游站控制不住辽河的主要洪水也不能比较）。铁岭站 1951 年洪峰流量 14200 m³/s，1953 年又发生 11800 m³/s 的洪水，而 1985 年仅为 1750 m³/s，就峰值而论属一般常遇洪水，然而该年洪水持续时间很长，洪水总量很大，超过 1951 年、1953 年。铁岭站的洪水形成有以下三种类型：一是西辽河大暴雨产生的洪水，这种洪水历时长，在辽河干流一般不会形成大洪水，如 1962 年。二是清、柴、泛诸河特大暴雨产生的洪水，这种洪水历时短、涨洪快、峰值很大，如 1951 年和 1953 年。三是长时间降雨所造成的洪水，这种洪水次数多、历时长、峰小量大，如 1954 年、1964 年和 1985 年，尤以 1985 年更为突出。自从西辽河建有红山水库，支流清、柴、寇诸河建有清河、柴河和南城子水库以后，一、二两类洪水一定程度上得到控制，严重的是第三种类型的洪水，洪水总量大，持续时间长，水库势必加大泄量，增加下游负担，1985 年就是这种情况。因此第三类型的洪水，应在今后设防上引起特别重视。

辽河铁岭以下受堤防约束，行洪能力受到限制，大洪水往往决堤泛滥，如 1951 年和 1953 年铁岭最大流量分别为 14200 m³/s 和 11800 m³/s，因决堤跑水，到巨流河的最大流量仅为 2450 m³/s 和 4270 m³/s。辽河各河段堤防标准不同，其行洪能力：铁岭至巨流河段约为 4500 m³/s，巨流河至朱家房子段约为 3000 m³/s。由于 1964 年以来没有较大洪水，河槽滩地内建有许多套堤、住房、桥梁，而种植的树木和高秆作物到处皆是，严重影响水流畅通。

1985 年第一场洪水的传播时间为历年正常值的 2～3 倍，主要原因是滩地障碍物严重阻水，糙率很大，流速小，延长了传播时间。第二场洪水略有加快，而且下游段巨流河—朱家房子快于上游段铁岭—巨流河，主要原因是经过第一场洪水后，冲毁了一些套堤、房屋和庄稼，而下游段又进行了人工扒堤、搬家、毁林等疏通措施。第三、四两场洪水的传播时间已明显向历年线靠近，因为洪水浸泡 20 多天后的庄稼、套堤、房屋绝大部分都已倒伏，加大了泄流能力，这种情况尤以下游更为明显。

第一场洪水受河道阻障影响，水位严重被抬高。巨流河站 1953 年最大流量（1953 年 8 月 21 日上游跑水后流量）为 4270 m³/s，相应水位为 32.75 m；1985 年第一场洪水最大流量为 1620 m³/s，相应水位为 32.44 m。1953 年最大流量是 1985 年的 2.6 倍，而水位仅比 1985 年高 0.31 m。六间房站（朱家房子站下游 20 km）历年最大流量为 1953 年 8 月 23 日的 3240 m³/s，相应水位为 10.65 m；1985 年第一场洪水最大流量为 1550 m³/s，相应水位为 12.06 m。1953 年最大流量是 1985 年的 2 倍，而水位反比 1985 年低 1.41 m，河道行洪能力显著下降。

综上所述，本次辽河洪水的特点可以概述如下：一是场次多，峰小量大。一月内发生了 4 次洪水，为有记录以来所未有的。辽河洪峰小于 2000 m³/s，属常遇洪水，而洪水总量很大，为有记录以来的第二位，仅次于 1964 年。二是水位高，流量小。由于辽河干流河道年久淤积、断面减小，同时行洪河道内障碍多，阻碍洪水宣泄，致使在流量基本相同的条件下，河道水位普遍增高。例如铁岭站 1964 年第一场洪水洪峰流量为 3100 m³/s，相应水位为 59.21 m；而 1985 年第一场洪水的洪峰流量为 1710 m³/s，相应水位为 59.3 m。前者流量约大 1 倍，而水位反而低 0.09 m。这个特点，下游站比上游站更为明显、突出。三是历时长，涨率小。1985 年第一次洪水，辽河中下游各站的平均涨率为 1 ～ 2 cm/h，而历年较大洪水涨率一般都在 5 cm/h 以上，1951 年和 1953 年最大涨率分别为 8 cm/h 和 12 cm/h。四是比降小，传播慢。辽河中下游较大洪水的比降一般在 25‰～ 35‰，最大比降为 5‰。而 1985 年最大比降仅为 0.55‰～ 25‰，有的河段有时还出现倒比降。因此，洪峰传递时间明显加长，高水位停留时间延长，如下游盘锦一带，最高水位持续时间一度达到 33 天，增大了防汛负担和内涝灾害风险。

三、灾情

1985 年水灾之重居新中国成立以来历次水灾之首，灾情同历次水灾比较也有其显著特点。这次水灾外洪内涝同时出现，台风暴雨相助为虐。入汛以来，自 7 月 20 日海城河出现新中国成立以来最大洪峰，他山河两岸 8 处漫堤决口成灾之后，全省大、中、小河流先后决口 4215 处，外洪造成农田受灾面积 668.9 万亩。辽、浑、太三河中下游地区，地势低洼，河道堤防环绕，汛期暴雨所产地表径流不能直接排入河道，造成严重内涝，积水时间一般为 6 ～ 15 天，涝灾农田面积达 901 万亩，占受灾农田面积总数的 37%，减产粮食 22.7 亿 kg。汛期，全省先后遭 3 次台风袭击，以 9 号台风危害最大，致使鞍山、营口、辽阳、盘锦、铁岭、丹东等地区重复受灾，加重了灾情。据统计，受 9 号台风袭击，全省成灾农田达 1465 万亩，毁坏虾池 3.8 万亩，占全省虾池总面积的 15%；刮倒树木 617 万余株、果树 117.5 万余株；损失柞蚕 3.92 万把；淹死大牲畜 2600 余头、家禽 13.8 万多只。台风暴雨造成长大铁路线 6 处路基塌陷，火车中断 6 小时；冲毁公路 1722 km，桥涵 800 余座（道）；损坏输电、通信线路 2000 km；毁坏各种水利工程设施 1318 处；549 户工矿企业受灾停产；冲走和倒塌房屋 6 万多间；沉没民用船只 30 艘，撞伤 376 艘；死亡 84 人，重伤 9 人，失踪 222 人。

这次灾害持续时间长，波及面广。自 7 月 20 日海城河出现第一次大洪峰至 9 月 9 日辽河第四次洪峰入海，整个灾害过程为期 52 天。从 8 月 8 日辽河干流出现第一次洪峰到第四次洪峰入海，下游高水位持续 33 天之久，扩大了涝灾范围。据灾后统计，全省有 70 个县（市）、区，1165 个乡镇、农场，13219 个村屯遭到不同程度的灾害，成灾人口 1279 万，占全省总人口的 1/3 左右。全省因灾缺粮 159.9 万户、770.2 万人。这次灾害几乎波及全省国民经济的各个领域，农业、工业、交通运输、电业、水利、林业、水产、邮电、城建、商业、粮食以及文教卫生等行业无一幸免。

这次灾害给国家、集体和人民的生命财产造成了严重损失。全省农田受灾面积 2435.9 万亩，占当年播种面积的 44%，减产粮食 39.5 亿 kg、油料 1.99 亿 kg。洪水毁坏房屋 80.9 万间，其中倒房 17.78 万间；冲毁公路 3025.6 km、桥涵 3174 座（道）；毁坏水利工程设施 18244 处。辽河油田一度有 294 口油井、34 座采油站、11 个钻井队停钻停产。1.31 万户乡镇企业停产，有的甚至倒闭。全省城市通信线路停通累计 5660 个小时，农村电话损毁杆路 6898 km；中小学校舍倒塌和部分倒塌 5.79 万间。商业、供销损失 6205 万元。林业损失 2.1 亿元。因灾死亡 240 人。全省因灾造成的直接经济损失达 47 亿元。

其中，盘锦市有 37 个场乡、359 个村屯、13.48 万户、55.16 万人遭受洪涝灾害，倒塌房屋 4.5 万间，经济损失总计达 6 亿元；鞍山市受灾人口 120.6 万，农作物受灾面积 238.4 万亩，直接经济损失 8.6 亿元；丹东市农作物受灾面积 294.1 万亩，150.9 万人受灾，因灾死亡 74 人，直接经济损失 5 亿元；铁岭市农作物受灾面积 636 万亩，117.6 万人受灾，倒塌房屋 2.69 万间。

1991年7月淮河上游大水

1991年淮河提前入梅，在西风槽、低空急流、涡切变天气系统的影响下，5月中旬至7月下旬流域大部分地区连降大雨、暴雨，淮河干流两侧及其以南地区降雨在800 mm以上，淮南山区及苏北里下河的部分地区降雨在1000 mm以上，安徽金寨县前畈最大降雨达1606 mm。受强降雨影响，淮河水系发生了两次大洪水。沿淮及里下河地区各主要控制站洪水位接近1954年，有的甚至超过了1954年，致使整个沿淮地区及里下河地区遭受严重的洪涝灾害。

一、雨情

1991年5月，副热带高压西伸北抬，脊线稳定在23°N附近，导致淮河入梅早。由于副热带高压稳定少动，江淮流域受副热带高压边缘较强的西南暖湿气流控制，冷暖气流相互影响，造成江淮地区发生多次暴雨天气。5月中旬入梅后至7月14日出梅，淮河流域共出现5次暴雨过程，7月下旬—9月初，淮河流域又出现3次暴雨过程。其中6月中旬和7月上旬两次暴雨过程最强，造成本年淮河两次大的洪水过程。5月23—25日，流域普降暴雨，一般降雨量50～100 mm，暴雨中心在亳县，日降雨量217 mm。暴雨造成绝收减产和局地洪涝，同时形成了淮河前期土壤湿度大，河、库底水高的不利条件。6月10—14日全流域普降大到暴雨，沿淮南、里下河地区以及上级湖湖东到沂沭河中上游地区降雨量大于100 mm，洪汝河、颍河中下游及淮河干流中游沿淮地区降雨量在200 mm以上，王家坝到蚌埠段沿淮降雨量超过300 mm。暴雨中心淮河中村岗站次降雨量达431.1 mm，沂河葛沟站为183 mm。6月28日—7月11日出现本年汛期历时最长、范围最广、降雨量最大的一次降雨过程。淮南山区的史、淠河一般降雨400～800 mm；苏北里下河地区一般降雨500～600 mm，沿淮两侧一般降雨200～400 mm，淮北及沂沭河的大部分地区降雨在200 mm以下。暴雨中心史河马宗岭站、里下河唐子镇站过程降雨量分别为1200.3 mm和953.1 mm。

此次暴雨洪水的主要降雨过程集中在6月10日—7月11日达32天。降雨量 50 mm 以上的笼罩面积为 182980 km²，50～200 mm 的笼罩面积为 57940 km²，200～400 mm 的笼罩面积为 15910 km²，400～600 mm 的笼罩面积为 48230 km²，600～800 mm 的笼罩面积为 41030 km²，800～1000 mm 的笼罩面积为 16570 km²，1000～1200 mm 的笼罩面积为 2480 km²，1200 mm 以上的笼罩面积为 820 km²。与 1954 年的降雨相比，50～200 mm 和 800 mm 以上的降雨范围大于 1954 年，而 200～800 mm 的降雨范围小于 1954 年。

此次降雨过程呈现出以下特点：一是雨季来得早，比常年早 35 天，5 月份平均降雨量为 176 mm，比历史同期多 2 倍以上，5 月下旬降雨量为 128 mm，占月降雨量的 73%。二是雨区范围广。在 6 月 10 日—7 月 11 日的 32 天中，500 mm 以上雨区面积为 84500 km²，700 mm 以上雨区面积为 31600 km²，仅次于 1954 年，而 800 mm 以上雨区面积为 20000 km²，大于 1954 年。三是暴雨强度大。除淮北外，暴雨中心分布基本与 1954 年相似，均以梅山水库上游吴店站为最大，本年该站最大日降雨量为 273 mm，32 天总降雨量为 1334 mm，比 1954 年多 69 mm。另外，凤台、兴化最大日降雨量分别为 218 mm、204 mm，相当于 30 年一遇；前畈、阜南、寿县、蚌埠最大 3 日降雨量分别为 561 mm、352 mm、420 mm、283 mm，亳县、兴化最大 6 小时降雨量分别为 134 mm 和 118 mm，另蚌埠 1 小时降雨量为 101 mm，相当于 200 年一遇。四是暴雨持续时间长，降水总量惊人。5 月下旬以来，暴雨不断，尤其是 6 月 29 日—7 月 11 日约 13 天中，仅一天间息，这种大面积长时间降雨为历年罕见，致使淮河下游暴雨成灾。正阳关以下的淮河南部以及里下河地区 30 天、60 天平均降雨量分别为 650 mm 和 820 mm，均为历年最大；32 天的降水总量为 817 亿 m³，仅小于 1954 年（981 亿 m³），居 1949 年以来的第二位。五是暴雨分布不均。本年暴雨分布同 1954 年，大别山区为暴雨中心，且均以吴店降雨量为最大，但本年该站 31 天降雨量为 1331 mm，比 1954 年多 66 mm。降雨量淮南多、淮北少，南北相差 2 倍以上。王家坝以下淮河南部和里下河地区 60 天降雨量为 800～1000 mm，而其他地区仅为 400 mm 左右。六是暴雨组合不利。暴雨打破了常年降雨以山区为主的布局，而是先集中稳定在中游，而后沿河而降，形成"追峰雨"，使得洪水涨幅大、来得猛、峰量大。

二、水情

淮河干流本年先后出现 4 次洪水过程。汛前，由于 5 月下旬—6 月初汛期的暴雨，导致淮河干流出现第一次洪水过程。随后，6 月中旬—8 月上旬的几次暴雨，造成淮河干流连续出现 3 次洪水过程。

6 月 12—14 日，淮河中上游沿淮两侧连降暴雨，淮河干支流水位并涨，形成淮河 6 月中旬后的第二次洪水，淮河润河集以上各站出现本年最大洪峰。息县站 6 月 15 日出现本年最大洪峰流量 5070 m³/s；蒙洼在 15 日早上开闸蓄洪，王家坝站 16 日出现年最高水位 29.56 m，相应洪峰流量（总）为 7610 m³/s；润河集站 16 日出现年最高水位 27.61 m，相应洪峰流量为 6760 m³/s；正阳关站 18 日出现洪峰水位 25.74 m，相应鲁台子站洪峰流量为 6180 m³/s；蚌埠（吴家渡）站 20 日出现洪峰水位 20.65 m，相应洪峰流量为 6340 m³/s。在本次洪水过程中，蒙洼蓄洪区和童元、黄郢、建湾、南润段、润赵段、邱家湖、姜家湖、董峰湖 8 个行洪区先后启用。

在第二次洪水过程尚未退尽时，6 月 29 日暴雨再次降临，大范围强降雨造成河湖水库暴涨，6 月底至 7 月中旬淮河干流润河集以下发生本年最大的第三次洪水。王家坝闸在 7 月 7 日再次开闸蓄洪，王家坝站 8 日出现洪峰水位 29.25 m，相应洪峰流量（总）为 5910 m³/s，蒙洼再次分洪；润河集站 7 月 7 日出现洪峰水位 27.55 m，相应洪峰流量为 6350 m³/s；在城西湖分洪的情况下，正阳关站仍在 11 日出现年最高水位 26.52 m，相应鲁台子洪峰流量为 7480 m³/s；蚌埠站 14 日出现年最高水位 21.98 m，相应洪峰流量 7840 m³/s；洪泽湖蒋坝站 7 月 15 日出现年最高水位 14.08 m，16 日三河闸年最大下泄流量为 8450 m³/s。入江水道由于 6 月来水和本次来水，高邮湖 7 月 11 日出现最高水位 9.22 m。在本次洪水过程中淮干除了再次启用蒙洼蓄洪区外，又启用了城西湖、城东湖蓄洪区（瓦埠湖因内水大而未启用）、唐垛湖、上六坊堤、下六坊堤、石姚段、洛河洼、荆山湖行洪区。

淮南诸支流及淮北洪汝河本年出现大水。潢河、史灌河、淠河和池河均出现多次大洪峰，泼河、鲇鱼山、梅山、响洪甸等水库的水位为 82.06 m、107.69 m、135.75 m 和 134.17 m，为建库以来最高水位。潢河潢川站 7 月 4

日最大洪峰流量为 1710 m³/s，同日史灌河蒋家集出现最大洪峰流量，为 3490 m³/s；淠河横排头 11 日出现最大洪峰流量 5570 m³/s；池河明光站 7 月 9 日出现最大洪峰流量 2160 m³/s 和历史最高水位 18.31 m。淮北洪汝河班台站在 6 月中旬出现大水，6 月 14 日出现年最大流量（总），为 2170 m³/s。颍河阜阳站年最大流量为 1480 m³/s。

里下河地区出现持续高水位。7 月中旬，盐城、兴化、阜宁和建湖站出现的最高水位分别达 2.66 m、3.35 m、2.22 m 和 2.78 m。至 8 月中旬后，里下河地区诸站水位才回落。根据水文分析计算，正阳关、蚌埠和洪泽湖的 30 天洪量分别为 202.0 亿 m³、253.5 亿 m³ 和 349.2 亿 m³，60 天洪量分别为 262.0 亿 m³、344 亿 m³ 和 460 亿 m³。

15 座大中型水库发挥了巨大效用。在第一场淮河洪水中，河南宿鸭湖水库入库流量为 3280 m³/s，最大出库流量为 725 m³/s，削峰 90.6%，如无宿鸭湖水库拦蓄，王家坝开闸后水位将达 29.7 m，相应流量将达到 7330 m³/s。第二场洪水中，梅山水库入库流量为 8600 m³/s，最大出库流量为 2960 m³/s，削峰 84%，鲇鱼山水库入库流量为 2700 m³/s，及时关闸与梅山泄量错峰，否则史河、灌河蒋家集流量将从 3700 m³/s 增大到 10000 m³/s 以上，润河集流量将超过 7500 m³/s（实际为 4750 m³/s）。淠河横排头水文站经佛子岭，响洪甸水库拦洪削峰 70% ～ 80%，否则将达到 8000 m³/s（实际为 5110 m³/s）。由于上游水库及时拦蓄 38 亿 m³ 洪水，加上淮河中游 17 个行蓄洪区的有效使用，滞蓄洪水约 30 亿 m³，使淮河洪峰流量和水位得到控制，否则正阳关流量可能达到 13000 m³/s，水位将超过 28 m；蚌埠流量将超过 10000 m³/s，水位将超过 1954 年。若出现那种情况，洪水对淮北大堤及重要工矿城镇的破坏后果不堪设想。

此次洪水具有以下特征：一是洪水来得早。5 月下旬即出现中等洪水，6 月中旬又出现大洪水，这样的情况仅在 1956 年出现过（6 月 20 日）。二是洪水持续时间长，洪峰连绵不断。正阳关超警戒水位时间为 32 天，蚌埠超警戒水位 27 天。7 月 4 日，当潢川、蒋家集出现洪峰，向淮河中游推进时，5—6 日，淮干中上游自上而下又普降大暴雨，中游河道形成峰上加峰、水上加雨的严重局面，中游行蓄洪区被迫启用。8—11 日，大暴雨再次集中在大别山区，鲇鱼山、梅山、佛子岭、响洪甸、磨子潭等水库严重超限，洪水大量下泄，史河、淠河再次形成洪峰，为降低中游淮干正阳关、蚌埠水位，城东湖、城西湖、荆山湖被迫开启。三是洪量大，包括行蓄洪量和水库拦蓄量。此次洪水过程中，30 天的洪泽湖进水量为 370 亿 m³，约为 20 年一遇；60 天进洪量为 572 亿 m³，约为 30 年一遇，仅次于 1954 年。四是内河水位高，涝灾重。由于今年暴雨长期在中游沿淮上空停滞，沿淮两侧连降暴水，累积降雨量在 500～700 mm，该地区大量降水汇流快，抢先进入河槽，沿淮上、下一起涨，水面比降十分平缓，中游洪水下泄缓慢，河水水位长期居高不下，八里湖、焦岗湖、西肥河洼、泥河洼、瓦埠湖、高塘湖等湖洼地由于排涝能力有限，沿淮洼地形成了"关门淹"的局面。另外，洪泽湖周边，里下河地区处在暴雨中心，亦因排洪不及时而内涝十分严重。据初步统计，内涝面积占总受灾面积的 85% 左右。五是洪水组成十分不利。首先是在沿淮两侧及以南下雨，致使淮河上游及南岸各支流来水将底水抬高，而后沿淮河中游连续降大暴雨。雨随水走，造成峰上叠峰，整个河段水位比降十分平缓，同一水位流量减少很多，出现了"高水位、中流量，大防汛，重内涝"的局面。如与 1954 年比较，同级水位向家坝流量偏小约 20%，润河集偏小约 20%，正阳关偏小约 40%，蚌埠偏小约 30%。

三、灾情

1991 年严重的洪涝，给淮河流域人民生命财产带来了严重的威胁，造成了巨大的损失。据统计，1991 年洪涝灾害中涝灾占 79%，全流域受灾耕地 8275 万亩，成灾 6024 万亩，受灾人口 5423 万，死亡 556 人，倒塌各类房屋 196 万间，损失粮食 66 亿 kg，粮食减产约 158 亿 kg，直接经济损失达 340 亿元，其中农业损失 220 亿元。此外，积水还淹没或浸泡了津浦线、淮南线、淮阜线等铁路干线，导致铁路交通中断，不少公路干线被淹，数千家工厂企业被洪水围困，处于停产、半停产状态，由此造成的间接损失及滞后影响也十分严重。

此次洪涝灾害造成的水利损失也十分严重。据统计，全流域冲毁塘坝

36065 处、各种渠道 10845.37 km、渡槽 603 座，河道出险达 14016 处，长度为 12809.8 km，大中型水库出险 26 座，小型水库出险 531 座，损坏涵闸 34503 座、机电井 6655 眼、泵站 6092 座、小型水电站 98 座，损坏各种桥梁 30557 座，损坏通信线路 5751.2 km、水利管理单位各种管理设施 3365 处。

1991年太湖流域洪水

1991年，江淮流域发生了历史上罕见的特大梅雨，最大30天面降雨量达到500 mm左右。太湖流域处于这场特大梅雨雨区的南缘，受其影响，太湖7月14日14时出现了4.79 m（吴松基面，下同）的最高水位。苏锡常等地严重受淹，三市市区大面积进水，同时嘉兴和湖州也发生严重的洪涝灾害损失。据太湖流域管理局统计，此次洪涝灾害造成太湖流域全流域直接经济损失110亿元。

一、雨情

1991年的梅雨比常年早了1个月。5月23日副热带高压脊线位置已北移到北纬20度且稳定少动。由副热带高压所输送的暖湿气流与北方频频南下的冷空气在江淮中、下游地区强烈交锋，形成了本地区的特大暴雨。这种环流形势，维持的时间长，累计降水量大。在太湖流域梅雨主要分为三段：

第一段降雨：从5月18日开始到6月19日基本结束，历时33天，全流域平均降雨量达226 mm。其中6月12—16日5天内降雨量最为集中。梅雨首先从太湖西北部长江沿线进入太湖流域。6月12日，除浙西、杭嘉湖地区降雨不足50 mm外，流域中部和北部的广大地区均达到50～100 mm。13日，100 mm以上的降雨中心略向北移，但仍维持在湖西地区。14日，浙西和杭嘉湖地区降雨基本停止，但流域内江苏、上海境内仍有中到大雨。金坛、常州、青阳、望虞河口一线以北降雨量仍在50 mm以上。15—16日，大部分地区降雨量中到大，局部地区在50 mm以上。暴雨中心在奔牛，降雨量达371 mm。

第二段降水：从6月30日开始，到7月14日结束，历时15天，全流域平均降雨量300 mm，其中流域北部降雨量在350 mm以上，湖西区降雨量为255 mm。其中6月30日—7月1日5天降雨量最为集中。雨区仍从流域西北部入侵，50 mm等降雨量线西起王母观经常州、青阳至望虞河一线。丹阳、小河闸等地日降雨量达到100 mm。7月1日雨区向南推进，降雨量增大。在湖西大部、澄锡虞及阳澄北部地区出现了100 mm以上的大暴雨。金坛以及无锡北部出现了日降雨量达 200 mm 的暴雨中心。浙西和杭嘉湖地区降雨量不大。7 月 2 日，50 mm 等降雨量线位置少动，溧阳、昆山、宝山、浏河一线仍有 100 mm 的暴雨中心。杭嘉湖和浙西地区下了中到大雨。7 月 3 日，流域内江苏境内维持大到暴雨，50 mm 等降雨量线北退到洮湖、滆湖、无锡、常熟一线，浙西和杭嘉湖降雨暂停。7 月 4 日，雨区重又向南推进，浙西和杭嘉湖区的降雨量普遍超过 50 mm。降雨中心在金坛，中心降雨量达 554 mm。

第三段降水：主要发生在 8 月 7 日，全流域平均降雨量为 71.6 mm，50 mm 等雨线基本上包括了流域内江苏和上海地区。其中湖西北部、澄阳虞西部、上海大部降雨量超过了 100 mm。8 月 8 日以后，全流域降雨基本停止，太湖水位逐渐下降。至 9 月 1 日太湖平均水位退至警戒水位 3.5 m 以下。

通过对降雨资料进行重现期分析发现：1991 年太湖流域汛期暴雨，最大 90 天降雨量为 851.8 mm，重现期约为 29 年一遇；最大 60 天降雨量为 696.8 mm，约为 43 年一遇；最大 30 天降雨量为 505.2 mm，约为 53 年一遇；最大 15 天降雨量为 296.7 mm，约为 12.5 年一遇；最大 7 天降雨量为 233.1 mm，约为 23 年一遇。

二、水情

通过对观测数据进行初步分析发现，汛期三次主要降雨过程在流域内的平均面降雨量为 535 mm，折合降水总量为 165.5 亿 m³；流域内洪水径流总量为 43.5 亿 m³，折合有效降雨量为 404 mm，径流系数达到 0.76。汛期进入太湖的洪水 98% 来自湖西和浙西地区。两区入流总量达 31.4 亿 m³。同期湖面产流 12 亿 m³。据测算，6 月 11 日—7 月 15 日的 35 天中，太湖的出湖水量为 11.4 亿 m³，仅相当于同期湖面降水所产生的径流，大量入湖洪水滞蓄于湖中，结果造成历史上罕见的高水位。

6 月 12 日，第一场暴雨开始，当日降雨量为 58.2 mm（太湖面降雨量），太湖水位便从 3.45 m 涨至 3.57 m；随后 13—16 日平均每天降雨量为 30 mm，太湖水位 13 日 8 时为 3.84 m，17 日 8 时首次突破 4 m 达到 4.05 m。随后 18 日、19 日继续降雨，水位也持续上涨至 6 月 23 日，达到第一个峰值 4.27 m，超出警戒水位 0.77 m。6 月 12—23 日，水位涨幅为 0.82 m，涨率 0.075 m/ 天，其中 12 日、13 日两天水位每天平均上涨了 0.13 m，相当于每日向太湖中净入 3.04 亿 m³ 水量。可见，暴雨是造成太湖水位迅速上涨的重要因素。据统计，6 月 12—19 日，太湖面总降雨量 213.9 mm。同时，太湖流域上游的大量洪水径流注入太湖也是造成太湖水位在暴雨之后水位仍持续上涨的主要因素。由于第一场暴雨导致太湖水位至 23 日才达到峰值，因此在 7 月上旬的大汛来临前，太湖库容无法及时腾空，到 7 月 1 日，太湖水位只回落了 0.18～4.09 m。这就造成在第二场暴雨之前的过高底水位，导致太湖汛情更加危急。

6 月 30 日，第二场暴雨开始。7 月 1 日和 2 日，太湖区降雨量为 93.7 mm，3—6 日再降 95.6 mm，太湖水位在 4.09 m 的高水位基础上迅速上涨，7 月 3 日达到 4.3 m，5 日突破 4.5 m，6 日逼近 1954 年最高水位，7 日 8 时水位达 4.68 m，第一次超过新中国成立以来的最高水位——4.65 m。7 日之后雨势减弱，但太湖水位涨势未消，上游洪水流入湖区，入湖水量远远超过出湖水量。10 日太湖水位超过 4.7 m，随后每日保持 1～2 cm 的涨幅，至 14 日 14 时达到洪峰水位 4.79 m。7 月 16 日以后，太湖流域降雨停止，水湖水位开始缓缓回落，至 8 月初，水位降至 4.1 m 左右。8 月 7 日，水位为 4.04 m。

8 月 7 日的降雨历时虽短，但强度大。从前文可见，全流域最大一天降雨发生于 8 月 7 日，日降雨量达 71.6 mm，湖区 8 月 7 日降雨量为 62.3 mm，水位骤然上涨，到 8 日 8 时水位便达到 4.25 m，一夜间，水位上涨了 0.21 m。但 8 日之后水位便又开始下降，直至 9 月 1 日太湖水位落至 3.5 m 的警戒水位以下。

汛期的三次暴雨过程，不仅造成了太湖水位超过历史最高水位，而且流域内很多地区的江湖水位猛涨，纷纷接近或超过历史最高水位。西山站年最高水位超过多年最高水位均值 3.82 m 的有 17 年；超过 4 m 的有 10 年；超过 4.5 m 的有 2 年（1954 年、1991 年）。1991 年超过均值 1.13 m，达 4.95 m，为系列第一位。平望站年最高水位超过多年最高水位均值 3.5 m 的有 18 年，超过 3.8 m 的有 7 年，超过 4 m 的有 3 年（1954 年、1957 年、1991 年）。1991 年达 3.17 m，为系列第二位。嘉兴站年最高水位超过多年最高水位均值 3.71 m 的有 18 年，超过 4 m 的有 10 年。1991 年达 4.05 m，为系列中第八位。苏州站年最高水位超过多年最高水位均值 3.44 m 的有 15 年，超过 3.8 m 的有 7 年，超过 4 m 的有 3 年。1991 年达 4.31 m，为系列中第二位。无锡站年最高水位超过多年最高水位均值 3.84 m 的有 21 年；超过 4 m 的有 12 年，超过 4.5 m 的有 3 年。1991 年达 4.88 m，为系列第一位。

此次过程太湖流域水位呈现如下变化特征：一是起涨水位高。在第一段梅雨的主雨到来之前，6 月 11 日 0 时太湖流域多站平均水位已达到 3.46 m，距警戒水位仅差 4 cm。这主要是由本流域提前 1 月入梅，5 月份以来降水偏多造成的。二是整个过程线呈"山"字形，三个水位峰值对应流域内的三次大暴雨，主峰落在第二峰上。流域内苏州、无锡、嘉兴、湖州等城市的水位也呈多峰状的连续过程。三是过程水位高。流域内各主要站 1991 年的水位都超过历史最高值。四是太湖高水位持续时间长，其中超过 3.5 m 警戒水位的天数达 81 天，超过 3.8 m 水位的天数达 70 天，超过 4.2 m 水位的天数达 38 天，超过 4.4 m 水位的天数达 23 天，超过 1954 年最高水位 4.65 m 的天数 13 天。太湖持续的高水位严重威胁了沿湖的苏州、无锡等城市，致使流域下游地区长时间受到洪涝灾害的影响。

三、灾情

此次洪涝灾害主要由梅雨所致，由于局部地区降雨较大，且流域综合治理骨干工程尚未全面实施，所以三次降水在流域内导致了严重的洪涝灾害。据不完全统计：江苏的苏州、无锡、常州三市受灾最重，大量民房仓库受淹，2549 个工矿企业停产，17370 家乡镇企业被淹。城镇乡镇企业损失占53%。浙江、湖州、嘉兴地区所属县受灾比江苏轻。上海市区住宅进水 34 万户，1 万余家工厂、商店、仓库进水，市郊 60 千公顷农田受淹。受此次汛期洪涝灾害的影响，太湖流域受灾人口 1182 万、死亡 83 人，农田受灾 696.9 万亩、成灾 158.4 万亩，倒房 11.8 万余间，直接经济损失达 113.9 亿元（见附表 3）。

附表 3　1991 年太湖流域洪涝灾害损失表

分类	受灾面积（万亩）	成灾面积（万亩）	粮食损失（万斤）	房屋进水（万间）	房屋倒塌（间）	人员伤亡（人）	企业停产（家）	直接经济损失（亿元）
苏州	248.7	45.5	15920	32	8981	25	8198	21.7
无锡	102.9	30.1	18260	30	54405	15	6914	34.1
常州	110.4	44.2	37480	26	41834	26	4029	29.1
镇江	16.9	6	23894	3.5	9662	5	1000	6
嘉兴	79.1	12.8	51600	0.5	938	2	1070	6
湖州	123.2	15	40400	6	2375	5	2070	7
上海	15.6	5	—	0.3	278	5	—	10
合计	696.9	158.4	187554	98.3	118473	83	23281	113.9

1991 年的洪涝灾害具有以下几个特征：（1）受灾时间长。太湖水位超警戒水位时间持续 81 天（汛期超警戒 101 天），超 4.2 m 的危急水位历时 38 天，超历史最高水位历时达 12 天。长时间的高水位给工农业生产和人民生活带来很大困难。（2）受灾范围广。全流域 41 个行政市县中的 30 个市县不同程度受灾。（3）淹没程度深。江阴市北润镇、无锡县（今无锡市）东亭镇、无锡市郊黄泥头圩等地区的水深达 2 m 多。常州市石化厂、戚墅堰机车厂和武进柴油机厂等大型骨干企业进水深普遍在 1 m 以上，最深处超过 2 m。长时间深水位的浸泡冲刷，导致苏、锡、常三市公路损坏 380 km，沪宁铁路一度受到影响，宁杭 312 国道等交通干线多处受阻，内河航运长期停航。一些供电、供水、供气、通信、广播等主要基础设施受淹损坏严重。仅无锡和常州两市就破千亩以上中大圩 68 个，面积达 14.5 万亩。（4）受灾程度重。全流域受灾面积约 697 万亩，一季成灾面积 158 万亩，倒塌房屋近 12 万间，损失粮食 18.7 亿斤，工矿企业停产 22281 家，死亡 83 人，造成工农业总损失 113.9 亿元。据统计，苏、锡、常三市城镇损失占总损失的 58%，且农村损失中也主要是乡镇企业的损失。（5）水毁工程多。环湖大堤挡墙及护坡、水库溢洪道、沿江水闸和港堤等均遭受不同程度的破坏。一些圩区的挡水闸因标准低而被洪水冲垮。

1994 年 6 月珠江流域西、北江特大洪水

1994 年 6 月中旬，受 9403 号台风登陆及其他复杂天气系统的共同影响，华南地区普降暴雨到大暴雨，局部地区降了特大暴雨，造成珠江流域西、北江同时并发了超 50 年一遇的大洪水，而且两江洪峰几乎同时到达思贤滘，此间又处在潮水上涨期，致使三角洲网河区水位在洪潮的共同作用下迅猛上涨，部分站点水位达到200年一遇的洪水水位。这次大洪水给广东和广西两省（自治区）人民带来严重的灾害，受灾人口 2128 万，因灾死亡 310 人，直接经济损失达 180.1 亿元。

一、雨情

9403 号台风登陆后，受锋面低涡及高空急流等天气系统的影响，珠江流域的柳江、桂江、西江中上游及连江、潓江、武水、滇水、北江干流，珠江三角洲等地区相继出现暴雨到大暴雨，柳江、桂江及连江局部地区出现特大暴雨，主要降雨过程从 6 月 7—20 日，历时 14 天。

6 月 9 日，西江流域黔江、浔江、西江干流部分地区、桂江下游、北流河、蒙江出现暴雨，局部大暴雨。12 日，柳江上游各支流和桂江下游普降暴雨到大暴雨，局部大暴雨。12 日，西江流域降雨强度最大，最大日降雨量为 302 mm，暴雨中心在兴安一带，中心过程总降雨量为 913 mm。另一个暴雨中心在融水，代表站勾滩过程总降雨量达 844 mm。

6 月 9 日，北江流域普降大到暴雨，9 日和 16 日降雨强度最大。暴雨中心在连山、连县（今连州市）至阳山一带，另外佛岗也有一个暴雨中心。连山中心过程总降雨量达 1080 mm，佛岗中心过程总降雨量达 821 mm。

（一）降雨分布

从暴雨地区分布来看，"94.6"暴雨不仅历时长、强度大，而且时空分布交错，笼罩面积大。暴雨主要分布在北江及西江的中、下游地区，主要暴雨区是北江的绥江上游至连江上游暴雨区、潓江上游暴雨区，西江的桂江上游

兴安暴雨区及融江融安暴雨区。

北江降雨是流域性降雨，过程降雨总量超过 200 mm 的笼罩面积 4.64 万 km²，占整个北江流域的 99.3%，超过 500 mm 的面积约 2.09 万 km²，占北江流域面积的 44.7%，全流域约 65% 的面积降雨总量超过 400 mm，面平均降雨量约 494 mm。其主要暴雨区在支流绥江上游与连江上游阳山一带，中心点七星坑站过程（7—20 日）降雨量为 961.5 mm；连江、滃江、南水上游、漻江上游及北江干流中下游也是降雨量的高值区。其中，南水上游坪溪站过程降雨量为 835.9 mm，滃江上游佛冈县境内白沙站过程降雨量为 851.1 mm。就北江流域 7—20 日降雨量地区分布而言，流域西部降雨比东部大，干流中游降雨比上下游大。

西江流域降雨主要在中下游地区，暴雨范围相对局部。暴雨区一个在桂江上游兴安一带，暴雨中心川江站降雨量为 939 mm；另外一个在融江一带，暴雨中心勾滩站降雨量为 866.5 mm。其过程降雨总量超过 200 mm 的面积约为 13.69 万 km²，占西江流域面积的 38.8%；超过 400 mm 的面积约为 3.53 万 km²，占西江流域面积的 10%；而超过 500 mm 的面积约为 1.59 万 km²，仅占西江流域面积的 4.5%。西江流域暴雨主要集中在柳江、桂江。11—17 日，柳江的面平均降雨量约为 397.3 mm，桂江约为 485 mm。

（二）降雨强度

"94.6" 暴雨西、北江多处出现大强度降雨，整体降雨强度比较大。据有关站点统计分析，西江流域先后有 20 个站点出现过特大暴雨过程，36 个县出现过大暴雨过程；北江共有 11 个站点出现特大暴雨，日降雨量超过 200 mm，其余大部分地区都有一到两次的大暴雨过程。西江流域最大点日降雨量出现在桂江上游兴安县的华江站，其中以 12 日降雨量最大，为 302 mm；北江流域最大点日降雨量出现在连江支流波罗水的古道径站，其 14 日降雨量为 265.9 mm。

过程总降雨量较大的有：西江川江站 939 mm，勾滩站 866.4 mm，北江七星坑站 961.5 mm，长久站 952 mm。另外一些站点也在短时间内出现强度很大的降雨，如北江清远站 16 日最大 1 小时降雨量达 113.5 mm。

（三）暴雨特点

（1）暴雨历时长。西、北江"94.6"暴雨从6月7—20日，前后降雨时间达14日，过程历时长。从持续时间来看，北江降雨持续时间长于西江，暴雨历经整个过程，而西江暴雨主要发生在6月17日前，17日后降雨基本结束。

（2）降雨笼罩面积大。这次降雨，北江属流域性降雨，北江上、中、下游都出现过暴雨，西江中下游地区也普降暴雨，暴雨笼罩面积大，从而造成西、北江都出现大洪水。

（3）降雨量大。西江暴雨中心川江站过程降雨量为939 mm，北江暴雨中心七星坑站、长久站降雨量分别达961.5 mm和952 mm，降雨量都很大。

二、水情

（一）西江洪水

6月12—26日受降雨影响，西江流域红水河、柳江、黔江、浔江、蒙江、桂江、西江相继出现了大洪水或特大洪水。

柳江柳州站11日12时自69.96 m开始上涨，14—17日先后出现三次洪峰。14日6时出现第一个洪峰，第一个洪峰仅下降了0.15 m又复涨。16日6时出现第二个洪峰，第二个洪峰刚下降0.25 m，水位第二次复涨。17日13时出现最高洪峰水位89.25 m，比"49.7"柳州洪峰水位高0.09 m。洛清江对亭站也先后出现3次洪水过程，尤其是17日20时出现的85 m的洪峰水位，对本次洪水起到了较大的补充作用。

红水河迁江站13日8时30分开始起涨，起涨水位为70.56 m，18日2时出现本次洪水的最高洪峰水位86.85 m，洪水涨水历时114个小时，水位变幅达16.29 m。

柳江与红水河的洪水相汇进入干流黔江。武宣站13日18时30分水位开始起涨，起涨水位为43.05 m，18日20时到达洪峰水位65.32 m。

浔江大湟江口站受黔江来水影响，14日2时开始起涨，起涨水位为23.95 m，15日5时开始超过警戒水位，19日20时出现洪峰水位37.61 m，超过警戒水位 8.61 m，相应流量为 43500 m³/s。

西江干流洪水上涨的同时，支流桂江水位也不断上涨，昭平站受上游降雨影响，12 日 8 时水位起涨，起涨水位为 48.72 m，14—18 日先后出现 3 次洪峰水位，与柳州洪水过程相似，呈阶梯状，一峰高过一峰。18 日 10 时桂江昭平站出现最高洪峰水位 59.16 m，相应流量 7550 m³/s。

西江梧州站受浔江、桂江及区间来水影响，14 日 6 时水位自 16.12 m 开始起涨，洪水涨势迅猛，15 日超警戒水位，19 日 8 时干流自上而下的洪峰尚未到达梧州，桂江昭平站的洪峰抢先到达梧州，导致梧州站洪峰出现时间提前，出现了高达 25.91 m 的洪峰水位，高于 1949 年的最高洪水位 0.36 m，为 20 世纪以来仅次于 1915 年的特大洪水。

"94.6" 西江洪水具有以下特点：一是起涨快，涨率大，来势凶猛。本次洪水与 "88.8" 洪水比较，起涨快，涨率大，涨洪历时短。许多站点的水位都是降暴雨的当天或第二天超过警戒水位。柳州站 11 日 12 时自 69.96 m 开始上涨，17 日 13 时现峰，涨洪历时 144 个小时，最大涨率 0.51 m/h。在这次洪水中，梧州站 14 日起涨至 19 日 8 时到峰值，总涨幅 11.79 m，涨洪历时 124 个小时，最大涨率 0.24 m/h。而 "88.8" 洪水梧州站自 8 月 23 日 14 时起涨至 9 月 3 日 14 时现峰，涨洪历时 264 个小时，最大一天涨幅 2.4 m，最大涨率 0.12 m/h。梧州站 15 日出现超警戒水位，17 日 14 时水位达 23.48 m，梧州市区被淹，19 日 8 时水位达 25.91 m，4 天内洪水陡涨近 10 m，这样快的上涨速度在梧州的历次洪水中罕见。二是高水位持续时间长，峰顶持续时间短。如梧州站超警戒水位时间长达 19 天，比 1988 年大洪水长 5 天。"94.6" 洪水峰顶持续时间不到一天半，而 "88.8" 洪水峰顶持续时间 3 ～ 5 天，"76.6" 洪水峰顶持续时间 3.5 天，"68.6" 洪水峰顶持续时间 5 天，"49.7" 洪水持续时间 6 天。三是峰高量较小（主峰）。梧州站洪峰水位 25.91 m，是新中国成立以来的第二大实测洪水，其最大 30 天洪量 653 亿 m³，接近 50 年一遇。由于在这次洪水中西江流域暴雨集中，再加上红水河、柳江及桂江相应洪水的特别遭遇，造成这次峰形尖瘦的特大洪水。四是峰现时间基本相应。本次洪水峰现时间从上游到下游，从支流到干流基本相应。其中，梧州站受桂江影响，峰现时间较大湟江口站峰现时间提早 12 小时。其原因初步分析认为：桂江入口处离梧州站仅 2 km，而且桂江洪水陡涨陡落，故桂江洪水对梧州洪水影响较显著。桂江昭平站 18 日 11 时洪峰流量与大湟江口 18 日 8 时相应流量的合成流量为 50250 m³/s，这种组合造成梧州站于 19 日 8 时出现最高水位 25.91 m，而当大湟江口的洪峰到达梧州时，桂江昭平站洪水已经大大减退，其合成流量为 45300 m³/s，这种组合情况远远小于第一种组合情况，从而导致梧州站洪峰水位小于 25.91 m。

（二）北江洪水

北江流域在 6 月 8—17 日普降暴雨到大暴雨，暴降雨量主要集中在 9 日和 16 日两天。受雨型影响，沿江各站大多形成小峰连大峰的复式洪水过程。上游武水犁市站 6 月 10 日 8 时从 56.14 m 开始起涨，17 日 20 时出现 62.13 m 的洪峰水位。

浈水的暴雨区主要在支流锦江，洪水不是很大。浈水的长坝站 10 日 8 时从 57.22 m 开始涨水，18 日 6 时出现 62.77 m 的洪峰水位。浈水和武水相汇于韶关进入北江干流。韶关站水位从 9 日 8 时开始起涨，起涨水位为 48.42 m，涨势缓慢，后受上游浈水和武水同时发洪影响，韶关站水位 17 日起迅猛上涨，18 日 5 时出现洪峰，水位为 57.27 m。

连江高道站水位 6 日 2 时从 21.1 m 的水位开始上涨，10 日 4 时出现第一个洪峰水位 26.47 m，受 12—14 日连江上游一带降水影响，13 日 6 时水位退至 24.92 m 后第一次复涨，16 日 14 时出现第二个洪峰水位 32.09 m，水位刚刚下降 0.22 m，17 日 0 时便出现第二次复涨，18 日 16 时出现最高洪峰水位 32.69 m，为新中国成立仅次于"82.5"洪水的第二大洪水。

支流瀚江也发生了新中国成立以来的最大洪水，长湖水库入库站红桥站洪峰水位达 84.27 m，水库 18 日 16 时实测最大泄量为 6280 m³/s。横石站 9 日 0 时从 12.66 m 开始涨水，11 日 14 时出现第一次洪峰水位 18.06 m。受上游韶关站、支流瀚江及连江来水影响，19 日 8 时出现最高洪峰水位，达 23.96 m，该洪峰水位持平 4 小时才开始退落。在历史洪水中，该洪峰水位仅次于 1915 年而位居第二，超过历年实测最高水位（1982 年）0.35 m。

洪水沿江而下，与此同时支流滃江和滨江洪水也涨势凶猛。滃江大庙峡站 7 日 16 时开始起涨，水位徘徊在 44 ～ 45 m 附近，一直持续至 10 日水位才维持上涨趋势，10 日 10 时 30 分出现第一个洪峰 48.93 m，11 日 15 时 30 分出现第二个洪峰水位 48.83 m。

滨江珠坑站受早期的大强度降水影响，6 日 8 时水位自 19.82 m 迅猛上涨，9 日 16 时水位涨至 23.97 m，18 时水位达到 25.48 m，涨率达 0.76 m/h，20 时 30 分出现洪峰水位 26.2 m。横石站洪峰汇集滃江和滨江洪水直泻下游，下游石角站 9 日 0 时水位自 6.1 m 开始上涨，12 日 0 时出现第一个洪峰水位 10.66 m，14 日 8 时水位退至 9.92 m 开始复涨，19 日 22 时出现最高洪峰水位 14.74 m。

"94.6"北江洪水具有以下特点：一是洪水起涨快，上游涨势猛，下游涨势较缓。如北江干流上游的韶关站从起涨到峰现，历时短，涨率大，最大涨率为 0.17 m/h，连江阳山站最大涨率为 0.43 m/h；而下游的石角站自 14 日 8 时起涨到 19 日 23 时峰现，总的涨水时间为 135 个小时；而"82.5"洪水则是中下游陡涨陡落，石角站涨洪历时仅 52 小时，横石站最大涨率超过 0.4 m/h，连江下游的高道站和滨江下游的珠坑站最大涨率分别达 0.98 m/h 和 1.95 m/h。二是峰现时间相应。由于暴雨笼罩面积大，且雨区的移动与河流干支流走向相近，上游的支流同时发洪，下中游各站也相应起涨。同时，本次洪水北江干流从上到下、从支流到干流的峰现时间相应。如韶关站 18 日出现洪峰水位，27 小时后横石站便出现洪峰水位，再 14 小时后石角也出现相应于横石站的洪峰水位，这与洪水的平均传播时间一致。三是峰高且峰顶历时长。位于暴雨中心的连江、滨江等中小河流，因暴雨强度大，造成洪峰水位高，如高道站接近历年实测最高水位。上游洪峰与支流洪峰及区间当地暴雨形成的洪水遭遇，组成干流大洪水，再加上干流面降雨量大，且当地暴雨使沿江传播的洪水洪峰愈益增高，从而形成下游稀遇的洪峰，如石角站洪峰水位达 14.74 m，超过实测最高水位 0.78 m，超警戒水位 11 天，峰顶持续时间为 70 个小时；而"82.5"洪水前后超戒水位 6 天，峰顶持续时间为 55 个小时。四是洪量大。本次降雨持续时间较长（10 天），每天都发生大雨，每两次暴雨形成的洪峰间隔时间短，前个小峰稍退，后个高峰又叠加上来，各站较高水位保持时间长、洪量大。石角站 15 天洪量为 132 亿 m³，7 天洪量为 83.1 亿 m³，3 天洪量为 40 亿 m³，均超过历史上"68.6""82.5"洪水的洪量。

（三）三角洲洪水

三角洲地区在"94.6"洪水期间降雨量不大，接近该月多年平均，洪水主要来源于西、北江。西、北两江洪水的洪峰几乎同时在思贤滘遭遇，经调节后，汇入珠江三角洲的河网区，河网区内大多测站出现历史实测最高洪潮水位，给珠江三角洲带来严重灾害。6月20日4时，三水、马口站同时到达洪峰。马口站洪峰水位为10.01 m，洪峰流量为47000 m³/s，均达到50年一遇标准。三水站洪峰水位为10.38 m，相当于50年一遇，洪峰流量为16200 m³/s，相当于100年一遇；与之相应，其以下水道也于20日纷纷出现洪峰。三角洲西海水道天河站20日12时也出现了6.19 m的洪峰水位，相当于50年一遇。而容桂水道的容奇站20日11时出现最高水位3.97 m，沙湾水道的三善滘站20日10时30分出现最高水位3.16 m，达到近100年一遇的洪水标准。洪峰期间恰处天文低潮期，未遇大潮顶托，各出海口水位不高，不超过20年或10年一遇。

"94.6"洪水中，西、北江干流出现相当于50年一遇的洪水，而西、北江三角洲的容桂、沙湾等水道部分河段水位却出现超100年、200年一遇的记录。造成这种现象的主要原因是这些河道部分河段存在不同程度的行洪不畅和受阻壅水现象，其中洪奇门尤为严重。这种现象也是本次西北江三角洲洪水的一大特点。

三、灾情

这次洪水造成珠江流域109个县（市）、1389个乡镇、1776.5万人受灾，276.30万人被洪水围困，紧急转移181.17万人；有139个城镇受淹，死亡455人，损坏房屋114.4万间，其中倒塌68万间；工矿企业停产15920家；农作物受灾面积1144.4千公顷，其中成灾671.3千公顷、绝收345.7千公顷，直接经济损失282.44亿元；水利设施遭受严重破坏，其中损坏大中型水库33座、小型水库406座，损坏堤防4087处、1625.73 km，冲毁塘坝5578处，水利直接经济损失达16.29亿元。

这次暴雨洪水灾害主要集中在广西壮族自治区和广东省，其中，广西壮族自治区全区 88 个县有 85 个受灾，受灾人口 2128 万人，有 392 万人被洪水围困，紧急转移 98.33 万人，死亡 310 人，房屋倒塌近 57 万间；农作物受淹 878.5 千公顷，成灾 473.6 千公顷，绝收 540 千公顷，甘蔗、花生、烟叶等经济作物大面积减产失收；水利设施损毁严重，计有小（二）型水库 7 座垮坝，损坏 181 座小型水库；毁坏堤防超 470 km，决口 124.4 km；损坏渠道 895 km、塘坝 5311 处、机电排灌和小水电站 990 多座；损毁通信、输电线路超 953 km。停产和半停产工矿企业 9598 家，公路路面毁坏 3167 km；洪涝灾害造成直接经济损失达 180.1 亿元，其中水利直接经济损失达 8.98 亿元。

广东省有 20 个市的 96 个县 1102 个乡（镇）遭受洪涝灾害，受灾人口 424.6 万，死亡 145 人，倒塌房屋 11.02 万间，损坏房屋 46.85 万间；农业受灾面积 266 千公顷，绝收 104.3 千公顷；水利工程损毁严重，4 座小（二）型水库垮坝，644 座水库受损坏，2399 km 堤防溃决，其中决口长度 408.2 km；水阀、渡槽、桥涵、机电泵站、水电站、渠道、山塘损坏一批，直接经济损失总值为 102.3 亿元，其中水利设施直接经济损失达 7.3 亿元。

1996年8月海河洪水

1996年8月，海河流域南系发生了1963年以来的最大洪水。8月2—5日，海河流域南系普降大到暴雨，主雨区分布在太行山迎风坡滹沱河和滏阳河流域，暴雨中心野沟门水库和平山南焦降雨量分别为619 mm和651 mm，降雨量主要集中在8月4—5日的30个小时的时段内。100 mm雨区笼罩面积达10万 km²，500 mm雨区笼罩面积达1100 km²。海河流域南系各河流洪水频发，黄壁庄水库、朱庄水库入库流量均超过百年一遇，冶河和南沙河洪量相当于20年一遇。受暴雨洪水影响，海河流域南系流域内农作物受灾面积为1600千公顷，流域内山区发生山洪泥石流、滑坡等地质灾害6000余处，造成200余人因灾死亡。

一、雨情

1996年，受"9608"号台风影响，海河流域南系发生了1963年以来又一次特大暴雨。这次暴雨从8月2日0时起，至6日12时止，历时4天半。8月1日第8号台风在福建省福清县（今福清市）登陆，经江西、湖南、湖北，8月3日到达河南并林县附近，形成一个暴雨中心，淇河土圈站日降雨量达461.9 mm。8月3日23时，暴雨中心进入河北省漳河一带，清漳河匡门口站日降雨量达236 mm。暴雨迅速向北推移，8月4日0时扩展到滏阳河及滹沱河上游，降雨强度达到高峰，降雨范围明显扩大，暴雨区（日降雨量超过50 mm的地区）面积约66000 km²，大暴雨区（日降雨量超过100 mm的地区）面积约为48000 km²。邢台、石家庄西部山区普降特大暴雨，路罗川柏硇站日降雨量达434.2 mm。8月4日7时左右，主雨峰到达大清河水系保定西部山区，雨势明显减弱，日降雨量多数在100 mm左右，仅中易水安格庄水库附近小范围超过200 mm。此后，雨区转向东北方向，沿燕山迎风坡移至北京、迁西一带，降雨强度继续减弱。

暴雨集中于海河流域南系太行山东侧迎风坡，有4个站点过程降雨量超过600 mm的暴雨中心，自南向北依次是河南省林县附近，最大为土圈站

679.9 mm；沙河上游野沟门水库附近，最大为河下站 653 mm；泜河临城水库以上地区，最大为石家栏站 642.9 mm；黄壁庄水库以上冶河一带，最大为南西焦 652 mm。4 个暴雨中心相距不远，几乎连成一片，顺着太行山迎风坡形成一个狭长带状的 300 mm 以上高值区。此外，在保定西部中易水安格庄水库附近有一个 300 mm 以上的较小范围的暴雨中心，安格庄水库站为 325.8 mm。雨区总的分布趋势是西至冀晋、豫晋边界，东至京广铁路，北到岗南、黄壁庄水库，南到河南省林县，在这个狭长范围内降雨量最大，向四周逐渐减小。太行山背风坡、京广铁路以东平原区及滹沱河以北大部地区为 100 ～ 200 mm，滨海地区已不足 100 mm。

本次降雨过程主要呈现出如下特点：一是暴雨强度大。整个降水过程历时不到 5 天，集中在 8 月 3—5 日，最大 3 日降雨量占过程降雨量的 95% 以上。最大 3 日过程中，最大 24 小时降雨量又占 80% 以上，其中有许多站甚至占 95% 以上。如土圈站最大 24 小时降雨量为 558.1 mm，占 3 日降雨量为 647.6 mm 的 86.2%；黄壁庄水库最大 24 小时降雨量为 384.3 mm，占 3 日降雨量为 389.2 mm 的 98.7%；野沟门水库最大 24 小时降雨量为 588.7 mm，占 3 日降雨量为 618.7 mm 的 95.2%。二是雨区集中。暴雨中心集中在河南林县至石家庄市京广铁路以西的太行山迎风坡，高程在 300 ～ 600m 的带状区域内。降雨量普遍超过 300 mm，笼罩面积为 9280 km²，仅及 "63.8" 相同降雨量笼罩面积的 12%。随着高程的增加，降雨量逐渐加大。超过 500 mm 的雨区集中在邢台到石家庄的西部山区，笼罩面积仅为 1100 km²，相当 "63.8" 同级暴雨笼罩面积的 2.6%。三是暴雨梯度大。由暴雨中心向东西两侧降雨量递减很快，如沙河野沟门水库站与浆水站相距 10 km，降雨量相差 317.0 mm，递减率为 31.7 mm/km。柏硇站与渡口站相距 16 km，降雨量相差 343.0 mm，递减率为 21.4 mm/km，平山至灵寿间的递减率为 17.8 mm/km。暴雨梯度大使得京广铁路以东降雨量骤减至 200 mm 以下。四是持续时间较短。"96.8" 暴雨从进入海河流域到出境，包括峰前零星小雨，总历时 4 天半，而日降雨量超过 50 mm 的暴雨或超过 100 mm 的特大暴雨只有 2 天，其中主要降雨又集中在 24 小时内。三水系一次暴雨总量约 300 亿 m³，远小于 "63.8" 暴雨，但由于强度大、时间集中，暴雨仍造成巨大损失。

二、水情

8月2—5日，受8号台风影响，海河流域南部发生特大暴雨，漳卫河、子牙河、大清河发生了自1963年以来的又一次特大洪水，十几座大型水库溢洪，300余座中小型水库暴满。本次特大洪水主要发生在海河流域南部三水系，北部除蓟运河偏丰外，其他河系均未发生大洪水。

南运河漳卫两支均有较大洪水。卫河元村站8月6日出现最大流量915 m³/s。清漳河刘家庄站4日13时最大洪峰流量为4780 m³/s，下游匡门口站4日15时24分最大洪峰流量为5250 m³/s，漳河观台站4日18时最大洪峰流量为8510 m³/s。刘、匡、观三站起涨时间几乎相同，随集水面积的增加，自上而下依次到达峰顶。岳城水库4日凌晨起水位猛涨，在加大泄量的情况下，5日21时达最高水库水位146.9 m，比1963年最高水库水位144.73 m高出2.17 m，相应水库蓄水量为6.08亿 m³。下游蔡小庄站5日14时42分见水，6日14时达最大流量1470 m³/s。洪水流量超过1400 m³/s持续了22个小时，超过1000 m³/s持续了74个小时。漳河与卫河洪水汇合后向下游推进，9日22时南陶站出现1950 m³/s洪峰流量。

暴雨导致滏阳河各支流普发洪水，各水库相继溢洪。8月4日晨，洺、沙、泜、午、槐、㳇各河同时涨水。洺河临洺关站21时出现最大洪峰流量3460 m³/s。沙河野沟门水库18时最大入库流量为5080 m³/s，同时达到最大泄量4110 m³/s。沙河朱庄水库17时最大入库流量为9390 m³/s，最大泄量为6600 m³/s。沙河下游端庄站5日0时最大流量为6100 m³/s。泜河临城水库最大入库流量发生在4日12时，达3480 m³/s，5日0时最大泄量为1020 m³/s。各河洪水自西向东几乎同时穿越京广铁路，向宁晋泊、大陆泽汇集。宁晋泊、大陆泽两滞洪区被迫启用滞洪，但因河道溃决漫溢，大量洪水流失在沿途，最终进入滞洪区的洪水不足一半。大陆泽环水村最高水位仅29.09 m，远低于1963年的33.41 m。

8月4日，滹沱河岗南、黄壁庄区间支流治河、甘陶河、金良河各河同时涨水。滹沱河小觉站 4 日 14 时 42 分出现 2370 m³/s 的洪峰流量，居建站以来第二位。岗南水库 4 日 21 时最大入库流量为 7020 m³/s，相当于 50 年一遇，水库被迫溢洪。甘陶河上游泉口站 4 日出现 4100 m³/s 的最大流量，张河湾水库最大入库流量为 4720 m³/s，约为 200 年一遇。治河平山站 4 日 8 时起涨，21 时到达峰顶，最大流量为 13000 m³/s，相当于 100 年一遇。黄壁庄水库下游北中山站 6 日 14 时 30 分最大流量为 3500 m³/s。滹沱河洪水由北中山继续下行进入献县泛区，与滏阳河来水汇合后经泛区滞蓄再由献县枢纽排泄入海。由于平原地势平缓，行洪河道排泄不畅，洪水行进缓慢。

大清河洪水较南运、子牙河滞后，且水量也比南运、子牙河小。磁河横山岭水库 5 日 1 时最大入库流量为 991 m³/s，最大泄量为 386 m³/s。王快水库 5 日 5 时最大入库流量为 3150 m³/s，为 1964 年以来最大值，最大泄量为 571 m³/s。西大洋水库 5 日 18 时最大入库流量为 1210 m³/s，最大泄量为 352 m³/s。龙门水库 5 日 8 时最大入库流量为 569 m³/s，最大泄量为 287 m³/s。拒马河紫荆关站 5 日 3 时最大洪峰流量为 739 m³/s，与 1964 年、1966 年接近。张坊站 5 日 11 时最大洪峰流量为 1740 m³/s，为 1964 年以来的最大值。分流入南拒马河的洪水与安格庄水库下泄的洪水在北河店汇流，5 日 20 时出现最大洪峰流量 1280 m³/s。分流入北拒马河的洪水汇入白沟河后，6 日 20 时东茨村站出现最大洪峰流量 851 m³/s。

蓟运河在 7 月下旬已经出现一次洪峰，8 月 2 日以后上游于桥水库和九王庄闸泄量逐渐增加，6 日 2 时小河口达到保证水位 6 m，被迫扒开水六村滞洪。7 日又出现第三次洪峰，虽有于桥水库拦洪错峰，11 日 17 时，小河口水位仍达到 6.31 m，超过保证流量水位 0.31 m；流量达 463 m³/s，超过保证流量 63 m³/s，使下游玉田县多处出现险情。

海河干流水位 1996 年入汛以来一直控制在低水位运行，8 月 13 日 19 时 15 分才开启西河闸向海河干流分泄上游洪水，西河闸入海河干流的起始流量为 50 m³/s，此后流量不断增大，8 月 22 日 18 时增加到 150 m³/s，8 月 27 日增加到 171 m³/s，9 月 7 日达到西河闸所控制的最大入海河干流的流量（即 200 m³/s）。到 9 月 15 日经西河闸向海河干流分泄洪水总量为 4.43 亿 m³。海河干流的洪水通过海河闸入渤海，海河闸最大瞬时流量为 325 m³/s，最大日均流量为 197 m³/s。至 9 月 30 日，经海河干流入海的总水量为 6.13 亿 m³。海河干流最高洪水位达到 3.99 m。

三、灾情

"96.8" 洪水发生突然，来势凶猛，南运河、子牙河、大清河三水系山洪暴发，河水猛涨，水库暴满，宁晋泊、大陆泽、献县泛区和东淀 4 个蓄滞洪区被迫蓄水滞洪，大量农田被淹，集镇进水，村庄被冲，房倒屋塌，部分山区和中下游行滞洪区遭受严重灾害。本次洪水导致海河流域南系 1600 千公顷农田（包括行、蓄滞洪区）遭受不同程度的灾害，其中 600 千公顷绝收；6 个蓄滞洪区被启用，河北省启用的 4 个蓄滞洪区经济损失占全省经济损失的 1/4；山区突发泥石流、滑坡、地面塌陷等地质灾害 6000 余处，死亡 200 余人，5 万余间房屋倒塌，50 千公顷土地和果园被冲毁；洪水冲毁国道和省级交通干线 2800 km、桥梁 53 座，104、106、107 等 11 条国道和 39 条省道交通中断，石太、邯长等铁路中断 121 小时，京广铁路元氏段大水漫过铁路，列车被迫限速行驶；京汉广架空光缆、中同轴直埋电缆多条国家通信干线被冲断，2 万余条电路中断，直接经济损失 402 亿元。本次洪涝灾害过程中河北省损失最为严重，具体受灾情况如下：

（1）受灾县（市）91 个，1030 个乡镇、15990 个村庄受灾，其中井陉、涉县、宁晋、平山、献县、霸州、邢台、赞皇、任县遭受特大重灾，南和、永年、饶阳、阜平、鹿泉、元氏、大名受重灾，井陉、涉县、鹿泉、赞皇、临城、南和、柏乡、石家庄市郊区、灵寿等县级城镇进水，受灾人口 1691 万，被洪水围困群众 181.88 万人，损坏房屋 131 万间，倒塌房屋 77.4 万间，死亡 596 人，直接经济总损失达 456.3 亿元。

（2）农林牧渔业损失：全省农作物受灾面积 2316 万亩，其中成灾 1765.3 万亩，绝收 821.8 万亩，死亡牲畜 60 万头（只），冲毁土地 350.9 万亩，农林牧业直接经济损失达 160 亿元。

（3）工业交通运输业损失：受洪水灾害影响，全省有 9.6 万家工矿企业一度停产和半停产，县以上工业企业受灾 1336 家，经济损失 16 亿元；乡镇企业 8.2 万家，直接经济损失 40.66 亿元。水淹油气井 122 口。石家庄市大面积积水 230 多处，道路塌方 103 处，17 座地道桥被淹，交通一度中断。京石、石太高速公路出现山体滑坡和路基塌陷，石太高速公路路基塌陷 10 处，山体滑坡落石 69 处，石太高速公路全线封闭。15 条国道、76 条省道不同程度地被洪水冲毁，100 多条县道遭到毁灭性破坏，冲毁路基 5044 km、桥涵 2650 座，其中国省干线公路共冲毁路基 2800 km、路面 1100 km，53 座桥梁全毁，116 座桥梁局部冲毁，11 条国道和 39 条省道断交，京广铁路元氏段大水一度漫过路基，列车被迫限速行驶，交通设施被毁造成的直接经济损失 21.77 亿元。全省共冲断通信电杆 4 万余根，冲走冲毁电缆光缆约 900 km，8 个县（市）和 50 个支局通信中断，中断本地网电路 8000 余条。洪水损坏输电线路 4688 km，4 个 110 kV 变电站停电。担负中央电视台一套节目、中央人民广播电台、人民日报等信号传输任务的 027 微波站两条供电线路被冲断。全省工业交通运输业直接经济损失 126.6 亿元。

（4）水利设施损失：全省水库局部损坏 197 座，其中大型 2 座（朱庄、临城），中型 6 座（马河、张河湾、宋各庄、野沟门、白草坪、南平旺），小型 189 座。损坏堤防 1958 km，堤防决口 5014 处，长 521 km。冲毁塘坝 444 座，渠道决口 1395 km，损坏渡槽 185 座，损坏桥涵 3989 座，损坏机电井 71090 眼，毁坏水文测站 6 个，损坏机电泵站 5430 座、装机 27.9 万 kW，损坏小水电站 54 座、装机 6.8 万 kW，全省水利设施直接经济损失达 46.3 亿元。

1998年6—8月松花江、嫩江流域大水

1998年汛期，松花江流域气候异常，极涡、西风带、副热带及热带天气系统的特征都与常年有明显差异，6—8月份主要雨区始终徘徊于嫩江流域，并出现多次大范围强降水过程，造成嫩江右侧支流普遍出现超历史纪录的特大洪水，形成了嫩江、松花江的特大洪水。嫩江江桥站洪峰流量的频率约为500年一遇；松花江哈尔滨站1998年最大30天洪量的频率为300年一遇，均是新中国成立以来的最大洪水，也是历史上有记录以来的最大洪水。嫩江干堤决口80余处，决口水量约100亿 m^3。嫩江、松花江洪水共造成直接损失480亿元。

一、雨情

1998年汛期（6—9月），受连续高空冷涡的影响，松花江流域西北部从6月中旬到8月末一直连续降雨，降雨量异常偏大，降雨日数明显增多。从6月中旬到8月中旬，主雨区始终徘徊于嫩江流域，8月中旬以后，主雨区转移到松花江干流，直至8月末。6—9月嫩江流域平均降雨量为613 mm，比常年同期381 mm多61%，降雨主要集中在嫩江的右侧支流。嫩江流域的绝大部分地区降雨量均在400 mm以上，其中降雨量700 mm以上的面积约占整个流域面积的2/3，1000 mm以上的极值区在雅鲁河上游的五公里站，累计过程降雨量为1178 mm。6—9月松花江干流区域平均降雨量为430 mm，比历年同期均值443 mm略低，偏少3%。松花江干流区域大部分地区降雨量为400 mm左右，最高极值在松花江干流左侧支流阿棱达河的东风所站，为731 mm。6—9月第二松花江流域平均降雨量为559 mm，比历年同期均值496 mm偏多13%。根据影响降雨的天气系统、降雨的连续性以及与洪水发生的对应关系，分析6—8月的5场主要降雨过程，即6月14—24日、7月5—10日、7月17—21日、7月22—30日、8月2—14日，具体降雨情况如下：

6月14—24日，是松花江流域入汛以来第一场大的降雨过程。主雨区位于嫩江流域上游，累积降雨量在100 mm以上的面积约为5.8万 km^2，占嫩江

流域面积的 19.5%。极值区位于右侧支流甘河、诺敏河一带，降雨中心甘河农场站降雨量 249 mm，诺敏河得力其尔站降雨量 249 mm。这场降雨导致甘河、诺敏河及嫩江干流出现了第一场洪水。

7月5—10日，降雨强度较上一场有所加大，降雨主要分布在嫩江中下游，主雨区累积降雨量达 50 mm 以上的面积约 12.9 万 km²，100 mm 以上的面积约 1 万 km²，分别占嫩江流域面积的 43.4% 和 3.4%。暴雨中心在雅鲁河上游，最大累积降雨量为雅鲁河的哈拉苏站，降雨量为 150 mm。这场降雨导致了嫩江支流雅鲁河、绰尔河、洮儿河的第一场洪水。

7月17—21日，降雨主要分布在嫩江的右侧各支流，左侧支流降雨很小，主雨区分布在洮儿河及霍林河，累积降雨量达 100 ~ 200 mm，其中累积降雨量 100 mm 以上的面积约为 2.2 万 km²，占嫩江流域面积的 7.4%。最大暴雨中心为霍林河吐列毛都站，降雨量为 220 mm；其次为洮儿河索伦站降雨量 149 mm、黑牛圈站降雨量 148 mm。这场降雨为嫩江流域的第二次洪水奠定了基础。

7月22—30日，降雨强度较大的一次降雨过程，其强度仅次于 8 月 2—14 日的降雨。嫩江流域日降雨量达 100 mm 以上的有 10 站次，其中最大的为雅鲁河五公里站（25 日，192.6 mm），其次为黄蒿沟太平湖水库（27 日，191.9 mm）。累积降雨量在 100 mm 以上的面积约为 10.6 万 km²，占嫩江流域面积的 35.7%。主雨区位于嫩江中下游右侧支流诺敏河、阿伦河、雅鲁河、绰尔河、洮儿河、霍林河以及左侧支流乌裕尔河，累积降雨量最大点为雅鲁河五公里站（285 mm）。这场强降雨对嫩江流域产生了很大影响，与第三场降雨一起导致了嫩江流域的第二场洪水。

8月2—14日，降雨是由连续两个天气过程导致的。在这场降雨过程中，松花江流域普降大到暴雨，局部大暴雨，主雨区位于嫩江中下游和松花江干流。在雅鲁河、阿伦河、诺敏河一带有 3 个 300 mm 以上的强降雨区，暴雨中心降雨量都在 400 mm 以上，累积降雨量最大点为阿伦河的复兴水库站（517 mm）。累积降雨量 100 mm 以上的面积约为 16 万 km²，200 mm 以上的面积约 6.5 万 km²，300 mm 以上的面积约 1.7 万 km²，分别占嫩江流域面积的 53.9%、21.9% 和 5.7%。这场降雨的强度是整个汛期降雨强度最大的一场，日降雨量 100 mm 以上的有 9 站次，日降雨量最大点为音河的甘南县站（8 月 9 日，164.1 mm）。这次降雨导致了嫩江全流域的第三场洪水，并与前四场降雨一起引发了松花江干流的特大洪水。

到了 9 月份，整个松花江流域降雨均不大，主要分布在嫩江中游右侧支流及松花江干流右侧支流呼兰河及汤旺河的上游，嫩江流域和松花江干流区域平均降雨量分别为 56 mm 和 76 mm，第二松花江流域平均降雨量为 52 mm。

二、水情

受 6 月上旬至 8 月中旬的连续降雨过程的影响，嫩江流域、松花江干流形成特大洪水，黑龙江上游形成大洪水。其中嫩江干流先后出现 4 次洪峰，松花江干流出现 3 次洪峰，洪峰量级一次比一次大、一次比一次猛，连续两次突破历史纪录，嫩江、松花江干流有 13 个水文站发生了有水文记载以来的第一位大洪水，成为历史上极为罕见的历史性特大洪水。

（1）第一次洪水过程。嫩江干流及其支流甘河、黑龙江上游及其支流呼玛河发生大洪水。嫩江干流库谟屯站 6 月 25 日 8 时出现第一次洪峰，水位 234.68 m，流量 4350 m^3/s，为建站以来的第一位大洪水；同盟站 6 月 27 日 15 时出现洪峰，水位 170.36 m，流量 8350 m^3/s，为建站以来的第二位大洪水；齐齐哈尔水位站 6 月 29 日 2 时出现洪峰，水位 148.43 m，超保证水位 0.23 m；江桥站 7 月 3 日 11 时出现洪峰，水位 140.71 m，流量 7480 m^3/s，为建站以来的第三位大洪水。甘河加格达奇站 6 月 24 日 17 时出现洪峰，水位 100.64 m，流量 1460 m^3/s，为建站以来的第四位洪水。黑龙江上游出现了三至四位大洪水。开库康站 6 月 25 日 17 时出现洪峰，水位 98.07 m，为建站以来的第三位大洪水；呼玛站 6 月 28 日 17 时出现洪峰，水位 100.87 m，为建站以来的第四位大洪水；支流呼玛河碧水站 6 月 23 日 20 时出现洪峰，水位 10027 m，流量 2060 m^3/s，为建站以来的第三位大洪水；呼玛桥站 6 月 28 日 14 时出现洪峰，水位 94.88 m，流量 2920 m^3/s，为建站以来的第四位大洪水。受嫩江第一次洪水过程和第二松花江、拉林河来水的影响，松花江哈尔滨站 7 月 22 日 22 时 55 分出现的第一次洪峰，水位 1164 m，流量 4910 m^3/s。

（2）第二次洪水过程。汤原县境内有 8 条小河流发生大洪水，为新中国成立以来的最大洪水；依兰县境内巴兰河流域发生新中国成立以来的第三位大洪水。嫩江支流雅鲁河碾子山站 7 月 23 日 8 时出现洪峰，流量 1900 m^3/s，嫩江江桥站 7 月 26 日 8 时水位为 140.2 m，流量 6100 m^3/s。

（3）第三次洪水过程。嫩江干流及其支流雅鲁河、绰尔河、罕达罕河、阿伦河、诺敏河等发生特大洪水或大洪水。雅鲁河碾子山站 7 月 27 日 23 时出现洪峰，水位 217.21 m，流量为 3700 m^3/s，为有水文记载以来的第一位大洪水；绰尔河两家子站 7 月 27 日 7 时出现洪峰，水位 102.34 m，流量 5500 m^3/s；罕达罕河景星站 7 月 27 日 2 时出现洪峰，水位 100.29 m，流量 560 m^3/s；诺敏河古城子站 7 月 28 日 18 时出现洪峰，水位 205.43 m，流量 2230 m^3/s；阿伦河乌斯门站 7 月 27 日 23 时出现洪峰，水位 98.72 m，流量 1150 m^3/s。受干支流洪水影响，嫩江干流下游发生特大洪水。7 月 30 日 10 时，江桥站出现第三次洪峰，水位为 141.27 m，流量为 9340 m^3/s，超历史最高洪水位（1969 年水位 140.76 m）0.51 m。受嫩江第三次洪水过程和第二松花江、拉林河来水影响，松花江哈尔滨站 8 月 9 日 21 时出现第二次洪峰，水位 118.75 m，超警戒水位 0.65 m，流量 7390 m^3/s。

（4）第四次洪水过程。嫩江流域和松花江干流发生历史性特大洪水。嫩江支流雅鲁河碾子山站 8 月 10 日 4 时出现第二次洪峰，水位 217.64 m，超历史最高洪水位（第一次洪峰水位 217.21 m）0.43 m，流量 500 m^3/s，为有水文记载以来的第一位大洪水；诺敏河古城子站 8 月 10 日 11 时出现洪峰，水位 206.87 m，超历史最高洪水位（1952 年 8 月 4 日，水位 206.57 m，流量 4980 m^3/s）0.3 m，流量 6660 m^3/s，为有水文记载以来的第一位大洪水；罕达罕河景星站 8 月 11 日 8 时出现洪峰，水位 101.24 m，流量 1760 m^3/s，为有水文记载以来的第一位大洪水；阿伦河乌斯门站 8 月 10 日 7 时出现洪峰，水位 98.88 m，流量 1800 m^3/s，为有水文记载以来的第一位大洪水。受干支流洪水影响，嫩江干流中下游发生第四次洪水。同盟站 8 月 12 日 3 时出现洪峰，水位 170.69 m，流量 12200 m^3/s；齐齐哈尔站 8 月 13 日 6 时出现洪峰，水位 149.3 m；江桥站 8 月 14 日 3 时出现洪峰，水位 142.37 m。上述各站均为超历史纪录的特大洪水。受嫩江第四次洪水过程和第二松花江、拉林河来水影响，松花江干流出现第三次洪水，通河以上江段和富锦江段发生了有水文记载以来的特大洪水，依兰、佳木斯江段发生了第二位大洪水。哈尔滨站流量8月16日18时开始超过1957年历史最大流量（12200 m³/s），水位18日7时开始超过保证水位（120.3 m），自8月18日11时至8月22日12时水位缓慢上涨，由120.41 m上涨到洪峰水位120.89 m，历时97个小时，8月22日12时至8月23日19时洪峰水位持平31个小时，然后开始缓慢回落，洪峰水位超1957年历史最高洪水位（120.05 m）0.84 m，洪峰流量17300 m³/s，为150年一遇的特大洪水。佳木斯站8月26日20时出现洪峰，水位80.34 m，超1991年洪水位（80.21 m）0.13 m，流量16200 m³/s，为有水文记载以来的第二位大洪水。洪峰于9月2日通过抚远县（今抚远市）进入俄罗斯境内。抚远站水位87.81 m，低于历史最高洪水位（1994年88.33 m）0.52 m。

三、灾情

1998年松花江流域，特别是嫩江流域，降雨连续且强度大，雨区重复，以致发生了历史上罕见的特大洪水。由于水势凶猛、堤防标准低，松花江流域江河堤防决口近千数，洪水漫延到广阔的草场、农田。黑龙江、吉林两省的西部地区，内蒙古自治区的东部地区，遭受到严重的洪涝灾害，受灾县市88个，人口1733.06万，被洪水围困143.93万人，紧急转移258.49万人，进水城镇70个，积水城镇73个，倒塌房屋91.85万间，死亡46人。直接经济损失480.23亿元，其中，黑龙江省为232.25亿元，吉林省为141.45亿元，内蒙古自治区东部三盟一市为106.53亿元。

农牧渔业损失：农作物受灾面积4944.8千公顷，成灾面积3844.9千公顷，绝收面积2463.4千公顷，毁坏耕地413.96公顷，减产粮食1151.49万t，损失粮食274.69万t，死亡牲畜137.56万头（只），直接经济损失达257.59亿元。

工业交通运输损失：全停产工矿企业3742个，部分停产工矿企业610个。水淹油气井4106口。铁路中断32条次，中断时间总计长达3658小时，累计相当于150多天，各级公路中断1512条次，航道中断311条次。冲毁铁路桥101座、公路桥涵7457座。毁坏路面铁路61.51 km、公路8601.2 km。供电中断 1305 条次，累计时间 231236 小时。损坏输电线路 106007 基杆，总长度 11376.8 km。损坏通信线路 39532 基杆，总长度 3193.4 km。直接经济损失达 58.92 亿元。

水利设施损失：损坏大中型水库 20 座、小（一）型 54 座、小（二）型 50 座。水库垮坝大中型 1 座、小（一）型 4 座、小（二）型 17 座。堤防决口 993 处，总长度 454.4 km。损坏堤防 3393.02 km、护岸 901 处、渡槽 122 座、桥涵 8857 座、机电井 49219 眼、水文测站 67 个、水利管理设施 135 处、机电泵站 253 座、水闸 1663 座。冲毁塘坝 719 座。渠道决口 2592.4 km。直接经济损失 39.64 亿元。

洪涝灾害导致黑龙江省 63 个县市、840 个乡镇、7125 个村屯不同程度受灾，受灾人口 553 万，被洪水围困人口 39 万，紧急转移人口 124 万；进水城镇 1 个，积水城镇 4 个；损坏房屋 64 万多间、面积近 1643 万 m^2，倒塌房屋 36 万多间；全省总的直接经济损失达 232.25 亿元。其中，农作物受灾面积达 3100 千公顷，成灾面积 2430 千公顷，绝收面积近 1380 千公顷，农林牧渔业直接经济损失 140 多亿元；企业全停工停产的有 951 个，部分停工停产的有 448 个；水淹油气井 1372 口；铁路中断 10 条次，中断时间 1759 小时，航道中断 311 条次，公路中断 513 条次，冲毁船闸及航运梯级 12 个，冲毁铁路、公路桥涵 3364 座；毁坏路基 4022 km；供电中断 333 条次、5434 小时，损坏输电线路 5537 km、电杆 26322 根，损坏通信线路 1425 km、电杆 1648 根，工业交通运输业直接经济损失近 26 亿元；损毁堤防 2035 km，堤防决口 215 处、长度 57 km，损坏水库大中型 10 座、小型 103 座，水库垮坝中型 1 座、小型 2 座，损坏护岸 404 处、水闸 641 座、渡槽 68 座、桥涵 5032 座、机电井 20149 眼，冲毁塘坝 565 座，渠道决口 1295 km，损坏水文测站 32 个，损坏管理设施 58 处，损坏机电泵站 207 座、装机 1 万 kW，损坏水电站 7 座，水利设施直接经济损失 22 亿元。

洪涝灾害导致吉林省白城市镇赉县、通榆县、洮北区、洮南市、大安市，松原市宁江区、扶余县（今扶余市）、前郭县、乾安县和四平市的双辽市受灾，受灾面积 7004 km^2，成灾人口 106.9 万；成灾农田 465 千公顷，绝收 403.1 千公顷；倒塌房屋 57.4 万间，损害房屋 24.8 万间；死亡大牲畜 14.2

万头；毁坏公路超 300 km、桥涵 550 座；冲毁通信和输电线路 174 km；损坏江河堤防 389km、护岸 82 处、涵闸 360 座、机电井 5200 余眼、水文测站 18 处；冲毁学校 180 所、卫生院 86 个；因水淹停产油井 462 口，直接经济损失达 141.45 亿元。

洪涝灾害导致内蒙古自治区呼盟、兴安盟、哲盟、赤峰市和锡林郭勒盟部分地区遭受了严重的洪涝灾害。洪灾造成的直接经济损失达 106.53 亿元。其中呼伦贝尔盟 12 个盟市、125 个乡镇、628 个村屯、135.64 万人受灾。损坏房屋 21.51 万间，其中倒塌 9.99 万间，农作物受灾 747.9 千公顷，其中绝收面积 407.5 千公顷，损坏水库 6 座，损坏堤防 399.33 km，冲毁塘坝 16 座，损坏桥涵 1628 个，损坏机电井 3866 个，直接经济损失达 50.76 亿元。

1998 年长江流域洪水

1998 年，由于受厄尔尼诺的影响，气候异常，长江发生继 1954 年以来又一次全流域性大洪水，长江宜昌 7—8 月先后出现 8 次洪峰。虽经数百万军民英勇拼搏并有水库等防洪工程发挥作用，使灾情控制在最小范围内，但来势凶猛的洪水仍导致长江流域遭受严重的灾害。1998 年长江全流域因洪灾死亡 2292 人。

一、雨情

1998 年 1—3 月，长江上游地区持续少雨干旱，长江中下游地区持续多雨偏丰，偏少和偏多都较突出。4—5 月，这种降雨分布发生了明显变化，其特点表现为江南少雨、江北多雨，即洞庭湖和鄱阳湖水系偏少，而干流及岷沱江、嘉陵江、汉江等水系偏多，其中嘉陵江 4 月偏多达六成，5 月偏多五成；汉江 4 月偏多三成，5 月偏多达八成。汛期 6—8 月各月降雨量与历年均值比较情况如下：

6 月，鄱阳湖区月平均降雨量偏多近 1 倍，其中信江、抚河高达数倍，洞庭湖偏多七成，长江上中游干流区及金沙江偏多三至四成，汉江区偏少五成。

7 月，长江中下游地区明显偏多，其中，长江中游干流区间（以下简称中干区）、洞庭湖和鄱阳湖水系偏多六成，长江下游干流区间（以下简称下干区）偏多四成，长江上游的乌江区偏多近六成，金沙江区偏多五成，嘉陵江及长江上游干流区间（以下简称上干区）偏多三成，仅岷沱江、汉江区偏多不到一成。可见 7 月长江流域降雨为全流域偏多。

8 月，长江上干区偏多 1 倍多，中干区偏多近 1 倍，乌江和汉江偏多八成，嘉陵江偏多六成，金沙江偏多四成，岷沱江区偏多一成，但下干区、洞庭湖和鄱阳湖水系为偏少，其中下干区和鄱阳湖水系偏少五成。

6—8 月长江流域降雨为全流域性偏多，鄱阳湖饶河、修水、抚河和湖区、清江、洞庭湖澧水、资水、沅江、雅碧江下游等流域 3 个月降雨量在 1000 mm 以上，澧水上游总降雨量超过 200 mm。与历年均值比较，长江上中游干流区偏多六成，金沙江、乌江、洞庭湖和鄱阳湖水系偏多四至五成，嘉陵江偏多三成，汉江区偏多一成，岷江、沱江及长江下游干流区偏多也近一成。

6—8 月总降雨量超过 800mm 的笼罩面积达 23.4 万 km²，超过 1000 mm 范围超 9 万 km²，超过 1500 mm 范围达 1 万多 km²。全流域有两个暴雨中心，分别位于鄱阳湖水系信江、乐安江和洞庭湖水系沅江、澧水，前一个中心最大报汛降雨量为上清站 1765 mm，后一个中心为水田站 2062 mm。

9 月长江全流域降雨偏少。与多年均值比较，汉江偏少七成，上干区和下干区偏少五成，洞庭湖水系偏少四成，金沙江、中干区、乌江、嘉陵江偏少二至三成，岷沱江及鄱阳湖水系偏少 1 成。

1998 年主汛期（6—8 月）的降雨发展过程可分为以下 4 个阶段：

（1）6 月 11 日—7 月 3 日（中下游第一段梅雨期）

在此阶段，主要的降雨区集中在鄱阳湖水系的昌江、乐安江、信江、赣江吉安以下、抚河、锦江、潦河、修水和湖区以及洞庭湖水系的湘江湘潭以下、资水、沅江下游和湖区，这些地区降雨量均在 300 mm 以上。大于500 mm 的笼罩面积近 9 万 km²，局部地区如信江的上清、弋阳、铁路坪站分别为 1120 mm、1032 mm、1004 mm，为本次梅雨中心降雨量最大的 3 个站。另外在三峡区间万县—宜昌段、清江及澧水部分地区也有一个大于 300 mm 的区域，最大为清江的建始，为 440 mm。6 月 11 日—7 月 3 日，大于 300 mm 降雨量的笼罩面积为 26.4 万 km²。6 月 11 日—7 月 3 日，梅雨期的降水又可划分为两个时段。

第一时段为 6 月 11—26 日，这段时间的降雨主要集中在长江中下游干流以南，呈一条东西向分布的强降雨带，鄱阳、洞庭两湖为强降雨中心，其中尤以鄱阳湖水系的信江降雨强度最大。6 月 11—26 日，信江的上清站降雨量达 1115 mm，铁路坪站达 996 mm，弋阳站达 988 mm，超过 300 mm 的笼罩面积约为 19.3 万 km²，大于 400 mm 的笼罩面积也有 11.6 万 km²。在此期间，6 月 11—17 日，暴雨区主要维持在中下游干流和两湖地区，18 日暴雨区除在两湖水系外，乌江、上游干流、三峡也出现了小片暴雨区。在这几天中，最大强度的日暴雨出现在湘江黄旗段站（315 mm，15 日），抚河崇仁站

（254 mm，16 日）次之，再次为信江紫溪台站（240 mm，13 日）。19 日降雨间歇，仅在鄱阳湖水系有小片暴雨区。20—21 日，暴雨区集中在湘江、赣江和信江，范围不大。最大日暴雨出现在信江上清站（233 mm，21 日），22 日暴雨区移到抚河、资水、澧水、嘉陵江下游，最大日暴雨出现在信江长陂站（222 mm），其次为涪江小河坝站（137 mm），再次为资水大福坪站（130 mm）。23 日暴雨区笼罩清江、洞庭湖四水、修水和赣江，最大日暴雨站出现在沅江牛鼻滩站（168 mm）。24 日暴雨区维持在沅江、资水下游、洞庭湖区、修水、信江和饶河，最大日暴雨出现在洞庭湖的杨柳潭站（222 mm）。25 日暴雨区维持在资水、湘江、陆水、修水、饶河，并扩展到青弋江、水阳江，最大日暴雨出现在饶河景德镇站（126 mm）。26 日暴雨区略有北移，主要在湘江、修水至下游干流一带，最大日暴雨出现在修水高沙站（154 mm）。

第二时段为 6 月 27 日—7 月 3 日，由于副热带高压经历了一次由南向北推进、由北向南撤退的南北振荡过程，降雨带也呈现出先北上再南压的动态。此阶段的主要降雨中心在三峡区间，洞庭湖沅江、澧水流域，中游干流也出现多个暴雨点。尤其是 6 月 28 日三峡区间的大暴雨，超过 100 mm 的笼罩面积达 2.18 万 km^2。在此期间，27 日降雨强度减弱，仅沱江部分地区有暴雨。28 日暴雨区大大扩展，笼罩了长江干流泸县—宜昌干流区间、沱江与嘉陵江下游、乌江下游及清江，日降雨量大于 100 mm 的笼罩面积达 21760 km^2，最大日暴雨出现在三峡区间小江站（169 mm）。29 日暴雨区东移，位于三峡清江部分地区并扩展到汉江中游唐白河流域，最大日暴雨出现在唐白河方城站（143 mm）。30 日暴雨区维持在长江上游干流和三峡，鄂东北水系也出现局地暴雨，最大日暴雨出现在上游干流区间现龙站（122 mm），其次为举水麻城站（109 mm）。7 月 1 日，形成了地跨上游干流、三峡、清江、汉江中游的一条东北西南向的暴雨带，降雨强度也有增大，最大日暴雨出现在雾渡河东堆子站（83 mm），其次为唐白河平氏站（158 mm）。2 日强降雨带维持，雨区较 1 日稍有东移南压，暴雨区在清江、澧水、宜汉区间、汉江中下游和鄂东北，最大日暴雨出现在府环河草店站（134 mm），其次为沅江石堤站（116 mm）。3 日雨区东移南压，强度明显减弱，仅在青衣江上有局地暴雨。

（2）7月4—15日（上游第一段集中降雨期）

随着副热带高压进一步加强西伸，主要降雨集中在长江上游及汉江上游地区，长江中下游受副热带高压控制，基本无雨。在此期间，金沙江、嘉陵江、岷江、汉江上中游，交替反复出现大范围中到大雨，间有局地暴雨或大暴雨，其中以 5 日的暴雨范围最大、强度也最大，最大日暴雨出现在岷江新桥站（222 mm，5 日）。

（3）7月16—31日（中下游第二段梅雨期）

从 7 月 16 日开始，随着副热带高压的南退，一条东西向的雨带又重新回到了长江中下游干流及江南地区，直到 7 月 31 日。根据天气形势的演变特点，气象上称为"二度梅"。7 月 16—31 日，乌江、沅江、澧水、武汉市、鄂东北和鄱阳湖水系的信江、乐安江、抚河、修水等地相继出现大暴雨，这段时期累积降雨量超过 300 mm 的范围超 17 万 km²，400 mm 以上超 6 万 km²，并有 3 个大于 500 mm 的雨区。三个区域的中心以沅江的水田站 1001 mm 为最大，其次为乐安江的三都站 881 mm、潦河的叶家站 618 mm。

在此期间，16 日雨区明显地向东扩展，暴雨区也向长江中下游转移，澧水、清江、鄂东北开始出现暴雨带，最大日暴雨出现在澧水桑植站（124 mm）。17 日暴雨带东移南压至两湖水系北部地区，最大日暴雨出现在乐安江婺源站（129 mm），饶河景德镇站次之（125 mm）。18 日雨区维持，但雨强减弱，暴雨区只有饶河、信江上游一块。19 日雨区维持，但暴雨区转移到岷沱江和涪江，最大日暴雨出现在沱江自贡站（163 mm）。20 日，暴雨区范围扩大，形成一条沿上游干流、嘉陵江、乌江、三峡、清江、澧水至鄱阳湖的东西向的强降雨带，最大日暴雨出现在沅江水田站（214 mm），乐安江三都站次之（213 mm），嘉陵江二龙站再次之（205 mm）。21 日雨带维持，中心区强度又有加大，最大日暴雨出现在沅江水田站（339 mm），澧水红花站次之（253 mm），乌江思南站再次之（233 mm）。22 日雨带维持，暴雨区笼罩面积达 132800 km²，为此过程中最大的一天，最大日暴雨出现在澧水溪口站（270 mm）。23 日雨带维持，暴雨区收缩到两湖水系，最大日暴雨出现在乐安江海口站（290 mm），乐安江饶二墩站（232 mm）次之。24 日雨区维持在两湖地区，但强度明显减弱，最大日暴雨出现在湘江沩山站（103 mm）。

25 日暴雨区再收缩到修水、赣江、饶河和湘江，最大日暴雨出现在修水柘林站（215 mm），高沙站次之（168 mm）。26 日，两湖水系有降雨维持，强度剧减。27 日暴雨区主要在沅江、澧水、汉江、嘉陵江、上干区，有局地暴雨，最大日暴雨出现在沅江水田站（212 mm），汉江大竹河站次之（151 mm）。28 日，暴雨区主要在修水、陆水、洞庭湖区、沅江，最大日暴雨出现在陆水崇阳站（161 mm）。29 日在沅江、资水、湘江、宜汉区间、陆水、修水到赣江形成大片暴雨区，最大日暴雨出现在陆水蒲圻站（148 mm）。30 日，暴雨区收缩到饶河、信江、湘江澧水、宜汉区间的部分地区，强度下降，最大日暴雨出现在湘江螺岭桥站（215 mm）。31 日，雨区维持，强度进一步减弱，暴雨仅在少数站上发生。

（4）8 月 1—29 日（上游第二段集中降雨期）

8 月 1—15 日，岷江、乌江、清江、三峡区间、汉江中下游先后出现暴雨，主要降雨区集中在三峡以上地区及汉江流域。16—18 日雨区发展到长江中下游及江南地区。19—25 日雨区又回到嘉陵江、岷江流域及汉江流域，26—29 日雨区再度影响到长江中下游及江南地区。大于 300 mm 的区域主要集中在三峡万县—宜昌区间、清江流坡、乌江下游、沅江、澧水上游、汉江中下游及嘉陵江、岷江流域的部分地区，其中 500 mm 以上的地区在沅江、澧水上游及清江的部分地区，以澧水的五道水 869 mm 为最大。

在此期间，8 月 1—7 日主要雨区在宜昌以上。1 日岷沱江下游为主要暴雨区，乌江、清江也有小片暴雨区，最大日暴雨出现在岷江高场站（167 mm）。2 日，形成了一条东北西南向强降带，主要县雨区在乌江、清江、澧水、鄂东北及汉江中下游，最大日暴雨出现在乌江余庆站（160 mm），汉江客店坡站次之（139 mm），清江金果坪站再次之（125 mm）。3 月，雨区维持。暴雨区收缩到清江和澧水上游，汉江上个别站有暴雨，最大日暴雨出现在清江金果坪站（108 mm），澧水鹤峰站次之（107 mm）。4 日雨区维持，单站出现暴雨，最大日暴雨出现在渠江毛坝站（139 mm）。5 日暴雨区笼罩在三峡和清江，最大日暴雨出现在清江建始站（139 mm），大宁河尖山站次之（111 mm）。6 日，雨区维持，暴雨区扩展到鄂东北、汉江中下游、三峡、清江至上干区间一带，强度加大，最大日暴雨出现在汉江客店坡站（197 mm）。

7日，雨区急剧收缩，在鄂东北、清江一带维持，少数站有暴雨，最大日暴雨出现在府澴河安陆站（144 mm）。8—13日，嘉岷、长上干、三峡、清江、汉江交替出现强降雨，但除11日外，一般暴雨和大暴雨的范围不太大，几天中最大日暴雨出现在三峡区间南门站（209 mm，11日）。14日，暴雨中心位于三峡、汉江唐白河、汉江和嘉陵江上游地区，最大日暴雨出现在唐白河唐河站（141 mm），郭滩站次之（137 mm）。15日，强降雨带为东北西南向，覆盖着沅江、澧水、清江、三峡、汉江中下游、鄂东北，暴雨区范围明显扩大，最大日暴雨出现在沅江水田站（268 mm）。16日，暴雨区集中到沅江、澧水和清江，强度略有减小，最大日暴雨出现在沅江松桃站（125 mm）。17、18日，雨区维持在三峡、清江、乌江、汉江、两湖地区，但降雨强度减弱为中到大雨，局地有暴雨。19日，嘉陵江、岷江流域的降雨强度突增，形成大范围的暴雨区，其他地区仅有小雨，最大日暴雨出现在涪江北川站（256 mm），都坝站次之（200 mm）。20日，暴雨区移至嘉陵江流域上游和汉江石泉以上地区，最大日暴雨出现在涪江太平站（291 mm）。21日，雨区大大收缩，强度锐减。22—25日，主要降雨在嘉陵江、岷江流域及汉江流域部分地区，强度一般为中等，仅有局地性暴雨。26日，雨区范围扩大，除乌江及两湖南部无雨外，其他处均有降雨，但强度不大，局地性暴雨出现在嘉陵江上，最大日暴雨出现在渠江华蓥站和涪江广福站（同为111 mm）。27—28日，主要降雨维持在中上游干流及以南地区，强度中等。29日，降雨范围缩小，强度下降，过程性降雨趋于结束。

二、水情

6月，长江流域进入主汛期，长江各大支流先后发生暴雨洪水，致使中下游江湖水位在高底水上开始迅猛上涨，演绎出一峰高过一峰的长达3个月多变的汛情。1998年长江洪水可划分为4个发展阶段。

1. 第一阶段

6月11日—7月4日为长江汛情的第一阶段。在此阶段，长江中下游正处于首度梅雨期，两湖地区的暴雨洪水接连不断，中下游干流监利以下各站水位迅速上涨，涨幅多在 5～8 m 之间。尤其是鄱阳湖五河流域连续被暴雨笼罩，各条支流洪水频发，其中抚河李家渡、信江梅港、昌江渡峰坑等站水位率先超过实测历史最高纪录，流量分别居本站实测记录的第一位、第二位和第一位，鄱阳湖出口湖口站的实测流量创实测历史记录的最大值，干流监利站率先超过实测历史最高水位，鄱阳湖水系首先涨水，洞庭湖水系随后跟进，这是第一阶段汛情的特点。

自 6 月 11 日长江中下游入梅以后，中下游干流以南地区持续长时间的强降雨过程，致使江湖水位迅速上涨，其中，洞庭湖水系的资水桃江站、沅江桃源站、湘江湘源站分别于 14、25、27 日先后出现月最高水位，并超警戒水位 2.98、0.76、2.98 m。洞庭湖出口城陵矶站月最高水位 33.55 m，超出历史同期月最高水位（33.05 m）。鄱阳湖水系的来水则更加迅猛，鄱阳湖五河各控制站均超警戒水位，其中抚河李家渡、信江梅港、昌江渡峰坑 3 站分别超历史最高水位 0.37、0.48、0.86 m。李家渡站相应流量为 9950 m³/s，跃居历史记录第一位；梅港站为 12600 m³/s，居历史第二位；渡峰坑站为 8600 m³/s，排历史第一位。鄱阳湖出口湖口站于 24 日突破警戒水位，26 日 9 时 48 分实测流量达 31900 m³/s，超过实测最高纪录（28800 m³/s，1955 年 6 月 23 日）。

在洞庭、鄱阳两湖水系来水的作用下，长江中下游干流各站从 6 月 13 日起水位急剧上涨，九江站于 24 日率先突破警戒水位。随后，长江上游及三峡区间来水加入，在上下来水夹击之下，石首以下各站全线超警戒水位，监利以下各站则超历史同期 6 月最高水位 0.44～0.74 m。至 7 月初，长江流域雨势减弱，长江中游干流各站此时正处在高水位上运行，由于上游及区间来水，水位继续攀升。7 月 2 日 19 时 18 分时清江长阳站出现年最大流量 8860 m³/s，23 时宜昌站首次出现 54500 m³/s 较大流量，3 日 0 时洪峰水位 52.91 m，超警戒水位 0.91 m，枝城、沙市站也在同日出现洪峰，并分别超警戒水位 0.33 m 和 0.97 m，宜昌以下各站全线超警戒水位，其中监利、武穴、九江 3 站 4 日 7 时、20 时、16 时 30 分时水位分别达到 37.07 m、23.17 m、22.22 m，超实测历史最高水位 0.01 m、0.03 m、0.02 m。7 月 5 日 0 时大通站水位达到 15.82 m，7 月 5 日 8 时南京站也达到了 9.87 m 的高水位。7 月 4 日武汉天兴洲垸扒口分洪，造成汉口局部河段水面比降加大，从而形成了螺山站涨水而汉口站水位持平的现象，降低了汉口站洪峰水位值。5日18时汉口站洪峰水位28.17 m，与1931年最高洪水位仅差0.11 m，之后水位开始缓慢退落。至此，第一度梅雨期宣告结束，长江下游江段及鄱阳湖江湖满盈。

2. 第二阶段

7月5—15日是长江汛情的第二阶段。洪水源转移到上游、中下游，水情相对平稳是第二阶段汛情的特点。

随着首度梅雨的结束，长江中下游各站水位先后出现洪峰后，转入消退。这个时期降雨和洪水来源转移到长江上游，但总体上，降雨范围、强度尚属有限。本阶段岷江高场站、沱江李家渡站出现了年最大流量20500 m³/s、6230 m³/s，再汇集上游干流区间（上游屏山至寸滩干流区间）洪水后，在寸滩站形成一次流量为54700 m³/s（15日18时）的洪峰，嘉陵江北碚站形成一次流量为20400 m³/s（10日16时）的洪峰。由于上游各主要支流洪峰到达宜昌的时间相互错开，上述来水于7月15—17日在宜昌站形成了一次53800～55900 m³/s的平头洪峰。

汉江上游白河站受暴雨影响出现13400 m³/s（10日8时）的洪峰流量，导致丹江口水库14日20时超过汛限水位（149.50 m），17时开两孔泄洪，汉江沙洋站于19日6时出现本年第一次洪峰，相应流量为3250 m³/s。

由于洞庭湖、鄱阳湖基本无大的来水，上游宜昌站来水的增量未能弥补中下游洪水消退，仅使各站退水减慢。中下游干流各站水位出现了10余天的回落，各站水位落幅在0.8～1.2 m不等，汛情相对较平稳。

3. 第三阶段

7月16—31日是长江汛情的第三阶段。此阶段长江中下游再次入梅。洞庭湖水系澧水石门站出现了破实测纪录的洪峰流量，沅江桃源站也出现了少见的洪峰流量25000 m³/s。加之宜昌以上来水，导致中下游各站水位又继续攀升，洞庭湖蓄水满盈。"二度梅"导致中下游干流水位的大幅回升是第三阶段汛情的特点。

受上游及汉江来水的双重影响，汉口站水位于7月17日0时从27.11 m开始缓慢回涨。与此同时，上游的嘉陵江支流渠江、乌江，洞庭湖水系的澧水、沅江，鄱阳湖水系的信江、饶河、乐安江的入流也在相应增加。21—23

日武汉地区的超强降雨，导致了武汉市区严重的内涝外洪局面。22 日 21 时上游干流寸滩站洪峰形成，流量为 39400 m³/s。23 日 11 时，洞庭湖沅江五强溪水库最大入库流量达 34000 m³/s，16 时最大下泄量为 23300 m³/s，致使沅江桃源站 24 日 1 时出现的洪峰流量为 25000 m³/s，同时澧水石门站也出现 19900 m³/s 的洪峰流量，突破实测最高纪录（18900 m³/s，1950 年）。鄱阳湖乐安江虎山站也于 24 日 15 时 30 分出现洪峰，水位为 30.32 m，接近历史最高纪录水位（30.73 m）。由于两湖尤其是洞庭湖的入流增量较大，使得干流螺山以下各站水位涨势加快。受上游来水影响，24 日 2 时宜昌站出现了 51700 m³/s 的洪峰流量，洪峰向下游推进中与洞庭湖来水遭遇，导致石首、莲花塘、螺山、城陵矶、湖口站于 26 日超历史纪录最高水位；27 日 7 时、8 时，螺山、城陵矶站出现洪峰，水位分别为 34.44 m 和 35.48 m，分别超历史最高水位 0.26 m 和 0.17 m。29 日 2 时汉口站出现洪峰，水位为 28.95 m。随后，由于城陵矶至武汉区间降雨及陆水水库泄洪，汉口站水位再次攀升至 29.08 m。30 日洞庭湖区间来水又增，致使莲花塘、螺山、汉口、武穴、九江、城陵矶、湖口、南京各站出现本月最高水位，超历史同期月最高水位 0.19～0.78 m，其中湖口站 31 日 0 时出现入汛以来最高水位 22.59 m，超历史最高水位（21.8 m）0.79 m，南京站出现年最高水位 10.14 m（7 月 29 日，居历史第二位，历史纪录为 10.22 m，1954 年 8 月 17 日）。至此，中下游江段和洞庭湖满载，其后中游各站水位曾短暂缓慢回落 0.1～0.3 m。

4. 第四阶段

进入 8 月以后，长江汛情发展到第四阶段，在此阶段，长江中下游及两湖地区水位居高不下，又连续出现了 5 次以上游来水为主的洪峰过程。宜昌站超 50000 m³/s 以上流量的时间长达 24 天之久，致使中游河段各主要控制站水位不断攀升。中旬中游各站相继达到年最高水位，并超过了历史最高纪录，而下游九江以下各站水位持平，缓慢退落，中间偶有起伏。由于宜昌站持续性大流量的加入而使汛情达到最高潮，这是第四阶段汛情的主要特点。

由于第三阶段中游洪水高峰抵达，8 月初干流武穴以下各站出现入汛以来的最高水位。其中，九江、安庆、大通站于 8 月 2 日 0 时 42 分、5 时、19 时 12 分先后出现了年最高水位 23.03 m、18.5 m、16.32 m。同时长江上游、清江、洞庭湖的沅江、澧水及汉江出现了较大范围的强降雨，岷江高场、乌江武隆、清江长阳、沅江桃源、澧水石门各站水位急剧上涨，并相继出现洪峰。8月2日16时高场出现本月最大流量17400 m³/s。上述来水致使干流寸滩—汉口河段各站水位先后转涨。4日2时寸滩出现洪峰，流量45400 m³/s，与乌江双峰汇合后，在向宜昌站推进中又遭遇三峡区间暴雨洪水，宜昌站于7日21时出现大洪峰，洪峰流量63200 m³/s。宜昌站洪峰与清江洪水再次汇合，致使荆江河段上段枝城、沙市、石首各站相继于8日1时、4时、22时出现洪峰，水位分别为：枝城50.12 m（超警戒水位1.12 m）、沙市44.95 m（超历史最高纪录0.28 m）、石首40.72 m（超历史最高纪录0.83 m）；而监利—螺山河段各站水位也在超历史纪录的高水位上缓慢上涨。9日，洪峰相继通过监利—螺山河段各站，洪峰水位分别为：监利站38.16 m（2时）、莲花塘站35.44 m（20时）、螺山站34.62 m（14时）。10日2时通过汉口站和黄石站，洪峰水位分别为29.39 m和26.31 m，其中黄石站洪峰水位为月最大值，排历史第二位。由于下游站出流量大于上游来水流量，所以在此次涨水过程中，九江以下各站未上涨。10日11时汉江沙洋站出现本月第一次洪峰，相应流量为5300 m³/s。

8月8日寸滩形成新的洪峰，洪水在向下游演进的过程中，先与乌江来水汇合，又逢三峡区间暴雨洪水加入，宜昌于12日14时出现洪峰流量62600 m³/s。与此同时，由于受葛洲坝电厂临时错峰影响，宜昌—石首各站峰现提前，此次洪水过程汉口以下各站未回涨。中旬金沙江来水逐渐加大，13日2时屏山站出现月最大流量23600 m³/s，加之岷沱江、嘉陵江来水的汇入，洪峰再次于14日5时在上游寸滩形成，洪峰流量43100 m³/s，洪峰在向下传播的过程中，两次遭受三峡区间暴雨洪水叠加影响，从而在宜昌站形成了一场双峰过程，16日14时宜昌站出现年最大流量63300 m³/s，17日4时出现最高水位54.5 m，排历史记录第十四位。受上游宜昌站和清江来水及葛洲坝和隔河岩水库错峰调度的综合影响，同日荆江上段各站也出现最高水位，其中枝城站50.62 m（4时，排历史第二位），沙市站45.22 m（9时），石首40.94 m（12时），监利站38.31 m（22时），后3站均排历史记录第一位。

由于汉江上游来水加大，10日起丹江口库水位再次回涨至149.50 m（汛限水位）以上，且涨幅加快，14日水库开两孔泄流。15日14时，汉江上游白河站出现最大流量 12700 m³/s，丹江口最大入库流量达 18400 m³/s，与汉江丹皇区间洪水同时形成。为确保汉江下游和武汉市安全，11 时 30 分关闭两泄流孔，实施强制拦洪调度。而此时丹皇区间持续降雨，使得汉江中下游各站水位先后回涨，汉江第二次洪峰在 18 日 2 时到达汉江沙洋站，出现最大流量 9710 m³/s，19 日 1 时汉川洪峰水位 32.09 m，超保证水位 0.09 m，排历史记录第一位。由于丹江口水库及时拦洪，汉江中下游幸保平安。与此同时，受洞庭湖水系沅江、澧水降雨影响，洞庭湖入湖流量增加。由于上游、洞庭湖来水的汇入，城陵矶、莲花塘、螺山站于 20 日相继出现年最高水位，城陵矶站 35.94 m（14 时），莲花塘站 35.8 m（15 时），螺山站 34.95 m（18 时）。汉口站由于汉江洪峰先至，转入退水，其流量削减与上游螺山流量增加相平衡，造成汉口站在最高水位 29.43 m（20 日 6 时）上持平时间长达 17 小时。19 日开始，为保水库安全，在错过长江洪峰以后，丹江口水库陆续开五孔泄流。

下旬，受降雨影响，岷沱江、嘉陵江来水骤增，23 日 11 时嘉陵江北碚站出现年最大流量 27500 m³/s，12 时干流寸滩站洪峰形成，相应流量 59200 m³/s。此峰于 25 日 7 时下传至宜昌站，洪峰流量为 56100 m³/s。由于增量来水在螺山退水面上叠加，未造成螺山以下各站回涨。

月末，长江上游地区再次出现大面积的降雨，各大支流水位纷纷回涨，干流寸滩站 29 日 6 时出现洪峰，相应流量 56600 m³/s，宜昌站 31 日出现洪峰流量 56800 m³/s。受上游来水影响，螺山站水位稍有回涨，而汉口以下各站水位未出现起伏。此后，长江中下游干流各站水位先后转退，9 月中旬前后长江中下游各站水位相继降至警戒水位以下，至此，主汛期结束。

三、灾情

据长江中下游湖南省、湖北省、江西省、安徽省、江苏省上报资料统计，受灾范围遍及 334 个县（市、区）、5271 个乡镇，倒塌房屋 212.85 万间，死亡 1562 人。其中湖南、湖北、江西三省受灾最重，上游四川省受灾也较重，受灾情况分述如下：

湖南省：自 3 月上旬提前进入汛期，先后连续 8 次遭受暴雨洪水袭击，特别是 6 月中旬后，湘西北和洞庭湖区发生了 1954 年以来最大洪水。肆虐的洪水给人民生命财产造成巨大损失，受灾范围遍及全省 14 个地（州、市）、108 个县（市、区）、1438 个乡镇，有的地县重复受灾。被洪水围困人口达 348.72 万，紧急转移 350.84 万人，死亡 616 人；倒塌房屋 68.86 万间；停产和部分停产企业 45152 个；铁路中断 4 条次、62 小时；公路中断 7520 条次；冲毁铁路路基 0.3 km、冲毁公路路基 1.43 万 km；损坏输电线路 119620 杆、5526 km；损坏通信线路 101344 杆、5960 km。全省山丘区因山洪暴发、河水陡涨，共有 14 个县级城镇进水受淹，总淹没范围达 89.26 km^2，淹没范围相当于城区面积的 33% ～ 80%，淹没范围最大的慈利县城达总淹没范围的 85%。淹没深度最大的是桑植县，达 11 m，其次是永顺县，达 7m。洞庭湖区受高洪水位袭击共有 63 个千亩以上堤垸溃决成灾。

湖北省：入汛以来共出现 13 次强降雨，其中有 6 次最大强度突破历史同期最高纪录，尤其是 6 月下旬以来多次遭受暴雨袭击，灾害损失重于常年。全省共有 73 个县市、1357 个乡镇受灾，14 个城镇进水。被洪水围困 232 万人，紧急转移 242 万人，死亡 528 人，倒塌房屋 50.41 万间；停产和部分停产企业 14616 个；铁路中断 1 条次、2 小时；公路中断 1217 条次；冲毁铁路路基 0.3 km、公路路基 3506 km；损坏输电线 67636 杆、50051 km；损坏通信线路 45873 杆、34866 km。在长江持续高水位的情况下，湖北省长江、汉江沿线洲滩民垸因自然漫溢，溃决和扒口行蓄洪共 141 个，其中省市防总命令扒口 46 处、溃决 9 处、漫溢 86 处。

江西省：自 3 月上旬发生罕见早汛后，6 月中旬开始连续发生两次大范围集中强暴雨过程，导致赣江下游、抚河、信江、饶河、修河、鄱阳湖区和长江九江河段相继超历史最高水位，造成严重洪涝灾害，据统计，受灾遍及 93 个县（市、区）、1786 个乡镇，28 个城镇进水。被洪水围困 438.53 万人，紧急转移 350.84 万人，因灾死亡 313 人；倒塌房屋 76.68 万间；停产和部分停产企业 35115 个；铁路中断 5 条次、270 小时；冲毁公路路基 12355 km；冲毁铁路路基 6 km，公路中断 2763 条次，损坏输电线路 35723 杆、7591 km；损坏通信线路 16799 杆、4028 km。在鄱阳湖区溃决千亩以上堤垸 242 座。8 月 7 日，九江市城区长江大堤溃决，7 天后堵复。

据湖南、湖北、江西、安徽四省上报资料统计，长江中下游堤防工程累计出各类险情 73825 处。其中，较大险情 1702 处。溃决堤垸总数 1975 座，淹没耕地 358.6 万亩，受灾人口 231.6 万。其中：①万亩以上 57 个，约占溃垸总数的 3%；耕地面积 184.7 万亩，占总溃淹耕地的 51.5%；人口 94.7 万，约占溃垸受灾人口的 41%；②千亩至万亩 414 个，约占溃垸总数的 21%；耕地面积 115.2 万亩，占总溃淹耕地的 32%；人口 86.9 万，约占溃垸受灾人口的 38%；③千亩以下 1504 个，约占溃垸总数的 76%；耕地面积 58.7 万亩，占总溃淹耕地的 16.5%；人口 50 万，约占溃垸受灾人口的 21%。

2004 年 9 月川渝暴雨洪涝灾害

2004 年 9 月初，受西南低涡影响，四川省东北部和重庆地区出现了大范围的持续性暴雨和大暴雨天气过程，为 1981 年以来同期最强的一次。强降雨导致江河洪水猛涨，长江上游发生了有资料记载以来秋季的第三大洪水。9 月 6 日 17 时，嘉陵江北碚站洪峰流量 30600 m³/s；7 日 11 时，重庆寸滩站洪峰流量达 58200 m³/s；7 日 1 时，乌江出口控制站武隆站洪峰流量为 8270 m³/s。长江上游洪水与三峡区间洪水遭遇后形成宜昌站洪峰流量 61100 m³/s，洪峰水位 53.95 m，超警戒水位 0.95 m。洪水引发严重洪涝灾害，给建设中的三峡工程正常运行带来较大威胁。持续性的暴雨带来了严重的洪涝和地质灾害，并造成了重大的人员伤亡和巨大的经济损失，川渝两地因灾死亡 187 人、失踪 23 人，直接经济损失达 97.6 亿元。

一、雨情

受亚洲中纬地区纬向环流影响，我国北方大部位于西风带中，小股冷空气影响四川盆地，副热带高压呈带状并被东亚槽和 0419 号热带风暴切断，其西部控制我国长江以南大部，四川东部和重庆位于副热带高压西北侧的偏西南气流中。9 月 3—7 日，四川东部、重庆部分地区出现了区域性连续暴雨、大暴雨天气过程，这次强降雨具有范围广、强度大、持续时间长的特点，为 1981 年以来同期最强的区域性暴雨。

暴雨始于 2004 年 9 月 2 日，3 日晚降雨系统由四川北部移入重庆。9 月 3 日 8 时—4 日 8 时降水主要发生在四川省东部，其中渠县的 24 小时最大降雨量达到 253 mm；4 日 8 时—5 日 8 时降雨主要发生在四川东部及重庆北部，其中开县 24 小时降雨量达到 298 mm；5 日 8 时—6 日 8 时降雨主要发生在四川东部、重庆中部和南部还有贵州北部。过程雨带走向前 48 小时为东北—西南走向，后 24 小时转为南北走向。8 日，过程全部结束。

这次暴雨过程，四川省的绵阳、广元、巴中、达州、南充、广安、沪州、内江、遂宁、德阳、宜宾、凉山 12 个市、州出现了暴雨、大暴雨天气过程，有 39 个市县日降水量达 50 mm 以上。整个川渝地区降雨量一般为 50 ～ 100 mm，降雨量在 200 mm 以上的地区主要集中在四川的东北部和重庆，其中宣汉 419 mm、开县 383.9 mm、达州 350 mm、渠县 324 mm、开江 315 mm；营山最低，降雨量也达 219 mm。开县最大日降雨量为 298.0 mm，为开县日降雨量历史极大值（超过 1982 年 7 月 16 日的 218.4 mm）。渠县、宣汉、武胜、营山、开江等县的日降雨量也突破有连续气象记录以来的历史极值。区域过程平均降雨量达 122 mm，为 1951 年以来历史同期极大值。

本次暴雨有 4 个特点：一是降雨区域比较集中。降雨主要集中在嘉陵江流域的渠江、乌江下游和清溪场至奉节区间。二是降雨强度大，持续时间相对较长。这次降雨过程从 9 月 3 日持续到 6 日，四川省暴雨中心在达州、南充、巴中、广安等市，有 8 个县 27 站降雨量超过 200 mm。重庆市暴雨中心在东北部和西部，有 6 个站点日降雨量超过 200 mm，其中开县最大暴雨点三汇水库日降雨量达 321 mm，为 200 年一遇的特大暴雨。其中渠江流域的静边站 6 小时降雨量达到 191 mm，24 小时内渠江鲲池站降雨量达 234 mm，3 天降雨量渠江东林站达 465 mm、重庆市正坝站达 354 mm。主要降雨持续时间为 3 天。三是暴雨范围广，降雨分布不均匀。9 月 2—6 日的暴雨过程，日降雨量超过 50 mm 的就有 146 个站，日降雨量超过 100 mm 的有 41 个站。强降雨主要出现在嘉陵江和三峡库区附近，对三峡大坝的安全具有很大的威胁。四是发生季节偏晚。川渝地区 9 月份出现特大暴雨的概率极低，这次过程是川东地区有气象记录以来最强的一次，也是四川地区有气象记录以来 9 月份降雨最强的一次。

二、水情

9 月 5—6 日，乌江流域龚滩水文站以下发生了一次强降雨过程，较嘉陵江降雨稍迟，范围较小，流域内平均降雨量为 70 mm；武隆水文站 9 月 6 日 2 时从低水流量为 1460 m³/s 起涨，经过 21 小时的涨水过程，9 月 7 日 1 时出现了水位 187.6 m、流量 8270 m³/s 的洪峰，水位涨幅达 14.7 m，流量增幅达 6810 m³/s。

长江上游宜宾—重庆段平均降雨量 36.8 mm（9 月 3—5 日），上游干流洪水与支流嘉陵江洪水的组合，导致重庆市寸滩水文站从 9 月 4 日 8 时的 19400 m³/s 起涨，9 月 7 日 14 时出现洪峰流量 58200 m³/s。9 月 7 日 11 时出现了水位 183.28 m、流量达 58200 m³/s 的洪峰；涨水历时 105 个小时，水位总涨幅达 14.9 m，流量净增 40000 m³/s，且流量在 50000 m³/s 以上的持续时间长达 60 小时。

重庆—宜昌平均降雨量为 77.3 mm（9 月 3—5 日），由于寸滩水文站以上洪水与乌江洪水的遭遇，加上三峡区间洪水的汇入，长江上游控制站宜昌水文站的流量从 9 月 4 日 20 时的 20300 m³/s 起涨，9 月 8 日 2 时达到 58600 m³/s。受三峡水库调蓄，其后流量短暂回落。在入库洪峰过后，蓄水量下泄，宜昌流量又持续上涨，于 9 月 9 日 9 时出现洪峰，洪峰水位为 53.95 m（超警戒水位 0.95 m），相应洪峰流量为 61100 m³/s。随着上游洪峰和区间来水消退，宜昌流量逐步下降，到 9 月 10 日 16 时，宜昌站水位退到警戒水位下（52.82 m），相应流量为 51800 m³/s。至 9 月 19 日 20 时，流量退到 18700 m³/s。

长江宜昌至沙市河段除茶店站外全线超警戒水位。宜都茶店站洪峰水位为 51.37 m，超设防水位 1.14 m，超警戒水位 0.14 m，洪峰流量 60200 m³/s，超警戒水位历时 16 个小时，超设防水位历时 81 个小时。枝江董市站 9 月 9 日 13 时，洪峰水位为 47.27 m，超警戒水位 0.17 m，历时 24 个小时，超设防水位 87 个小时。刘巷站 9 月 9 日 14 时，洪峰水位为 46.25 m，超警戒水位 0.25 m，历时 34 个小时，超设防水位达 90 小时。七星台站 9 月 9 日 14 时，洪峰水位为 45.60 m，超警戒水位 0.20 m，历时 33 个小时，超设防水位达 92 个小时。沙市站 9 月 9 日 16 时，洪峰水位为 43.43 m，超警戒水位 0.43 m，洪峰流量为 47900 m³/s，超警戒水位历时 55 个小时，超设防水位历时 106 个小时。

此次洪水过程有以下几个特征：

（1）秋汛出现大洪水，在历史上是少见的。历史水文资料统计表明，宜昌站秋汛（即 9 月份）大于 60000 m³/s 的洪水曾出现过两次，第一次是 1896 年 9 月 4 日，洪峰流量为 71100 m³/s；第二次是 1945 年 9 月 6 日，洪峰流量为 67500 m³/s。本次洪水洪峰流量与历史同期相比排第三位，但出现时间较前两次晚。洪水涨幅大、涨率快。本次洪水主要由寸滩以上干支流和乌江来水组成，三峡区间大暴雨形成的洪水在起涨初加入，导致涨水时间提前。在洪水到来之前，长江中游水位普遍较低，洪峰来势快、流速快，过峰以后，消落也快；宜昌水文站涨水历时 123 个小时，落水历时 231 个小时，总涨落历时 354 个小时。宜昌水文站的流量从 9 月 4 日 20 时的 20300 m³/s 起涨，9 月 9 日 9 时的洪峰流量为 61100 m³/s，流量涨幅为 40800 m³/s，水位涨幅达 7.63 m，为 1981 年以来的最大值。洪峰传播时间缩短。9 月 7 日 2 时合成出现入库洪峰流量，至 9 月 8 日 8 时，洪峰流量到坝址，洪峰传播时间仅 30 个小时，较水库蓄水前 42 小时左右缩短。洪峰流量大、水位高。宜昌站洪峰流量和水位为 1998 年以来最大值。上下游站洪峰水位落差大、流速快。本次洪水由于长江中游水位较低，加之上游来水猛、流速快，宜昌与沙市水文站洪峰水位落差达 10.52 m，为 1981 年以来的最大值。枝城站 9 月 9 日洪峰流速达 4.39 m/s，为荆江河段实测 历史最大流速。

（2）长江上游秋汛发生时间晚、量级大。9 月，长江上游各大支流均有大的来水，金沙江屏山站月初开始流量持续上涨，并于 5 日、9 日、12 日三次出现洪峰，其中以 9 日 16200 m³/s 的洪峰流量为最大；岷江高场站 4 日起涨水，8 日出现洪峰流量 8480 m³/s；嘉陵江三大支流均出现较大洪水，以渠江洪水最为严重，罗渡溪站 6 日出现洪峰水位 225 m，相应洪峰流量 23600 m³/s，洪峰水位、流量均位居建站以来第二位（历史最大流量 24000 m³/s，1975 年 10 月）；涪江小河坝站 4 日洪峰流量为 2240 m³/s，嘉陵江武胜站 5 日洪峰流量为 7340 m³/s；嘉陵江北碚站 6 日出现 30600 m³/s 的洪峰流量。与此同时，长江上游干流区间也出现较强降雨，加之金沙江、岷江及嘉陵江来水汇聚寸滩，寸滩 7 日出现洪峰流量 58200 m³/s。嘉陵江洪水是长江干流秋汛洪水的主要来源。

（3）重要支流洪水严重。嘉陵江流域 9 月 2—5 日平均面降雨量为 151 mm，渠县站 9 月 3 日最大降雨量达 253.2 mm，宣汉站最大连续 3 天降雨量达到 413.9 mm（9 月 3—5 日）。受此强降雨影响，渠江支流巴河 9 月 3 日晚开始涨水，随着雨区东移，渠江上游另一支流川河水位陡涨，在渠江干流底水较高时叠加相遇，形成渠江干流大洪水。渠江三汇水文站 9 月 5 日 20 时，洪峰流量达 22900 m³/s，为历史第四大洪水；渠江罗渡溪水文站出现了建站以来的第二大洪水，超保证水位达 3 m；9 月 4 日 8 时起涨，经过 55 个小时的急速上涨，9 月 6 日 15 时出现了水位 225 m、流量达 23600 m³/s 的洪峰，水位涨幅达 20.95 m。嘉陵江控制站北碚水文站 9 月 4 日 2 时起涨，经过 63 个小时的迅速上涨，9 月 6 日 17 时出现了水位 202.2 m、流量达 30600 m³/s 的洪峰，水位涨幅达 21.1 m，流量增幅达 29100 m³/s。

三、灾情

由于暴雨中心地区为山地丘陵地形地貌，极强的暴雨导致山涧溪沟水位陡涨，山洪泥石流处处暴发，造成较大人员伤亡，冲毁大量房屋、农田和基础设施。进水受淹城市、城镇多，基础设施毁坏极其严重。

据初步统计，2004 年长江流域共有 768 个县（市）、7377 万人受灾，倒塌房屋 42.57 万间，因灾死亡 676 人，农作物受灾面积 4428 千公顷，成灾约 2511 千公顷，绝收约 652 千公顷，公路直接经济损失达 4.89 亿元。其中四川和重庆洪灾情况如下：

四川全省 12 个市（州）、44 个县市、1064 个乡镇、875 万人受灾，其中 13 个县、市、区进水被淹，洪水一度围困 46.2 万人，紧急转移安置 38.27 万人，因灾死亡 103 人、失踪 28 人、伤病 10880 人；倒塌房屋 8.42 万间，损坏房屋 16.93 万间；农作物受灾面积 287 千公顷，成灾 180 千公顷；绝收 68 千公顷；大量农业生产资料被冲走，交通、通信、工业等基础设施损毁严重，部分企业停产、学校停课；直接经济损失达 32.28 亿元，其中农业直接经济损失为 10.28 亿元。

重庆全市共有 23 个区县、451 个乡镇、564 万人受灾，4 个县（区）进水被淹，紧急转移 19.2 万人，因灾死亡 82 人、失踪 20 人、受伤 2513 人，紧急转移 19.21 万人；倒塌房屋 8.31 万间，损坏房屋 29.67 万间；农作物受灾面积 175 千公顷，绝收 49 千公顷；冲走大牲畜 3.7 万多头；损毁农田超过 7.5 千公顷；交通、通信、水利、电力等基础设施损毁严重；直接经济损失达 21.23 亿元，其中农业经济损失为 5.61 亿元。

此次灾害中开县损失尤为严重，全城一片汪洋，平均水深三四米，最深处达 10 m，8.7 万人被洪水围困。沿江河 18 个场镇被淹，赵家场镇淹没水深达 3.61 m。暴雨洪水诱发以滑坡为主的山地灾害 1106 处。全县 55 个乡镇、83 万人受灾，18.7 万人被淹，因灾死亡 60 人、失踪 12 人，556 人受伤；损坏房屋 42680 间、倒塌 14047 间；交通、水利、通信、电力等基础设施损致严重，因灾直接经济损失约 13.1 亿元。万州区因洪灾死亡 2 人，直接经济损失 1.02 亿元；其铁峰乡特大山体滑坡，总面积约 3 km^2，400 余户、1250 人受灾，死亡 2 人，直接经济损失 5000 万元。

2005 年黑龙江省宁安市沙兰镇 "6·10" 山洪灾害

2005 年 6 月 10 日下午 2 时许，黑龙江省宁安市沙兰镇沙兰河上游局部地区突降 200 年一遇的特大暴雨。这次暴雨降水强度大、历时短、降雨量集中、成灾快，平均降雨量 123.2 mm，引发特大山洪灾害，造成了 117 人因灾死亡（其中小学生 105 人），经济损失达到 2 亿元。

一、雨情

2005 年 4—6 月中旬，黑龙江全省平均降水较常年同期偏多 42%，累计降雨量达到 153 mm。其中乌裕尔河和讷谟尔河上游地区、逊毕拉河和库尔滨河下游地区、呼兰河和拉林河上游地区的降雨量超过 200 mm。与往年同期相比，哈尔滨、齐齐哈尔、牡丹江、绥化、黑河降水偏多 1～5 倍，其余地区接近或少于往年均值。

6 月 10 日，受中尺度强对流云团影响，在宁安市沙兰河流域出现强降水过程。流域内 2 小时平均降雨量为 123 mm，最高的王家屯达到 200 mm。从时间来看，此次降雨过程中的降雨时间从 6 月 10 日 11 时 20 分至 15 时 30 分，降雨历时 4.16 个小时。其中，沙兰河下游王家屯降雨时间从 13 时至 14 时 45 分，降雨历时 1.75 个小时。可见上游出现降雨时间早、降雨历时长。流域内平均降雨强度为 41 mm/h，点最大降雨强度为 120 mm/h（王家屯）。

从空间来看，6 月 10 日对流云团于 10 时在沙兰镇以西的张广才岭的背风坡上生成，受高空气流影响，对流云团由西向东方向移动。由此可以推断此次降雨过程走向为从西北向东南方向移动，恰与沙兰河的走向相同，所以降雨过程与河道洪水传播方向相同，进而洪峰流量在向下游传播过程中不断增高。11—13 时期间经过沙兰镇上空，该地区出现了强度为 20 mm/h 的 1 小时降雨量中心。降雨主要集中在和盛水库至沙兰镇区间范围内，其中和盛村累计降雨量 150 mm，王家村累计降雨量 200 mm，鸡蛋石沟村累计降雨量为 150～200 mm。经水文测算，沙兰河流域面平均降雨量为 123.2 mm，是本流域多年平均 6 月份降雨总量（和盛水库 92.2 mm）的 1.34 倍。由于沙兰河流域没有长系列降雨观测资料，经采用团山站、石头站、七峰站、长汀子站、石河站、金坑站和宁安等站降雨量站观测资料进行水文排频分析，确定此次暴雨重现期为 200 年一遇。

二、水情

根据水文气象部门的观测，本次洪水过程是由 6 月 10 日 10—13 时在镜泊湖上游的强降水引发的大水在流经下游支流时和 13—15 时沙兰镇地区发生的强降水在时空上叠加造成的。除此之外，受前期降雨影响，流域内土壤湿度较大，土壤涵养水源能力下降，以及特殊的地形与降雨移动过程叠加，导致流域内发生重大山洪灾害。

另据黑龙江省与牡丹江市水文和防汛部门的灾后洪水调查显示，在沙兰河上西沟村、鸡蛋石沟村、沙兰镇 3 个过水断面中，西沟村上游集水面积为 20.8 km²，和盛水库至鸡蛋石沟村间集水面积为 46 km²，和盛水库至沙兰镇间集水面积为 70 km²。通过上述 3 个断面的实测洪水资料对此次洪水洪峰流量进行估测分析，并且进一步计算降雨与洪峰间的关系，得出过程洪峰流量为 854.5 m³/s。本次山洪主要集水区为和盛水库至沙兰镇区间，洪峰流量 850 m³/s，洪水总量 900 万 m³。

本次洪水过程具有如下特点：

（1）降雨强度高、总量大。首先，降雨强度高，流域内平均降雨强度为 41 mm/h，点最大降雨强度为 120 mm/h。其次，降雨总量大，降雨主要集中在沙兰河流域的和盛水库至沙兰镇之间，流域外的降雨量相对较小，估算后的流域平均降雨量在 123.2 mm，是本流域多年平均 6 月份降雨总量（和盛水库，92.2 mm）的 1.34 倍。再次，暴雨走向与径流形成走向一致，加大了洪峰流量，导致洪峰流量在向下游传播过程中节节增高。

（2）河道行洪能力不足。沙兰河从沙兰镇中间穿过，两岸阶地被民宅、学校等建筑物占据。同时，沙兰镇 1996—2010 年城镇建设规划仍然挤占行洪区。两岸城镇建设缩窄了沙兰河的行洪断面。镇区无序的土地开发，导致河道行洪能力降低、降雨量不大河道水位高、流量不大灾情严重等现象，加剧了山洪灾害导致的损失。镇内河道两岸有堤防控制，河宽不足 50 m，最大行洪能力为 400 m³/s，本次洪峰流量为 850 m³/s，超过最大泄洪能力 450 m³/s，河道行洪能力严重不足。

（3）桥梁严重阻水。沙兰镇中心区有两座跨河桥，中心小学一号桥为平板桥，共 5 孔，每孔宽 8 m，共 40 m 宽，最大过水能力为 250 m³/s；小学下游的二号为拱桥，共 4 孔，每孔宽 20 m，共 80 m 宽，最大过水能力为 170 m³/s，河道的最大行洪能力只有 170 m³/s。这次来水的洪峰流量是河道最大行洪能力的 5 倍，再加上居民在河道内滥倒垃圾，桥的过水断面由于漂浮物堵塞和泥沙淤积影响，大大降低了桥的实际过水能力，下泄能力十分有限，导致水位迅速壅高，淹没了靠近河边且地势低洼的中心小学校园，造成了巨大的人员伤亡和财产损失。

（4）河道比降大，洪水传播快。和盛水库至沙兰镇河道平均比降为 6‰，落差为 84 m，流域坡度大，汇流条件好，不具备蓄洪和滞洪的条件，坡面径流可以迅速汇集到河道中，加快了洪水的传播速度。同时，此次降雨的暴雨中心区仅距沙兰镇 4～8 km，从降雨到形成洪峰抵达沙兰镇的时间间隔仅 1 个多小时。

（5）人类活动影响。水库至沙兰镇区间属于丘陵地貌，由于多年的过度采伐和乱砍滥伐，目前沙兰河上游流域生态环境破坏十分严重。从沙兰镇至西北上游 115 km² 的范围内，除和盛水库方圆 45 km² 生态良好外，其余绝大部分为近 3～5 年开垦的耕地，有的甚至已经开到山顶。由于 6 月份庄稼还没有长起，地面植被覆盖稀少，下垫面条件的改变使植被截流和地面植物海绵层遭到严重破坏，截流和填洼损失较小，流域蓄水能力相对减弱，导致洪水过程尖瘦，来水集中。同时，植被覆盖低也致使雨水侵蚀严重，洪水在汇流期间携带大量泥沙和漂浮物，加剧了灾害程度。

三、灾情

特大暴雨引发大山洪和泥石流灾害，造成沙兰河流域重大人员伤亡和财产损失。由于流域坡降大、洪水汇流快，沿沙兰河迅速冲往下游的沙兰镇。洪水于 14 时 15 分到达沙兰镇，加之沙兰镇内河道狭窄、桥梁阻水，泄洪能力下降，致使水位迅速壅高，暴涨出槽，短时间内形成高水头，并夹杂着大量泥沙、树枝和杂物，冲入沙兰镇中心小学，周围的治安、鸡蛋石、王家、和盛等 7 个村屯同时受灾。仅几分钟时间，教室水位就高达 2.2 m。

由于不合理的城市规划和设计，沙兰镇大量房屋沿河两岸布置，河道右侧（东北侧）距河约 1 km 左右为丘陵坡地，导致大量房屋建在沙兰河的河滩上。河道左侧（西南侧）地势较缓，西高东低，为慢坡地势，沙兰镇的主街区位于河左侧。当洪水到来之时，分布河岸两侧和河滩上的建筑物就极易被洪水影响。根据已有研究表明，生土墙房屋墙体在水中浸泡 2～4 个小时，就会因生土浸水软化失去承载能力而倒塌；砖墙房屋尽管是用砂泥砌筑的，耐浸泡能力也很弱，此次山洪历时约 3 个小时，势必会引发部分房屋倒塌。

河水漫堤淹没了沙兰镇中心小学和河道两岸大量民房，据不完全统计，受灾户 3000 多户，受灾居民 13899 人，其中，严重受灾户 982 户，受灾居民 4164 人；倒塌房屋 324 间，损坏房屋 1152 间；受灾农田 8.5 万亩，其中，绝产 1.5 万亩、减产 3.2 万亩，直接经济损失超 2 亿元。其中受灾最严重的是沙兰镇中心小学，校区最大水深达 2.2 m，当时有 352 名学生和 31 名教师正在上课，因而造成了死亡 117 人的重大伤亡（其中小学生 105 人、村民 12 人）。

2010 年 8 月 8 日甘肃特大山洪泥石流灾害

2010 年 8 月 7 日 23—24 时，舟曲县城北部山区三眼峪、罗家峪流域突降暴雨，1 小时降水量达 96.77 mm，半小时瞬时降水量达 77.3 mm。短时超强暴雨于 2010 年 8 月 8 日 0 时 12 分在三眼峪、罗家峪 2 个流域分别汇聚形成巨大山洪，形成特大规模的山洪泥石流，造成舟曲县城和沿线村庄严重受灾。山洪泥石流冲入白龙江后，形成长约 1.5 km、蓄量约 150 万 m³ 的堰塞湖，抬高了白龙江舟曲县城段水位约 10m，导致舟曲县城大面积进水，部分城区被淹，县城交通、电力和通信中断。灾害造成舟曲县城关镇和江盘乡的 15 个村、2 个社区受灾，受灾面积约 2.4 km²，人员伤亡惨重，受灾人口 4.7 万，因灾死亡 1557 人，失踪 208 人，总计 1765 人，直接总经济损失达 33.68 亿元。

一、雨情

灾害发生的 2010 年前期持续高温少雨，舟曲县自 5 月出现气象干旱，7 月期间一度出现重度气象干旱。7 月下旬，虽然降水有所增加，但仍维持中度气象干旱。严重的干旱，导致山体干缩，加大了岩石之间、山体之间的缝隙，使原本已经十分松散的岩体、山体更加松散，加重了岩层的不稳定性，进一步增加了泥石流物源量，遇有较大降水极易发生滑坡、泥石流等地质灾害。

短历时的局地暴雨是此次舟曲特大山洪泥石流灾害的激发因素。本次降雨过程是在高空冷空气东移南下的背景下，由低层切变线上产生的中尺度强对流造成的短历时强降雨。舟曲县城北高山区为无人居住区，更没有降雨观测站。经过调查，7 日舟曲县城附近有强对流天气发生，从 8 月 7 日下午开始，舟曲县城正北方向的三眼峪和罗家峪一带发生大暴雨。根据舟曲县城气象站测得的降雨记录，降雨是从 7 日 22 时 57 分开始的，至 0 时降雨量为 2.4 mm，最大降雨量 0—1 时为 6.8 mm，而整个持续 6 小时的降雨过程仅为 12.8 mm；而舟曲县城以北东山乡降雨量站的观测数据表明，舟曲县城西北方向的迭部县代谷寺 20 时开始降雨，20—21 时降雨量为 55.4 mm；舟曲县城东山站降雨是从 21 时开始的，21—22 时降雨量为 1.8 mm，22—23 时的降雨量为 0.5 mm，23—24 时降雨量达到 77.3 mm，为整场降雨的时段最大。最大降雨量出现在舟曲县城东南部的东山镇，8 小时累计降雨量为 96.3 mm，舟曲县西北方向白龙江上游的迭部县代古寺 8 小时累计降雨量为 93.8 mm。

三眼峪流域面积为 24.1 km²，罗家峪流域面积为 17.3 km²，暴雨中心东山降雨量站 8 小时累计降雨量为 96.3 mm，三眼峪和罗家峪的面平均降雨量为 93.2 mm。通过水文计算，三眼峪流域暴雨降水量为 225 万 m³，罗家峪流域暴雨降水量为 161 万 m³，合计暴雨降水总量为 386 万 m³。

二、水情

甘肃省水文水资源局在白龙江干流自上而下布设有白云、舟曲、武都、碧口 4 个水文站。其中白云水文站为白龙江上游的控制站，地处甘肃省迭部县电尕乡白云村，流域面积 2136 km²。舟曲水文站地处甘肃省舟曲县，流域面积 8955 km²，其水文设施在这次特大泥石流灾害中已严重损坏，水文监测被迫停止。武都水文站为白龙江中游控制站，地处甘肃省武都市（今武都区），流域面积 14288 km²，武都市为省内重点防洪城市之一。碧口水库水文站地处甘肃省文县，流域面积 26086 km²。

由于三眼峪、罗家峪沟道内没有水文监测站点，山洪发生后流量无法实测，只能依据实地调查计算洪峰流量。据调查结果显示，三眼峪洪峰流量为 1160 m³/s，洪水总量为 174 万 m³，径流系数为 0.77，径流深为 72.2 mm；罗家峪洪峰流量为 583 m³/s，洪水总量为 115 万 m³，径流系数为 0.71，径流深为 66.5 mm。

特大山洪泥石流裹挟着冲毁的民房、车辆等沿三眼峪、罗家峪沟由北向南横贯县城，极速涌入白龙江，堆积在瓦厂桥与城江桥之间。据测算，三眼峪、罗家峪山洪泥石流共冲出固体堆积物合计 181 万 m³，其中有 60 万 m³ 堆积物冲入白龙江，截断白龙江，形成长约 1.5 km、坝前水深约 10m、河面宽约 125 m、蓄量约 150 万 m³ 的堰塞湖，抬高白龙江舟曲县城段水位约 10 m，导致舟曲县城大面积进水，部分城区被淹。泥石流主体段位于城关桥和瓦长桥之间，约 700 m。据测算堰塞湖总库容 148.7 万 m³，第一部分河道实测库容量 98.5 万 m³，第二部分河道两侧建筑物后无法测量区域库容量 50.2 万 m³。堰塞湖总淹没面积 20.1 万 m²，第一部分河道实测淹没面积 12.4 万 m²，第二部分河道两侧建筑物后无法测量区域淹没面积 7.7 万 m²。

三、灾情

舟曲特大山洪泥石流灾害受灾主要区域涉及城关镇和江盘乡的 15 个村、2 个社区，受灾面积约 2.4 km²，人员伤亡惨重，受灾人口 4.7 万，因灾死亡 1557 人、失踪 208 人，总计 1765 人；倒塌房屋 1894 户 16155 间，经济损失 73735 万元；严重损坏 1408 户 9359 间，经济损失 45936 万元；一般损坏 538 户 4895 间，经济损失 1489.6 万元，总计经济损失 12.12 亿元。交通系统遭受重大损失，经过现场核查，受损公路总里程 264.5 km。舟曲县农牧业在灾害中损失严重，耕地损毁 8079 亩，经济损失 45100 万元。舟曲水利工程和饮水设施在灾害中遭受到严重损毁。水库、渠道、防洪设施、人饮工程和其他水利设施损失总计 13.78 亿元。舟曲特大山洪泥石流灾害直接总经济损失达 33.68 亿元。

2010 年松辽流域暴雨洪涝灾害

2010 年 7—8 月，受持续强降雨影响，松辽流域 50 条河流发生超警戒洪水，17 条河流发生超历史洪水。第二松花江上游发生超百年一遇的特大洪水，鸭绿江、浑河上游发生了 20 年一遇的大洪水，丰满水库发生有实测记录以来的第二位洪水。受暴雨洪水影响，吉林、辽宁、黑龙江等 3 省 126 个县（市、区）遭受严重洪涝灾害，农作物受灾面积 1016 千公顷，受灾人口 858 万，因灾死亡 112 人，直接经济总损失达 629.52 亿元。

一、雨情

2010 年夏季，副热带高压异常偏强偏西且稳定少动，西风带冷涡和低槽系统偏多，冷暖空气在松辽流域东南部频繁交汇，形成连续暴雨、大暴雨天气过程。2010 年 7 月 19 日—8 月 31 日，松辽流域连续出现集中降雨，主要降雨过程 7 次，即 7 月 19—21 日、7 月 25—28 日、7 月 30—31 日、8 月 4—5 日、8 月 7—9 日、8 月 19—21 日、8 月 26—29 日。流域大部地区累计降雨量在 100 mm 以上，第二松花江流域汛期累计降雨 581.7 mm，比历年同期均值偏多 30.6%。大于 100 mm、200 mm、300 mm、400 mm 的暴雨笼罩面积分别为 91.2 万 km^2、41.9 万 km^2、22.51 万 km^2、15.5 万 km^2，分别占流域面积的 73%、33.5%、18%、12.4%。暴雨中心位于温德河官地站，最大 1 日降雨量为 239.5 mm，最大 3 日降雨量为 310.4 mm。辽河流域东部、南部和第二松花江中上游累计降雨量较常年同期偏多五成至 1.5 倍。

此次降雨过程中，暴降雨量之大、覆盖面之广，历史罕见。主要有以下特点：一是降雨过程频繁。在 7 月 19 日—8 月 31 日的 44 天内，松辽流域先后出现 6 次较大范围的强降雨过程，每次降雨过程仅相隔 3 ~ 4 天，降雨历时约 3 天，强降雨频繁程度历史少见。二是暴雨区域集中。雨区主要集中在辽宁和吉林两省中东部，累计降雨量 300 mm 以上降雨范围集中在辽宁中部和吉林东南部，500 mm 以上降雨范围集中在辽宁东部。鸭绿江流域为暴雨最集中的区域。三是降雨强度大。松辽流域累计降雨量超过 400 mm 覆盖面积达 15.5 万 km²，8 月 20 日辽宁宽甸砬子沟最大日降雨量达 574 mm；多站次 6 小时降雨量超过 200 mm，其中辽宁宽甸砬子沟 6 小时最大降雨量高达 317 mm，为正常年份全年总降雨量的 30%。

二、水情

受降雨影响，松花江、辽河、浑河、太子河、鸭绿江、牡丹江、图们江等 50 条河流发生超警戒洪水，二道松花江、浑江等 17 条河流发生超历史洪水。

温德河等多条支流发生超历史实测纪录的特大洪水，第二松花江干流发生特大洪水。温德河口前站调查洪峰流量为 3120 m³/s（28 日 10 时 30 分，超历史最大流量近 2000 m³/s），洪峰水位 9.43 m，超历史最高水位 3.45 m，重现期约为 350 年一遇，洪水造成永吉县县城被淹，街道上最大水深达 3 m；二道松花江汉阳屯站调查洪峰流量为 9700 m³/s，重现期约为 300 年一遇；金沙河民立站实测洪峰流量为 2980 m³/s，重现期约为 200 年一遇；富尔河大蒲柴河站调查洪峰流量为 2600 m³/s，重现期约为 200 年一遇；古洞河大甸子站调查洪峰流量为 3070 m³/s，重现期约为 250 年一遇。白山水库最大 3 小时入库洪峰流量为 13200 m³/s，超历史实测纪录（12000 m³/s，1995 年 7 月），重现期约为 100 年一遇。7 月 29 日 20 时出现最高水位 417.38 m，超汛限水位（413 m）4.38 m，最大 3 日入库洪量为 16.34 亿 m³，重现期为 77 年；最大 7 日入库洪量为 24.28 亿 m³，重现期超 100 年一遇；白山水库最大放流量为 6390 m³/s，调洪最高水位为 417.38 m。

丰满水库最大 12 小时天然入库流量为 19700 m³/s，重现期超 100 年一遇，最大 7 日天然入库洪量为 47.19 亿 m³，重现期 60 年一遇，丰满水库最大放流量为 4500 m³/s，调洪最高水位为 263.95 m。石头口门等 15 座大型水库（水电站）、黄河等 63 座中型水库超汛限水位，并开闸泄洪。其中 5 座大中型水库超设计洪水位，最为严重的永吉县碾子沟水库（中型），于 7 月 28 日 10 时漫顶，坝顶最大过水深 0.45 m。经白山、丰满水库调蓄后，第二松花江干流吉林站 7 月 31 日洪峰流量为 4980 m³/s；扶余水文站 8 月 5 日洪峰流量为 5580 m³/s。2010 年松花江干流哈尔滨站最大洪峰流量仅为 5370 m³/s。

辽河干流出现 4 次洪水过程，其中辽河干流铁岭站 7 月 22 日 7 时，出现洪峰流量 1920 m³/s，洪峰水位 59.39 m；马虎山站 7 月 23 日 12 时，出现洪峰流量 2470 m³/s，洪峰水位 40.04 m；平安堡站 7 月 24 日 17 时，出现洪峰流量 2360 m³/s，洪峰水位 27.74 m；辽中水文站 7 月 27 日，出现洪峰流量 1960 m³/s，洪峰水位 15.91 m；辽河二级支流寇河松树站 7 月 21 日 11 时 30 分，出现洪峰流量 2040 m³/s，洪峰水位 134.87 m。

浑河干流出现 3 次洪水过程。浑河干流北口前站 7 月 31 日 14 时 42 分，出现洪峰流量 1580 m³/s；抚顺站 7 月 31 日 21 时洪峰流量 2170 m³/s，洪峰水位 75.85 m；沈阳站 8 月 1 日 1 时洪峰流量 2160 m³/s，洪峰水位 37.36 m；邢家窝棚 8 月 2 日 23 时洪峰流量 1390 m³/s，洪峰水位 10.03 m；浑河支流苏子河占贝水文站 7 月 31 日 16 时实测洪峰流量 3310 m³/s，还原洪峰流量 3490 m³/s，最高水位 99.06 m，为大于 50 年一遇洪水；7 月 31 日 17 时大伙房水库最大入库流量为 6220 m³/s，经水库调蓄后，出库最大流量为 1980 m³/s，最高洪水位 129.78 m（8 月 1 日 14 时，持续 7 小时）。

太子河干流出现 4 次洪水过程。太子河干流本溪站 8 月 5 日 21 时 54 分洪峰流量 1270 m³/s，洪峰水位 106.2 m；辽阳站 8 月 23 日 23 时洪峰流量 2210 m³/s，洪峰水位 24.06 m；观音阁水库 8 月 5 日 23 时最大入库洪峰流量为 3270 m³/s，参窝水库 8 月 5 日 23 时最大入库洪峰流量为 2980 m³/s。

本次暴雨洪水过程具有以下特点：一是洪水范围广。2010 年发生洪水地区涉及辽、吉、黑三省。黑龙江省松花江干流，吉林省第二松花江、牡丹江、图们江，辽宁省辽河、浑河、太子河、鸭绿江等 50 条主要江河均发生了超警戒洪水。二是洪水量级大。第二松花江白山水库以上发生了超百年一遇的特大洪水，鸭绿江、浑河大伙房水库以上、牡丹江上游、图们江、浑江等发生了大洪水，浑江、牡丹江上游、辽河支流清河、二道松花江等 17 条河流发生了超历史洪水。三是洪水过程多。多数河流发生多次洪水过程，其中辽河及鸭绿江均发生 3 次洪水过程，第二松花江支流辉发河发生 5 次洪水过程。四是洪水历时长。辽河干流三度超过警戒水位，累计历时 29 天；第二松花江干流超警历时长达 12 天；饮马河超警历时长达 21 天；白山、丰满两水库 7 月 28 日—8 月 31 日超汛限水位，历时长达 35 天。

三、灾情

连续的暴雨、洪水致使松辽流域发生了严重的洪涝灾害。吉林、辽宁、黑龙江等 3 省 126 个县（市、区）、992 个乡（镇）遭受了严重的洪涝灾害，农作物受灾面积 1016 千公顷，受灾人口 858 万，因灾死亡 112 人、失踪 60 人，倒塌房屋 35.57 万间，直接经济总损失达 629.52 亿元。其中辽宁省、吉林省受灾最为严重。

辽宁全省 14 个市有 84 个县（市）区、866 个乡镇、466 万人受灾。倒塌房屋 2.93 万间，死亡 11 人，失踪 5 人，转移 96.85 万人次；农作物受灾面积 850 千公顷，成灾面积 530 千公顷，绝收面积 200 千公顷，减收粮食 419 万 t，死亡大牲畜 2.2 万头；停产工矿企业 1327 家、铁路中断 2 条次、公路中断 3128 条次、供电中断 412 条次、通信中断 291 条次；水利工程在发挥防洪减灾作用的同时，自身也遭受了严重的损失，全省损坏水库 151 座，损坏堤防 6542 处共 2942 km，中小河流堤防决口 1185 处共 451 km，损坏河道护岸 2861 处、水闸 563 座、灌溉设施 4772 处、机电井 2649 眼、水文设施 192 处、机电泵站 407 座、水电站 75 座、塘坝 213 座。全省直接经济总损失 273 亿元，其中，水利设施直接损失 51 亿元。

吉林省堤防多处发生漫溢或决口。永吉县城温德河堤防全线漫溢，最大漫顶超过堤顶 3.98 m，县城进水，最大水深 5 m。全省有 4 座中型水库出现险情，其中，东辽县八一水库（中型）由于入库洪水大，洪水水位超围堰顶高程 1.5 m，施工围堰出现严重险情；永吉县碾子沟水库（中型）于 7 月 28 日 10 时漫顶，坝顶最大过水深 0.45 m，通过开挖非常溢洪道泄洪措施，险情得到控制，但由于坝顶过水坝后坡，部分坝段冲刷严重。共有 71 座小型水库发生险情，其中 26 座险情较重。桦甸市大河水库、永吉县罗圈沟水库因水库流域发生特大暴雨，入库流量过大，发生漫顶垮坝。磐石市烟筒山镇和伊通县伊通镇因内涝受淹，1000 多人一度受洪水围困。受洪水影响，永吉县新亚强化工厂 7000 多只装有三甲基乙氯硅烷的原料桶冲入松花江，对松花江水质造成威胁。永吉、桦甸、磐石、安图、敦化、丰满等县（市、区）部分乡镇村屯进水受淹，部分铁路、公路、桥梁冲毁，通信、电力供应中断，给人民群众生命财产安全造成严重威胁。桦甸市 12 艘淘金船被洪水冲入松花江，对下游丰满水库大坝造成威胁。吉林全省共有 51 个县（市、区）、542.15 万人受灾，紧急转移人口 199.5 万，因灾死亡 104 人、失踪 55 人，农作物受灾面积 386.5 千公顷，成灾面积 281.5 千公顷，绝收面积 106 千公顷，倒塌房屋 33.13 万间，受淹城市 2 个（伊通县、永吉县），直接经济总损失 499.85 亿元，是新中国成立以来损失最重的一次。

2010 年长江流域洪涝灾害

2010 年 6 月 13—28 日、7 月 15—25 日、8 月 10—26 日，长江流域出现三次较大规模的降雨过程。6 月 13—28 日，江西资溪 746 mm、广昌县水南 674 mm，7 月 15—25 日，四川广元剑阁 725 mm、河南南阳南召 530 mm；8 月 10—26 日，四川眉山丹棱 722 mm、河南南召白土岗 653 mm。降水造成鄱阳湖水系信江、抚河、赣江相继发生超历史纪录洪水，洞庭湖水系湘江发生了历史第三高水位的洪水，长江上游岷江、嘉陵江支流渠江及汉江支流任河、坝河、白河、丹江、淇河等 10 多条河流发生超历史纪录洪水。江西抚河干流唱凯堤溃决，重庆市城口县庙坝镇因山体滑坡阻断罗江河道形成堰塞湖，一度危及城口县庙坝镇、坪坝镇和四川万源市大竹镇三镇安全。三次暴雨洪水过程造成江西、湖北、湖南、四川、重庆、贵州、甘肃、云南、陕西等省（市）遭受洪涝灾害，农作物受灾面积一度达到 2950 千公顷，累计有 1 亿人次受灾，因灾死亡 526 人、失踪 592 人，直接经济损失达 1249.97 亿元。

一、雨情

2010 年汛期，长江流域受异常偏高的西太平洋副热带高压影响出现多次范围大、强度高、持续时间长的降水过程影响。汛期 4—10 月长江流域降雨较常年同期正常偏多，其中长江上游正常，中下游偏多。主汛期 6—8 月，长江流域降雨较多年同期偏多一成以上。

6 月，洞庭湖、鄱阳湖水系大部地区和金沙江下段局部、乌江部分地区月降雨量超过 200 mm，其中鄱阳湖水系信江、抚河流域月降雨量超过 500 mm；金沙江上中游、嘉陵江、汉江、长江下游干流大部月降雨量小于 100 mm。其中 6 月 16—24 日两湖水系强降雨过程，强降雨中心位于信江、抚河，累计面降雨量赣江、抚河 305 mm，饶河、信江 235 mm，修水、潦河 194 mm，鄱阳湖区 141 mm，资水 222 mm，湘江 159 mm，沅江 128 mm；单站累计降雨量：抚河资溪站 703 mm，茶亭站 608 mm，洪门站 584 mm，信江圳上站 553 mm。此次强降雨过程，超过 300 mm 的笼罩面积约 7.12 万 km²，超过 500 mm 的笼罩面积有 0.68 万 km²。本次过程又以 6 月 19 日的雨强最大，鄱阳湖水系日面降雨量超过 70 mm，洞庭湖水系超过 50 mm；单站日降雨量鄱阳湖水系信江进贤站 329 mm，东乡站 328 mm，余江站 321 mm。日降雨量超过 50 mm 的笼罩面积 23.04 km²，超过 100 mm 的笼罩面积约 9.01 万 km²。

7 月，长江中下游干流附近、嘉陵江、汉江及金沙江、岷沱江等部分地区月降雨量超过 200 mm，其中嘉陵江上中游、汉江上游南部、澧水及长江中下游干流附近月降雨量超过 500 mm；金沙江上游、两湖水系南部地区月降雨量小于 100 mm。本月有两次主要过程，其中 7 月 8—15 日，降雨主要集中于长江下游干流附近，青弋江水阳江陈村站 748 mm、饶河黄潭站 684 mm，过程降雨超过 300 mm 的笼罩面积 10.09 万 km²，超过 500 mm 的笼罩面积有 2.43 万 km²；7 月 15—25 日嘉陵江岷江流域和汉江上中游出现两次强降雨过程。第一次强降雨过程的时间是 15—18 日，强降雨中心位于渠江和汉江石泉至白河区间南部。统计此次降雨过程累计面降雨量：嘉陵江 99 mm，岷沱江 60 mm，汉江石泉以上 82 mm，石泉至白河区间 176 mm，白河至丹江口区间 91 mm，汉江中游 82 mm；累计过程降雨量：渠江黄钟站 503 mm，旧院站 462 mm，渐波站 414 mm。此次强降雨过程，超过 300 mm 的笼罩面积 1.25 万 km²。第二次强降雨过程的时间是 7 月 21—25 日，此阶段的强降雨中心位于嘉陵江上中游。统计此次强降雨过程区域累计面降雨量：汉江石泉以上 109 mm，石泉至白河区间 74 mm，白河至丹江口区间 72 mm，汉江中游 74 mm，嘉陵江 95 mm，岷沱江 61 mm；单站累计降雨量：嘉陵江东风站 493 mm，剑阁站 468 mm，三磊坝站 452 mm，白龙站 444 mm；降雨强度大：7 月 24 日 17—18 时，唐白河内乡站 1 小时降雨量 99.3 mm。此次强降雨过程，超过 300 mm 的笼罩面积为 1.02 万 km²。

8 月，金沙江中段、岷沱江、嘉陵江、汉江上中游部分地区月降雨量超过 200 mm，其中岷沱江、汉江中游唐白河局部地区月降雨量超过 500 mm；金沙江上游、乌江上游、两湖水系南部地区月降雨量小于 100 mm。其间，岷江、沱江、嘉陵江及汉江上中游主要有两次强降雨过程，分别发生在 8 月 12—14 日和 8 月 17—25 日。这两次强降雨过程的暴雨中心均位于岷沱江。统计此阶段的累计面降雨量：岷沱江 164 mm，嘉陵江 138 mm，三峡万县至宜昌区间 128 mm，汉江石泉以上地区 170 mm，汉江石泉至白河区间 199 mm，汉江白河至丹江口区间 130 mm，汉江中游 119 mm；单站累计降雨量：岷江杨柳坪站 515 mm，岷江支流青衣江多营坪站 494 mm，孔坪站 461 mm。此次降雨阶段，超过 300 mm 的笼罩面积约 2.57 万 km²，超过 500 mm 的笼罩面积约 521 km²。

二、水情

2010 汛期 4—10 月上游主要支流来水除嘉陵江外均偏少，汉江、"两湖"水系来水偏多；主汛期 7—8 月，长江流域多数支流发生较大洪水，上游干流寸滩站发生 1987 年以来最大的洪水过程，年最大流量 64900 m³/s，超50000 m³/s 量级洪水过程 3 次；7 月，三峡水库最大入库流量 70000 m³/s，削峰调蓄后宜昌站最大流量 42000 m³/s，与此同时，中下游两湖地区无持续性较大来水，经三峡削峰后的上游洪水仅与汉江较大洪水遭遇，长江干流各主要站 7 月出现年最大流量、年最高水位。

6 月长江上游来水相对稳定，中下游干流部分出现超警洪水，汉口、九江、大通站月最高水位分别为 25.75 m（29 日 6 时）、20.32 m（29 日 18 时 30分）、14.16 m（29 日 21 时），其中九江站最高水位超警 0.32 m。6 月下旬，长江上游支流綦江五岔站出现超保证洪水，中下游洞庭湖水系的湘江、资水、沅江先后发生超警洪水，其中湘江 21 日前后湘江干流全线超警，各站洪峰水位超警幅度 1～3.67 m，湘潭站洪峰水位 40.64 m（25 日 6 时），超保证水位（39.5 m）1.14 m，相应流量 19300 m³/s；长沙站洪峰水位 38.46 m（25 日 8 时），超保证水位（38.37 m）0.09 m；资水桃江站本月出现 3 次超警戒水位洪水，其最高水位为 41.16 m，超警戒水位（39.2 m）1.96 m，相应流量 5870 m³/s。沅江桃源站本月出现 3 次洪峰流量超过 7000 m³/s 的涨水过程，其中最高水位 41.47 m（20 日 9 时 20 分），相应流量 13400 m³/s。鄱阳湖水系赣江、抚河、信江发生大洪水，其中赣江外洲站 22 日实测洪峰流量 21400 m³/s，超过历史最大流量（20900 m³/s，1962 年 6 月 20 日）；南昌站 22 日 12 时洪峰水位 23.73 m，超警戒水位 0.73 m；抚河李家渡站 21 日最大流量 11100 m³/s，超警戒水位 2.2 m，居历史第一位，并导致府河唱凯堤决口；信江梅港站 21 日洪峰流量 13800 m³/s，居历史第一位，洪峰水位 29.82 m，超警戒水位 3.82 m，接近历史最高水位 29.84 m（1998 年 6 月 23 日）。6 月底，鄱阳湖水系赣江、抚河、信江均发生超历史大洪水，3 条支流洪水基本遭遇，五河最大合成流量为 43600 m³/s。

7 月，长江上游和汉江上游发生洪水量级大、超警河流多、部分区域干支流洪水遭遇恶劣的洪水，长江中下游、两湖地区部分支流及长江下游支流青弋江、水阳江、滁河发生超警洪水。长江上游干流出现了 1987 年以来的最大洪峰流量，寸滩水文站发生超保证洪水，三峡水库发生了建库以来的最大入库洪水，渠江发生超过历史实测纪录的特大洪水，汉江安康水库发生了建库以来的最大入库洪水，丹江口水库发生了建库以来历史第二位的最大入库洪水，汉江上游支流任河、坝河、黄洋河、丹江、白河、淇河，中游支流唐白河等多条中小河流发生了超历史纪录的大洪水或特大洪水。长江上游洪水由两次独立的洪水过程组成，寸滩洪峰流量分别为 64900 m³/s、53600 m³/s，两次洪水过程均主要由嘉陵江、岷江、沱江增量来水组成，其间，金沙江、乌江来水较为平稳，三峡区间亦无明显的强降雨过程发生。两次洪水过程中，寸滩站洪水过程分别持续 8 天、7 天，流量总涨幅分别为 45200 m³/s、28000 m³/s，次洪总量分别为 281.9 亿 m³、252.3 亿 m³。第一次洪水过程对应三峡入库洪峰流量 70000 m³/s（7 月 20 日 8 时），与 1998 年相比，寸滩，三峡入库洪峰流量高于 1998 年（寸滩、宜昌洪峰流量分别为 59200 m³/s、63300 m³/s），最大 7 天、15 天、30 天洪量低于 1998 年，洪水涨落较陡，洪峰流量大但洪量不大。7 月中下旬，长江上游支流洪水在长江干流寸滩站基本遭遇，寸滩站洪峰流量 64900 m³/s，为 1987 年以来的最大洪峰流量；第二场洪水，岷江、嘉陵江洪水遭遇形成寸滩 53600 m³/s 的洪峰流量；岷江、沱江发生超警洪水，嘉陵江渠江全线发生超历史纪录洪水，嘉陵江上游干流及涪江也出现较大洪水，汉江上游任河、黄洋河、坝河等多条支流发生超历史洪水。岷江高场站 2 次洪峰水位分别为 285.46 m（18 日 3 时 50 分，超警戒 0.46 m，相应流量 21100 m³/s）、283.86 m（26 日 1 时、相应流量 16900 m³/s）；沱江富顺 2 次洪峰水位分别为 269.26 m（18 日 12 时）、269.38 m（27 日 9 时），分别超过警戒水位 0.76 m、0.88 m（警戒水位 268.5 m），相应洪峰流量分别为 4200 m³/s（18 日 12 时）、4310 m/s（27 日 9 时）；北碚站 20 日 9 时出现年度最高洪峰水位 198.36 m（相应流量 34300 m³/s），超过警戒水位（194.5 m）3.86 m，现峰后流量快速消退至 4430 m³/s，于 24 日 2 时再度转涨，第二次洪峰水位 193.93 m（27 日 8 时 45 分），相应流量 26000 m³/s。

受强降雨影响，两湖地区部分支流及长江下游支流青弋江、水阳江、滁河发生超警洪水。洞庭湖水系澧水石门站 11 日 19 时 10 分洪峰水位 59.61 m，超警 1.11 m，相应流量 11200 m³/s；11 日 8 时沅江五强溪水库入库流量快速增加，水库于 11 日 11 时 20 分开闸泄洪，12 日 20 时最大出库流量 14700 m³/s，受其影响，并在区间来水的共同作用下，桃源站水位快速上涨，13 日 1 时出现洪峰水位 43.85 m，超警（42.5 m）1.35 m，相应流量 17500 m³/s。鄱阳湖水系昌江、乐安河发生超警洪水，其中昌江渡峰坑站 2 次洪峰水位分别为 29.45 m（11 日 0 时 36 分，相应流量 3600 m³/s）、32.75 m（16 日 0 时，相应流量 6430 m³/s），各超警（28.5 m）0.95 m、0.95 m；乐安河虎山站 2 次洪峰水位分别为 28.54 m（10 日 13 时 50 分，相应流量 4890 m³/s）、26.33 m（16 日 12 时 30 分、相应流量 2530 m³/s），各超警（26 m）2.54 m、0.33 m。长江下游支流水阳江干流新河庄站 7 月最高洪峰水位 12.56 m（14 日 9 时 30 分），超警 1.56 m，相应流量 1100 m³/s；青弋江干流西河镇站洪峰水位 14.89 m（14 日 3 时，相应流量 3780 m³/s）；滁河襄河口闸上最高水位 13.07 m（14 日 0 时），超警（11 m）2.07 m；晓桥站最高水位 10.87 m（13 日 16 时），超警（9.5 m）1.37 m；六合站最高水位 9.2 m（13 日 15 时），超警（7.85 m）1.35 m。

7 月中下旬，汉江上游支流丹江发生超百年一遇洪水，丹江干流荆紫关站、支流淇河西坪站、支流老灌河西峡站均出现超历史洪水。石泉水文站 17 日 23 时最大流量 6230 m³/s，上游多条支流出现超历史洪水，其中，支流任河高滩站 18 日 22 时洪峰水位为 360.8 m，超过保证水位（359.51 m）1.29 m，相应流量 6090 m³/s，列 1990 年有资料以来历史第一位（历史最高水位 355.97 m，2000 年 7 月 13 日；历史最大流量 3950 m³/s，2000 年 7 月 13 日）；汉江干流安康站 19 日 1 时 30 分洪峰水位 251.77 m，超过警戒水位（246.43 m）5.34 m，相应流量 21700 m³/s；安康至白河区间支流坝河桂花园站 19 日 4 时洪峰水位

309.6 m，超过保证水位（306.65 m）2.95 m，相应流量 2370 m³/s，列 1963 年有资料以来历史第一位（历史最高水位 307 m，2005 年 8 月 16 日；历史最大流量 1520 m³/s，1982 年 7 月 21 日）；汉江上游干流白河站 19 日 8 时洪峰水位 191.21 m，超过保证水位（191 m）0.21 m，相应流量 21400 m³/s。7 月下旬汉江上游再次发生涨水过程，白河水文站 25 日 5 时洪峰水位 186.16 m，相应流量 15000 m³/s。支流丹江控制站荆紫关站 24 日 15 时洪峰水位 217.59 m，超保证水位（214.5 m）3.09 m，14 时 24 分最大流量 10000 m³/s，为 1953 年建站以来第一位（历史最大流量 5680 m³/s，1958 年 7 月）；其支流淇河西坪站 24 日 13 时 48 分洪峰水位 98.4 m，相应流量 4950 m³/s，为 1951 年建站以来第一位（历史最大流量 3870 m³/s，2007 年 7 月；历史最高水位 97.9 m，1979 年 8 月）；另一支条流老灌河西峡站 24 日 17 时 30 分洪峰水位 84.31 m，超保证水位（81.6 m）2.71 m，17 时最大流量 7380 m³/s，流量列 1951 年有实测资料以来第一位（历史最大流量 6030 m³/s，1958 年 7 月）。丹江来水与汉江上游来水遭遇，丹江口水库 7 月 25 日出现最大入库流量 34100 m³/s，居建库以来第二位；与此同时，汉江中游唐白河支流白河发生超历史洪水，安康水库 7 月 18 日 19 时 50 分出现最大入库流量 25500 m³/s，居建库以来第一位；丹江口水库 7 月 25 日 4 时出现最大入库流量 34100 m³/s，居建库以来第二位。经丹江口水库削峰调蓄后的上游洪水与丹皇区间洪水遭遇，致使汉江中下游干流多站水位超警戒，汉川站 28 日洪峰水位 31.94 m，超保证水位 0.25 m，洪峰水位仅次于 1998 年（32.09 m），居历史第二位。

8 月中下旬，长江上游、汉江再次出现较大洪水。沱江出现 3 次较大洪水过程，其中上游三皇庙站 19 日 19 时 30 分洪峰水位 444.05 m（相应流量 5950 m³/s），超历史最高水位 0.52 m；富顺站出现 3 次明显来水过程，其中 22 日 22 时最大洪峰水位 273.11 m（相应流量 8380 m³/s），超保证水位 0.81 m。长江上游干流寸滩站中下旬出现 2 次涨水过程，其中月最大流量 52000 m³/s（24 日 0 时 45 分），最高洪峰水位 181.51 m（超警戒 1.01 m）。三峡水库有两次明显入库洪水过程，最大入库洪峰流量 56000 m³/s。汉江上游发生较大洪水过程，下游发生超警洪水。汉江上游石泉、安康水库均开闸泄洪，石泉、安康站最大流量分别为 6120 m³/s（22 日 5 时 16 分）、6600 m³/s（22 日 17 时），白河站下旬起出现 2 次涨水过程，其中第二次过程 25 日 6 时 24 分实测洪峰流量 9910 m³/s。丹江口水库下旬开始入库流量持续增加，25 日 15 时出现月最大入库流量 16300 m³/s；水库进行削峰调度，25 日起维持在 4900 m³/s 左右至月底，水库水位 28 日 2 时出现月最高水位 153.9 m 后缓退至月底。汉江中下游皇庄、沙洋站月初起维持上月消退态势至 21 日，之后受上游及丹皇区间来水影响快速上涨，洪峰流量分别为 10100 m³/s（27 日 14 时）、9960 m³/s（28 日 8 时），均为月最大流量；下游汉川站维持上月涨势至 30.52 m（1 日 12 时，超警戒 1.52 m）后持续退水至 23 日，之后受上游来水影响再次起涨，29 日 9 时出现最高水位 29.22 m，超警戒 0.22 m。

三、灾情

2010 年汛期长江流域出现三次较大规模降雨过程，导致长江上中游主要支流出现大洪水，造成江西、湖北、湖南、四川、重庆、贵州、甘肃、云南、陕西等省（直辖市）遭受灾害，累计有 1 亿人次受灾，因灾死亡 526 人，直接经济损失达 1249.97 亿元。其中：

受 6 月 13—28 日长江以南地区大范围持续性强降雨过程影响，江西、湖北、湖南等省 389 个县（市、区）、4444 个乡（镇）遭受洪涝灾害，农作物受灾面积 1779 千公顷，受灾人口 3096 万，因灾死亡 83 人、失踪 136 人，倒塌房屋 19 万间，直接经济总损失 422 亿元。

受 7 月 15—25 日长江上游和汉江流域出现的两次强降雨过程影响，江西、湖北、湖南、四川、重庆、贵州、云南、陕西等省（直辖市）709 个县（市、区）、7102 个乡（镇）遭受洪涝灾害，农作物受灾面积 2950 千公顷，受灾人口 5719 万，因灾死亡 306 人、失踪 314 人，倒塌房屋 33 万间，直接经济总损失 576.27 亿元。

受 8 月 10—26 日嘉陵江、岷江、沱江和汉江出现的大范围强降雨过程影响，四川、重庆、云南、陕西、甘肃、江西、湖北等省（直辖市）343 个县（市、区）、3260 个乡镇遭受洪涝灾害，农作物受灾面积 481 千公顷，受灾人口 1225 万，因灾死亡 137 人、失踪 142 人，倒塌房屋 10 万间，直接经济总损失 251.7 亿元。

2011年6月长江中下游洪水

2011年6月3—23日，长江中下游地区连续发生4次移动性较强的降水过程，江西中北部、湖南中部、安徽南部、湖北东南部等地降了大到暴雨，局部地区降了大暴雨，最大点降雨量江西婺源鄣山958 mm。湖北陆水、江西乐安河等河流发生了超过历史纪录的洪水，湖南渌江、安徽中东津河等24条河流发生超过保证水位的洪水。暴雨洪水致使安徽、江西、湖北、湖南、江苏等省280个县（市、区）遭受洪涝灾害，农作物受灾面积1929千公顷，受灾人口2838万，因灾死亡95人、失踪33人，倒塌房屋8万间，直接经济总损失249亿元。

一、雨情

2011年6月梅雨期间，长江中下游强降雨过程频繁，6月中下游降雨量较常年多近三成。其中，长江下游干流偏多近1倍，中游干流多五成多，洞庭湖和鄱阳湖水系多两成，长江上游干流、乌江、汉江流域基本正常。单站月降雨量以鄱阳湖水系饶河的波阳站684 mm为最大，饶河虎山站671 mm次之，信江横峰站670 mm，陆水崇阳站658 mm。长江上游大部分地区月降雨量小于200 mm，长江中下游大部分地区月降雨量大于300 mm。6月，由于长江中下游地区入梅早，梅雨期降雨频繁。6月3—7日、9—12日、13—15日、16—19日长江中下游出现4次持续的强降雨过程；6月20—25日、26—30日，为2次自西向东的移动性降雨过程。6月份长江流域降雨量总体偏多，中下游降雨量较常年偏多接近三成。而7、8月份，长江流域多移动性降雨过程，降雨量总体上较常年偏少。

3—7日，受高空槽、中低层切变线影响，长江流域出现一次强降雨过程，降雨主要集中在乌江、长江中下游干流附近及两湖水系，过程降雨中心位于沅江及鄱阳湖水系。过程强降雨日为4—6日。4日，信江和饶河有暴雨，局地大暴雨，乌江上中游、沅江、陆水、鄱阳湖区有大到暴雨，资水、修水、赣江有大雨，日面降雨量信江、饶河57 mm；5日，鄱阳湖水系北部有暴雨，局部大暴雨，乌江上中游、沅江、洞庭湖区有大雨，局地暴雨，日面降雨量修水 73 mm，鄱阳湖区 45 mm，信江、饶河 43 mm；6 日，信江、饶河有暴雨，局地大暴雨，鄱阳湖区及赣江有大雨，洞庭湖水系南部及修水有中雨，日面降雨量信江、饶河 55 mm。累计分区过程面降雨量：信江、饶河 174 mm，修水 121 mm，鄱阳湖区 109 mm，赣江、抚河 71 mm，沅江 74 mm，资水 58 mm，陆水 72 mm。单站累计降雨量：信江的河口站 279 mm，圳上站 270 mm，抚河桃陂站 269 mm。此次降雨过程，超过 100 mm 的笼罩面积约 17.41 km^2，超过 200 mm 的笼罩面积约 2.99 km^2。

9—12 日，受高空槽、中低层暖湿气流影响，长江流域出现一次强降雨过程，降雨主要集中在长江中下游干流附近及两湖水系，过程降雨中心位于陆水、修水及下游的青弋江、水阳江。过程强降雨日为 9 日，乌江、长江中下游干流附近及两湖水系北部有大雨，局部暴雨，其中，陆水有大暴雨，日面降雨量陆水 121 mm、修水 61 mm、鄂东北 43 mm。累计分区过程面降雨量：陆水 139 mm，修水 96 mm，信江、饶河 63 mm，鄱阳湖区 60 mm，赣江、抚河 43 mm，长江下游干流 59 mm，资水 59 mm，澧水 51 mm，鄂东北 50 mm。单站累计降雨量：青弋江、水阳江陈村站 294 mm，旌德站 282 mm，陆水通城站 280 mm。此次降雨过程，超过 100 mm 的笼罩面积约 9.98 km^2，超过 200 mm 的笼罩面积约 1.68 km^2。

13—15 日，受冷暖气流共同影响，长江流域出现一次强降雨过程，降雨主要集中在三峡、长江中下游干流附近及两湖水系，过程降雨中心位于陆水及鄱阳湖水系北部。过程强降雨日为 13—14 日，13 日，乌江、三峡及长江中游干流附近有大到暴雨，日面降雨量清江 53 mm，三峡万县—宜昌区间 50 mm；14 日，长江中下游干流附近有大范围暴雨，部分地区大暴雨，日面降雨量鄱阳湖区 91 mm，陆水 85 mm，修水 82 mm，信江、饶河 72 mm，鄂东北 49 mm。累计分区过程面降雨量：信江、饶河 164 mm，鄱阳湖区 137 mm，修水 114 mm，陆水 116 mm，鄂东北 73 mm，洞庭湖区、澧水 58 mm，资水 54 mm。单站累计降雨量：鄱阳湖水系饶河的段莘站 345 mm，波阳站 311 mm，虎山站 308 mm。此次降雨过程，超过 100 mm 的笼罩面积约 16.06 km^2，超过 200 mm 的笼罩面积约 2.95 km^2。

16—19 日，受高空槽、中低层西南涡及暖湿气流影响，长江流域出现一次强降雨过程，降雨主要集中在长江上游东部、中下游干流附近及鄱阳湖水系北部，过程降雨中心位于江汉平原、鄂东北、信江、饶河及长江下游干流。过程强降雨日为 17—18 日，17 日，乌江、三峡区间、清江、江汉平原、澧水、洞庭湖区、鄂东北、长江下游干流有大到暴雨，日面降雨量清江 65 mm，江汉平原 48 mm，三峡万县—宜昌区间 46 mm；18 日，长江中下游干流附近有暴雨到大暴雨，日面降雨量鄂东北 62 mm，长江下游干流 53 mm，江汉平原 50 mm，武汉 102 mm。累计分区过程面降雨量：长江下游干流 152 mm，鄱阳湖区 99 mm，修水 90 mm，澧水 98 mm，沅江 67 mm。单站累计降雨量：青弋江、水阳江的西河镇站 349 mm，宣城站 344 mm，皖河的岳西站 299 mm。此次降雨过程，超过 100 mm 的笼罩面积约 19.57 km^2，超过 200 mm 的笼罩面积约 3.32 km^2，大于 300 mm 的笼罩面积约为 0.2 万 km^2。

20—25 日，受高空槽及中低层切变线影响，长江流域自西向东出现一次中等强度的降雨过程，过程降雨中心位于嘉陵江、三峡万县—宜昌区间、江汉平原、汉江白河以上及长江下游干流。过程累计面降雨量三峡万县—宜昌区间 70 mm，汉江石泉以上 66 mm，汉江石泉—白河区间 64 mm，江汉平原 62 mm，长江下游干流 56 mm，嘉陵江 54 mm。过程总降雨量大于 50 mm 的笼罩面积约为 44.0 万 km^2，大于 100 mm 的笼罩面积约 12.1 万 km^2，大于 200 mm 的笼罩面积约 1.8 万 km^2。

26—30 日，受高空槽、切变线影响，长江流域自西北快速向东南出现一次中等强度的降雨过程，过程降雨中心位于陆水、修水。过程总降雨量大于 50 mm 的笼罩面积约为 12.7 万 km^2，大于 100 mm 的笼罩面积约为 1.9 万 km^2。过程强降雨日为 27 日，陆水流域有暴雨，金沙江下段、乌江、沅江及洞庭湖区有中雨，局地大或暴雨，日面降雨量陆水 55 mm。过程累计面降雨量陆水 100 mm、修水 43 mm。

二、水情

6 月份，长江上游出现一次明显涨水过程，中下游两湖水系多条支流出现超警、超保证或超历史的洪水，为各支流今年最大洪水过程。7月上旬，长江上游主要支流也出现比较明显的涨水过程。

6月份，金沙江屏山站来水波动增加，24日出现月最大流量6200 m³/s后转退；岷江、沱江中下旬出现一次小幅涨水过程，高场、富顺站分别于中旬、下旬出现月最大流量5410 m³/s、1150 m³/s后转退；嘉陵江下旬出现一次较大的涨水过程，24日北碚站出现月最大流量18800 m³/s，受上述来水影响，寸滩站下旬出现一次快速涨水过程，24日涨至月最大流量30700 m³/s后转退。三峡水库上旬对中下游补水，库水位下降，库水位由月初的149.63 m降至13日20时的145.29 m，水位降幅4.34 m，共补水21.4亿 m³，平均增加下游流量1980 m³/s。中下旬在上游及三峡区间来水的作用下，三峡水库入库流量14日起快速增加，23日20时出现月最大入库流量39000 m³/s；出库流量23日起逐渐增大，25日14时出现月最大出库流量28100 m³/s，库水位由月最低水位145.11 m（22日20时）快速回升至149.8 m（26日8时）后再次回落。

洞庭湖湘江支流、资水支流及桃江站中旬出现短历时超警洪水，资水桃江站10日出现年最高水位39.6 m（相应流量4380 m³/s），超警戒水位0.4 m，湘江湘潭站、沅江桃源、澧水石门站分别于16日、9日、19日出现年最大流量9800 m³/s、9230 m³/s、6580 m³/s；陆水流域10日出现暴雨洪水，崇阳站10日16时45分出现洪峰水位59.25 m，为1984年以来的最高水位；鄱阳湖赣江、抚河出现明显涨水过程，信江、昌江、乐安河、修水均发生超警洪水，也是本年最大洪水。其中乐安河发生超历史洪水，虎山站16日10时30分洪峰水位31.18 m（相应流量8080 m³/s），超历史最高水位0.41 m；梅港站最高水位26 m（8日5时，相应流量6470 m³/s），达到警戒水位；渡峰坑站最高水位32.1 m（15日18时30分，相应流量5760 m³/s），超警戒水位3.6 m。受两湖来水及区间强降雨影响，中下游干流监利以下各站持续涨水，相继于月底出现年最高水位后现峰转退。汉口、大通站分别于29日18时、22日19时出现年最高水位23.33 m、12.11 m。城陵矶、湖口分别于29日17时15分、22日15时出现年最高水位29.42 m、17.21 m。

受前期降雨影响，7月份上旬，岷沱江和嘉陵江出现一次较大规模涨水过程，7月5日高场站出现年最大流量11600 m³/s，北碚站8日出现月最大流量 22400 m³/s，长江上游寸滩站 8 日出现月度最大一次洪峰，洪峰流量 34800 m³/s。受长江上游和三峡区间来水的共同影响，三峡库区来水迅速增加，8 日出现最大入库流量 36000 m³/s，汉江上游上旬出现一次快速涨水过程，白河站 7 日出现最大流量 7670 m³/s，丹江口水库 8 日出现月最大入库流量 7870 m³/s。

三、灾情

由于降水集中、强度大，多省局地发生洪涝及山洪灾害。暴雨洪水致使安徽、江西、湖北、湖南、江苏等省 280 个县（市、区）遭受洪涝灾害，农作物受灾面积 1929 千公顷，受灾人口 2838 万，因灾死亡 95 人、失踪 33 人，倒塌房屋 8 万间，直接经济总损失 249 亿元。

其中，6 月 9—10 日临湘市詹桥镇特大暴雨引发山洪泥石流灾害，受灾人口 15.6 万，紧急转移安置 27000 人，造成 28 人死亡、6 人失踪，倒塌房屋 3228 间，损坏房屋 687 间，财产损失达 9.53 亿元。

6 月 9 日晚至 10 日凌晨，湖北省东部、南部出现大到暴雨。强降雨引发当地山洪、泥石流灾害，其中通城、崇阳、赤壁三地出现内涝、山洪泥石流灾害，咸宁市通城县、崇阳县、赤壁市、嘉鱼县、通山县，黄冈市黄梅县、黄州区、浠水县，襄阳市宜城市、南漳县，孝感市应城市、汉川市，黄石市阳新县、西塞山区，武汉市江夏区、汉南区、新洲区等 17 个县市受灾。受灾人口 75.4 万，因灾死亡 25 人、失踪 12 人，转移安置和紧急避险群众 12.75 万人；农作物受灾 63.87 千公顷，其中 2.86 千公顷绝收；倒塌房屋 2685 户、6094 间，损坏房屋 17380 间；直接经济损失 8.66 亿元。

2011年9月嘉陵江、汉江秋汛

2011年长江流域气候异常，9月嘉陵江、汉江发生明显秋汛，嘉陵江支流渠江发生100年一遇的超历史实测纪录特大洪水，汉江中下游主要控制站出现超警戒、超保证水位。强降水过程导致局部地区发生了严重的山洪泥石流灾害，四川广安老城区被淹，历时30小时，主要街道最大水深9.5 m。四川、重庆、湖北、陕西、河南等省（直辖市）有183个县（市、区）、2359个乡（镇）、1219万人受灾，因灾死亡103人，直接经济总损失253亿元。

一、雨情

2011年9—10月，受"拉尼娜"状态影响，长江流域中西部地区出现明显的降雨过程。9月4—7日、10—14日、16—19日，汉江上游、嘉陵江出现三次强降雨过程，发生明显秋汛。汉江上游及嘉陵江的渠江部分地区降雨量超过500 mm，单站月降雨量渠江河口站651 mm、赶场站648 mm、汉江上游镇巴站642 mm。

第一次强降雨过程时间是9月4—7日，嘉陵江上游、岷江中游部分地区有小到中雨，局地有大雨。5日，嘉陵江上游、岷江中游部分地区有中到大雨，局地暴雨，嘉陵江面降雨量13 mm。6日，嘉陵江和岷沱江流域有中到大雨，局地暴雨。强降雨中心位于嘉陵江渠江和汉江上游。单站过程累计降雨量最大的是嘉陵江渠江铁溪站，为214 mm，汉江上游观音堂站为187 mm，渠江赶场站为175 mm。嘉、岷流域及汉江流域过程累计面降雨量：岷江、沱江为25 mm，嘉陵江为44 mm，汉江石泉以上为77 mm，汉江石泉至白河区间为90 mm，汉江白河至丹江口区间为71 mm，丹江口至皇庄区间为23 mm。此次降雨过程，超过100 mm的笼罩面积约5.26万 km²。

第二次强降雨过程时间是9月10—14日，岷江下游、沱江、嘉陵江有小到中雨，局地大雨，嘉陵江面降雨量7 mm。11日，岷江中下游、沱江、嘉陵江上中游有中雨，面降雨量岷沱江6 mm、嘉陵江16 mm。12日，岷沱江部分地区、嘉陵江上中游有中雨，面降雨量岷沱江5 mm、嘉陵江13 mm。13

日，嘉陵江渠江、三峡区间有中到大雨，局地暴雨，面降雨量嘉陵江、三峡上段 9 mm，三峡下段 23 mm。14 日，金沙江下游局部、三峡下段有中到大雨，局地暴雨，三峡下段面降雨量 38 mm。强降雨中心位于三峡区间北部、汉江上游、嘉陵江渠江。单站过程累计降雨量最大的是三峡万县—宜昌区间建楼站，为 246 mm，汉江上游茅坪关站 239 mm，嘉陵江渠江黄钟站 224 mm。嘉陵江、岷江流域、汉江流域、三峡区间分区过程累计面降雨量：岷江、沱江14 mm，嘉陵江 45 mm，三峡万县至宜昌区间 63 mm，汉江石泉以上 93 mm，汉江石泉至白河区间 110 mm，汉江白河至丹江口区间 82 mm，丹江口至皇庄区间 28 mm。此次降雨过程，超过 100 mm 的笼罩面积约 8.98 万 km²，超过200 mm 的笼罩面积约 0.36 万 km²。

第三次强降雨过程时间是 9 月 16—19 日，岷沱江、嘉陵江中游有中到大雨，局地有暴雨，面降雨量岷沱江 6 mm、嘉陵江 9 mm。17 日，嘉陵江有大到暴雨，局地大暴雨，岷江中游、沱江有中到大雨。面降雨量岷沱江 9 mm，嘉陵江 36 mm。18 日，嘉陵江、三峡区间有中到大雨，局地有暴雨，其中渠江大部地区普降暴雨，面降雨量嘉陵江流域 18 mm，其中渠江 43 mm，三峡寸滩—万州区间 14 mm，万县—宜昌区间 20 mm。19 日，降雨强度减弱，嘉陵江、三峡区间有小到中雨。强降雨中心位于嘉陵江渠江。单站过程累计降雨量最大的是嘉陵江渠江赶场站，为 335 mm，渠江恩阳站为 317 mm，河口站为 316 mm。嘉陵江—岷江流域、汉江流域分区过程累计面降雨量：岷江、沱江为 20 mm，嘉陵江为 68 mm，汉江石泉以上为 110 mm，汉江石泉至白河区间为 98 mm，汉江白河至丹江口区间为 54 mm，丹江口至皇庄区间为37 mm。此次降雨过程，超过 100 mm 的笼罩面积约 7.6 万 km²，超过 200 mm的笼罩面积约 1.89 万 km²。

本次秋雨过程具有以下特点：一是强降雨过程频繁，空间高度集中。2011 年 9 月 4—18 日连续出现的 3 次降雨过程集中在短短半月内，这半月内仅 8 日、9 日、15 日 3 天无雨，其余时间降雨过程频繁。另外，3 次降雨过程中的强降雨区域均集中在陕西南部及四川北部等"华西秋雨"区，空间高度集中。二是降雨明显偏多，局部雨强大。与常年同期降雨相比，2011 年 9月上中旬降雨，汉江上游流域偏多 2～4 倍、嘉陵江流域偏多三至八成，其中汉江上游流域降雨为 1961 年以来历史同期第一位。3 次降雨累计过程降雨量最大的是渠江赶场站，为 629 mm，其次是河口站，为 628 mm，清峪站为 617 mm；3 次降雨过程中最大 1 天点降雨量达 288 mm（四川省南江县洛坝站）；最大 3 天点降雨量高达 435 mm（四川省南江县南江站），为华西秋雨所罕见。累计过程面降雨量超过 100 mm 的笼罩面积约为 17.12 万 km²，超过 300 mm 的笼罩面积约为 3.18 万 km²，超过 500 mm 的笼罩面积约为 0.94 万 km²。

二、水情

受持续强降雨影响，9 月中下旬，长江上游嘉陵江支流渠江发生超历史实测纪录特大洪水，嘉陵江控制站北碚发生超保证洪水。渠江上游支流恩阳河恩阳水位站（四川巴中）2011 年 9 月 18 日 1 时洪峰水位 353.17 m，超过保证水位 1.67 m，为 1997 年建站以来的最大洪水（历史最高水位 351.01 m，2007 年 7 月）；支流南江巴中水文站（四川巴中）18 日 0 时 40 分洪峰水位 363.3 m，超过警戒水位 0.37 m，相应流量 8160 m³/s；支流通江水文站（四川通江）18 日 13 时洪峰水位 345.15 m，超过警戒水位 1.15 m，为 2003 年建站以来的最大洪水（历史最高水位 343.55 m，2003 年 9 月）；渠江上游巴河凤滩站 18 日 18 时出现洪峰水位 303.73 m，超保证水位 2.73 m（保证水位 301 m），超历史最高水位 2.86 m（300.87 m，2007 年），相应流量 29600 m³/s，为历史最大（历史最大流量 26700 m³/s，1965 年）；三汇站 19 日 8 时 30 分洪峰水位 267.81 m，超保证水位 6.67 m，相应流量 29400 m³/s，为 1939 年有实测资料以来的最大洪水；罗渡溪站 20 日 10 时洪峰水位 227.92 m，超保证水位 5.95 m，相应流量 28200 m³/s，超历史最大流量（27900 m³/s，2010 年 7 月 19 日）；嘉陵江北碚站 20 日 17 时出现洪峰水位 199.31 m，超保证水位 0.31 m（保证水位 199 m），相应流量 36300 m³/s，居历史最大值第三位。

长江上游干流寸滩站出现 3 次明显涨水过程，洪峰逐步增大，分别于 10 日、15 日、20 日出现洪峰流量 14700 m³/s、24300 m³/s、44200 m³/s；三峡水库出现年内最大入库洪水，进入中旬，在长江上游及三峡区间来水增加的共同作用下，三峡水库来水出现 2 次快速涨水过程，通过调度对 2 次洪水过程进行了拦蓄，总拦蓄水量 105.2 亿 m³。第一次洪水过程，最大入库流量 35000 m³/s（15 日 8 时），三峡水库按照流量 10500 m³/s 控制下泄，拦洪调蓄以后最高库水位 160.5 m，涨幅 6.67 m，自 14 日 2 时—18 日 8 时，共拦蓄洪水 45.3 亿 m³。第二次洪水过程，最大入库流量为 46500 m³/s（21 日 8 时），最大出库流量为 26 台机组发电下泄，流量 21100 m³/s（19 日 20 时）。拦洪调蓄以后，最高库水位在 167.99 m（23 日 9 时），涨幅 7.5 m，自 18 日 20 时—23 日 9 时，拦蓄水量为 60 亿 m³。

受强降雨影响，汉江干支流发生超警戒洪水。汉江上游支流冷水河三华石水文站（陕西南郑）2011 年 9 月 18 日 9 时 30 分洪峰水位 520.3 m，超过保证水位 0.24 m，相应流量 888 m³/s；子午河两河口水文站（陕西安康）9 月 12 日 0 时洪峰水位 548.98 m，超过保证水位 0.14 m，相应流量 2410 m³/s；月河长枪铺水文站（陕西安康）13 日 14 时洪峰水位 294.26 m，超过警戒水位 3.26 m，相应流量 2030 m³/s；旬河向家坪水文站（陕西旬阳）18 日 18 时 22 分洪峰水位 244.46 m，相应流量 4280 m³/s，超过保证流量（4000 m³/s）。汉江上游干流洋县站 19 日 0 时 15 分出现洪峰流量 7100 m³/s，石泉水库 19 日 1 时出现入库洪峰流量 12700 m³/s，最大出库流量 11800 m³/s；安康水库（陕西安康）9 月 18 日 21 时最大入库流量 19000 m³/s，19 日 12 时出现最高库水位 329.58 m，超过汛限水位 4.58 m，19 日 14 时最大出流 14800 m³/s；下游白河水文站（陕西白河）19 日 2 时洪峰水位 189.85 m，超过警戒水位 2.85 m，相应流量 20500 m³/s，居历史最大值排序第七位；丹江口入库流量为 22100 m³/s（9 月 14 日 23 时）和 26600 m³/s（9 月 19 日 14 时），最大洪峰流量接近 10 年一遇，最大 7 天洪量接近 20 年一遇，丹江口水库大量泄洪，最大出库流量 13200 m³/s，出库流量超过 10000 m³/s 的时间长达 7 天；受丹江口水库泄洪影响，汉江中下游出现超警或超保洪水，其中皇庄站 21 日 13 时洪峰水位 47.35 m，相应流量 14300 m³/s；沙洋站 21 日 7 时洪峰水位 42.45 m，超警戒水位（41.8 m）0.65 m，相应流量 13600 m³/s；潜江站 22 日 4 时洪峰水位 40.08 m，超警戒水位（39.7 m）0.38 m，相应流量 2770 m³/s；仙桃站自 12 日起水位持续上涨，18 日晚突破警戒水位，21 日 8

时突破保证水位（36.2 m），达 36.21 m，9 时洪峰水位 36.23 m，为历史第二高水位（历史最高水位 36.24 m，1984 年 9 月），相应流量 10800 m³/s。为保证汉江下游泄洪安全，汉江杜家台分洪闸于 21 日 12 时 17 分开闸分流，分流流量 1010 m³/s，实测最大分流流量 1170 m³/s（21 日 14 时 29 分）。

本次秋汛过程具有以下特点：一是多条主要江河同时发生较大秋汛，历史罕见。2011 年 9 月 18—20 日，短短 3 天内，长江流域的渠江、汉江等主要江河同时发生较大洪水，为历史罕见。二是影响范围广，洪水量级大。在"11·9"洪水中，四川、陕西、湖北等省 20 多条河流发生超警以上洪水，长江上游渠江干支流发生超历史实测纪录的特大洪水，其中渠江上游巴支流河发生 1953 年有实测资料以来的最大洪水，渠江上游干流发生 1939 年有实测资料以来的最大洪水，重现期为 100 年。

三、灾情

强降水过程导致局部地区发生了严重的山洪泥石流灾害，四川、重庆、湖北、陕西、河南等省（直辖市）有 183 个县（市、区）、2359 个乡（镇）、1219 万人受灾，农作物受灾面积 533 千公顷，其中成灾 330 千公顷，因灾死亡 103 人，倒塌房屋 21.8 万间，16 个县级以上城市进水受淹，直接经济总损失 253 亿元。其中，四川广安老城区被淹，历时 30 个小时，主要街道最大水深 9.5 m。

2012 年京津冀 "7 · 21" 暴雨洪涝灾害

2012 年 7 月 21—22 日，海河流域北系出现一次特大暴雨过程，发生自 "96.8" 以来最大的一次暴雨洪水，造成了人员伤亡及重大经济损失。

一、雨情

受冷空气和副热带高压外围暖湿气流共同影响，2012 年 7 月 21—22 日，京津冀地区普降暴雨，局部地区特大暴雨，降雨主要集中在大清河大部、永定河中下游、北三河中下游、滦河中下游地区。流域面平均降雨量为 48 mm，其中，北三河 112 mm、大清河 80 mm、滦河 71 mm；大清河北支流域 193 mm、张坊以上流域 205 mm。本次降雨量大于 50 mm 的笼罩面积 5.2 万 km²，大于 100 mm 的笼罩面积 10.94 万 km²，大于 250 mm 的笼罩面积 0.4 万 km²。累计降雨量较大的站点有大清河系北京房山河北镇 541 mm、北京房山霞云岭 398 mm、北京房山漫水河 357 mm、河北省涞源县王安镇 349 mm。

此次降水过程，21 日 0 时在保定西南部开始降雨，随后雨区扩大至保定西部，到 21 日 8 时石家庄西北部、保定西部及唐山和承德个别点降小到中雨，局部降大雨，中心在保定西南部；8 时后雨区向东北移动，保定北部降中到大雨，中心移至安各庄水库附近，易县上陈驿 2 小时降雨量 52 mm；10 时后雨区继续向东北移动，雨区扩大至张家口，暴雨中心移至涞水与北京交界处，涞水县落宝滩 2 小时降水量 81 mm；12 时后雨区继续向东北移动，至 16 时雨区扩大到保定、廊坊及以北地区，暴雨中心又返回到保定西北部的涞源、易县、涞水一带，强度加大，保定西北部降暴雨到大暴雨，中心在涞源县东部，王安镇 4 小时降雨量 158 mm；16—20 时暴雨中心移到北京市，强度继续加大，中心降雨量 248 mm（北京、漫水河）；20—24 时强雨区东移，形成 2 个暴雨中心，西部中心在北京、保定及廊坊三市交界处，中心固安市区 4 小时降雨量为 226 mm、涿州市区 201 mm，东部中心在承德兴隆县一带，中心兴隆县六道河 4 小时降雨量为 170 mm。22 日 0—3 时，强雨区向东偏南方向移动，南部暴雨中心在廊坊永清县城，3 小时降雨量为 131 mm；东部暴雨中心在遵化县和兴隆县交界处，3 小时降雨量为 121 mm（遵化市前毛庄）；3 时后保定、廊坊、北京降雨基本停止，雨区移到河北省东部，暴雨中心仍在遵化和兴隆交界处，遵化市上关水库 3 小时降雨量为 146 mm；6 时后大部雨区降雨基本停止，仅秦皇岛及承德东南部继续降雨，强度明显减弱，中心在抚宁县（今抚宁区）城子峪村，降水量为 73 mm；14 时后"7·21"降雨过程结束。

其中，北京市全市平均降雨量 170 mm，是 1951 年有降雨量观测记录以来最大的一次降雨，相当于 60 年一遇。这次强降雨范围覆盖面大，除西北部的延庆外，北京其他地区均出现了 100 mm 以上的大暴雨，占全市总面积的 86% 以上。城区（东城、西城、朝阳、海淀、丰台、石景山六区）平均降雨量 215 mm，房山、平谷和顺义三区平均降雨量 200 mm 以上，其中房山区平均降雨量达 301 mm，降雨分布不均，西南部、东南部大，东北部小，暴雨中心房山区河北镇降雨量 541 mm，接近 500 年一遇。北京市 1 小时降雨量普遍达 40～80 mm，持续时间 3～4 个小时，最大雨强出现在 21 日 20—21 时平谷挂甲峪，达 100.3 mm。

降雨主要呈现 3 个特点：（1）累积降雨量大。全市平均降雨量 170 mm，城区平均 215 mm，全市最大降雨出现在房山河北镇，气象观测数据为 460 mm，水文观测数据为 541 mm，城区最大降雨量出现在石景山区模式口 328 mm（气象站）。（2）强降雨历时长。1 小时降雨量普遍达 40～80 mm，持续时间 3～4 小时，最大雨强出现在平谷挂甲峪，达 100.3 mm（21 日 20—21 时）。（3）强降雨范围广。这次强降雨范围覆盖面积大，除西北部的延庆外，北京其他地区均出现了 100 mm 以上的大暴雨，占全市总面积的 86% 以上。从区域分布来看，本次降雨过程房山区最大，平均降雨量达 301 mm，半数以上站点超过百年一遇，延庆县降雨量较小，为 69 mm。

二、水情

受强降雨影响，大清河北支的拒马河、南拒马河、北拒马河、白沟河、白沟引河等主要行洪河道相继出现较大洪水。大清河水系拒马河紫荆关水文站 21 日 22 时出现最高水位 522.13 m，洪峰流量 2580 m³/s（达 20 年一遇）；张坊站 22 日 7 时 20 分洪峰流量 2500 m³/s；漫水河洪峰流量 1100 m³/s，为 1963 年以来最大值，仅次于 1956 年和 1963 年，列第三位；落宝滩水文站洪峰水位 99.73 m，最大洪峰 2510 m³/s。以上 3 个水文站测得洪峰流量都超过"96.8"期间出现的最大洪峰；白沟河东茨村 22 日 20 时出现最大洪峰流量 404 m³/s，南拒马河北河店 23 日 17 时 35 分最大洪峰流量 118 m³/s，23 日 15 时 35 分，白沟河与南拒马河洪水在白沟镇汇流后经白沟引河入白洋淀；新盖房枢纽引河闸 24 日 14 时出现最大洪峰流量 217 m³/s，洪水 24 日 5 时入白洋淀。北三河系北运河榆林庄站出现历史最大洪水，洪峰流量达 790 m³/s。城市河道洪峰流量均超过 20 年一遇。暴雨引发部分山区发生泥石流；青龙湾减河土门楼水文站洪峰水位 12.06 m，最大流量 1090 m³/s；滦河水系澈河蓝旗营水文站洪峰水位 7.7 m，洪峰流量 1890 m³/s，均超过 20 年一遇。北京市 17 座大中型水库共来水 5300 万 m³，其中密云水库来水 2155 万 m³、官厅水库 117 万 m³。

大清河、北三河、滦河水系主要洪水过程如下：

（1）大清河系

拒马河紫荆关水文站 21 日 17 时 10 分开始起涨，仅有 5 小时，至 22 时涨至洪峰流量 2580 m³/s，接近 50 年一遇，列 1949 年建站以来第三位（历史最大流量 4490 m³/s），最高水位 522.13 m，列 1949 年建站以来第二位（历史最高水位 523.2 m，1963 年 8 月）；下游都衙水文站 21 日 16 时 45 分开始起涨，23 时 30 分出现首次洪峰流量 90 m³/s，22 日 2 时回落至 23 m³/s，5 时 19 分出现最大洪峰流量 2400 m³/s；下游张坊水文站（北京）21 日 19 时开始起涨，23 时出现首次洪峰流量 833 m³/s，22 日 4 时回落至 220 m³/s，7 时 20 分出现最大洪峰流量 2570 m³/s，列 1952 年有实测资料以来第三位（历史最大流量 9920 m³/s，1963 年 8 月），接近 10 年一遇；大石河漫水河站 21 日 22 时 45 分洪峰流量 1100 m³/s，列 1952 年有实测资料以来第三位（历史最大流量 1860 m³/s，1956 年 8 月），相应水位 90.04 m。南拒马河落宝滩水文站 21 日 19 时 10 分起涨，21 时出现首次洪峰流量 1080 m³/s，22 日 6 时回落至 209 m³/s，8 时 45 分出现最大洪峰流量 2510 m³/s，接近 20 年一遇，列历史第二位（历史最大流量 3200 m³/s，1963 年 8 月 8 日），相应水位 99.73 m；北河店水文站 23 日 4 时 30 分开始起涨，17 时 35 分出现洪峰流量 118 m³/s。大石河漫水河水文站 21 日 18 时开始起涨，22 时 45 分出现洪峰流量 1110 m³/s。白沟河东茨村水文站 21 日 23 时开始起涨，22 时 22 分出现洪峰流量 404 m³/s；下游新盖房水文站 23 日 15 时 35 分开始见水，白沟引河闸 24 日 13 时 30 分出现 217 m³/s 的最大流量。唐河倒马关水文站 21 日 15 时 30 分开始起涨，19 时出现洪峰流量 114 m³/s；下游中唐梅水文站 20 时开始起涨，23 时 36 分出现洪峰流量 450 m³/s。中易水安各庄水库 22 日 0 时最大入库流量为 136 m³/s。唐河西大洋水库 22 日 3 时 30 分最大入库流量为 312 m³/s。

（2）北三河系

蓟运河水系沙河水平口水文站 22 日 3 时开始起涨，10 时 5 分出现 108 m³/s 的洪峰流量；洵河三河水文站 21 日 23 时开始起涨，22 时 15 时出现洪峰流量 230 m³/s。北运河水系牛牧屯引河 22 日 9 时 30 分最大过水流量 70 m³/s；潮白河赶水坝水文站 22 日 12 时出现最大流量 585 m³/s；潮白新河黄白桥站 23 日 7 时洪峰流量 1103 m³/s；北运河北关闸 22 日 1 时洪峰流量 1590 m³/s（含分洪闸 390 m³/s），接近 20 年一遇，对应水位 19.79 m（拦河闸），水位、流量均列新中国成立以来有实测记录的第一位；北运河土门楼水文站 7 月 22 日 8 时 50 分开始起涨，22 日 15 时出现最大流量 145 m³/s；青龙湾减河土门楼水文站 7 月 21 日 19 时 25 分开始起涨，22 日 12 时洪峰水位 12.06 m，对应最大流量 1090 m³/s，列历史第二位（历史最大流量 1210 m³/s，1955 年 8 月 19 日），超过 20 年一遇；青龙湾减河狼窝儿闸 22 日 23 时最高水位 8.16 m，超过警戒水位（7.5 m）0.66 m；凉水河榆林庄站 22 日 6 时水位涨至 19.22 m，相应流量 555 m³/s，水位、流量均列 1958 年有实测记录以来第一位。

（3）滦河及冀东沿海水系

瀑河宽城水文站 22 日 6 时 18 分开始起涨，7 时 54 分洪峰流量 110 m³/s。潵河蓝旗营水文站 22 日 0 时开始起涨，3 时 12 分出现洪峰流量 1890 m³/s，超过 20 年一遇，相应水位 7.7 m，流量列 1959 年有实测记录以来的第四位（历史最大流量 2180 m³/s，1962 年 7 月）。柳河兴隆水文站 21 日 23 时开始起涨，22 日 3 时 36 分洪峰流量 112 m³/s，下游李营水文站 22 日 7 时 50 分出现

418 m³/s 洪峰流量。沙河冷口水文站 22 日 8 时开始起涨，13 时 5 分出现洪峰流量 179 m³/s。滦河三道河子 22 日 9 时 18 分开始起涨，18 时 48 分出现洪峰流量 100 m³/s；大黑汀水库 22 日 7 时入库洪峰 2130 m³/s。

本次暴雨洪水工程呈现出突发性、历时短、峰高量小、沿途水量损失大的特点。一是突发性。7 月 21 日 8 时开始，拒马河上游自上而下沿涞源县城、狮子峪、乌龙沟、王安镇、紫荆关、偏道子、落宝滩、涞水、高碑店一线，出现一个大范围的降雨过程，次日 3 时基本全部结束，在 18 小时内平均降雨量均超过 200 mm。降雨强度之大，历史罕见。突发的强暴雨在山区迅速产生大量径流，集聚汇入拒马河，夹杂着山石的滚滚洪水顺势而下，2～3 小时冲出山口。紫荆关站在 7 月 21 日 17 时 10 分流量只有 4.72 m³/s，半个小时后迅速上涨至 300 m³/s，到 22 时达到最大洪峰流量 2580 m³/s，由于降雨逐渐减少，洪水随之开始逐渐回落。其下游南拒马河落宝滩站自 19 时出现产流，随后水位迅速上涨，2 小时后流量达到 1080 m³/s（22 日 8 时出现最大洪峰流量 2510 m³/s）。北拒马河、白沟河、南拒马河开始行洪，至 23 日 15 时 35 分新盖房枢纽见流，至 24 日 14 时出现最大洪峰 217 m³/s，之后河系水势整体回落。二是历时短。此次降雨过程历时短，且强降雨集中在 2～3 小时之内，随后雨过天晴。由此产生的洪水过程也就很短，均持续 2～3 天。紫荆关站到 23 日 8 时回落到 11.6 m³/s。三是峰高量小。"7·21"暴雨洪水最大的特点就是峰高量小，紫荆关站最大洪峰流量为 2580 m³/s，为 1963 年以来的最大值，超出 1996 年的最大洪峰（1755 m³/s）825 m³/s。但是随后无雨，水势回落迅速，河道过水量相对较小，至 8 月 2 日 8 时紫荆关站过流近 1 亿 m³，南拒马河落宝滩站 1.02 亿 m³，通过新盖房引河闸泄入白洋淀水量 0.59 亿 m³。四是沿途水量损失大。除张坊以上河段全年有少量基流外，"7·21"暴雨洪水前其余河道均已多年干涸。河道初次行洪，洪水自然下渗损失较大，加之近年来部分非主要行洪河道非法采沙形成的沙坑存蓄了不少水量，造成下泄洪量大幅减少。初步统计分析，本次洪水，至 8 月 2 日 8 时经过白沟河东茨村站洪水总量 0.88 亿 m³，南拒马河北河店站 0.12 亿 m³，新盖房引河闸下 0.59 亿 m³，据此推算，南拒马河北河店以上损失量近 0.9 亿 m³，白沟河与南拒马河北河店以下损失量 0.4 亿 m³。

三、灾情

暴雨洪水造成京津冀地区 179 个县（市）、1390 个乡（镇）受灾，受灾人口 1033 万，死亡 127 人，失踪 16 人，农作物受灾面积 128330 千公顷（其中成灾面积 7470 千公顷），损坏堤防 1116 km、护岸 46990 处、水闸 1234 座、机电井 2186 眼。全流域直接经济损失约 308 亿元，其中农林牧渔业 96 亿元、工业运输业 27 亿元、水利设施 42 亿元。

北京市全市受灾面积 1.6 万 km²，成灾面积 1.4 万 km²；受灾人口 190 万，其中房山区 80 万人，因灾死亡 79 人，紧急转移安置 9.6 万人；全市倒塌房屋约 1.06 万间，严重损坏房屋 4.4 万间，一般损坏房屋 12.2 万间；农作物受损 533.52 公顷，绝收 84.24 公顷；停产企业 761 家，163 处不可移动文物不同程度受损。北京市中心城区 63 处主要道路因积水导致交通中断，其中，二环路复兴门桥双方向发生积水断路；三环路安华桥、农展馆桥、莲花桥、管头桥、六里桥、玉泉营桥等发生积水，导致主路断路，四环路岳各庄桥、五路桥、大红门桥等发生积水断路情况。道路塌陷 110 处。高速公路护坡水毁 255 处，县级以上公路阻断 47 条，路基损毁 29.2 万 m³、路面损毁 47.7 万 m²、桥涵损毁 159 座、公路塌方 1601 处。乡村公路损毁更为惨重。因特大暴雨影响，部分旅客列车晚点，航班大面积延误，近 8 万乘客滞留在首都机场，地铁机场线部分停运，地铁 6 号线金台路工地发生路面塌陷。因灾造成直接经济损失（包括房屋倒塌、雨水淹屋、地下室进水、汽车损毁等）160 亿元，其中水利工程损毁造成直接经济损失 31 亿元，主要包括：河道堤防损毁 485 处 49 km、护岸损坏近万处、决口 53 处、河道淤积 243 处总方量超 2000 万 m³、损坏水井 891 眼、泵站 117 座、灌溉设施 44 处、水文设施 40 处。灾情以北京市房山区最为严重，其受灾人口、死亡人数、农作物受灾面积、直接经济损失分别占总数的 49.9%、63.2%、55.5%、52.5%。

河北省发生特大暴雨灾害，9 个设区市、59 个县、266.9 万人受灾，因灾死亡 32 人、失踪 20 人，紧急转移安置 22.7 万人；农作物受灾面积 177 千公顷，绝收面积 22 千公顷；倒塌房屋 2.9 万间，损坏房屋 4.4 万间；部分基础设施严重受损；造成直接经济损失 123 亿元。其中保定涞水、涞源、易县和承德兴隆县受灾最为严重，受灾人口 79.2 万，农村 1.04 万户住房受损；损毁国省干线公路 390.2 km、桥梁 102 座；野三坡、白石山、狼牙山景区受到严重损坏，4 个县直接经济损失 102.6 亿元。

2016 年 7 月中下旬华北地区暴雨洪涝灾害

2016 年 7 月 18—20 日，河北省发生大范围暴雨天气，局部区域出现大暴雨天气，致使境内部分区域出现洪涝灾害，并且还引发滑坡、泥石流等次生灾害。此次暴雨天气过程中，降水量最大为邯郸市峰峰矿区北响堂站，降雨雨量达到 674 mm，为 1996 年以来的历史最大值。海河流域漳卫河系、子牙河系上游发生"96.8"以来最大洪水，大清河系及北三河系局部发生较大洪水。据相关资料统计，本次暴雨天气导致 142 个县受灾，受灾的人口有 743.3 万，死亡 36 人，失踪 77 人，暴雨过程还导致大量房屋倒塌，导致农作物受灾面积高达 604.1 千公顷，绝收的农作物面积有 18.1 千公顷，因灾产生的直接经济高达 89.73 亿元。

一、雨情

7 月 18—20 日，受低涡和副热带高压共同影响，海河流域出现 1996 年以来强度最强、范围最广的一次全流域性降水过程。7 月 19 日 0 时开始，漳卫河系开始出现降水，0—3 时主要集中在卫河上游。3 时至漳河流域，4 时北移至子牙河系，5 时卫河上游再次出现降雨，5—18 时，降雨主要集中在漳卫河系中上游、子牙河系上游及大清河系上游。特大暴雨中心位于石匣观区间及安阳河上游。随着系统的东移北上，18—24 时，雨区主要位于漳卫河系观台以下、卫河中游及子牙河系中上游。20 日 0 时—5 时，降雨主要集中在子牙河系，雨区基本移出子牙河系，进入大清河系；5—12 时，降雨主要集中在大清河系，12 时雨带基本移出大清河系，进入北三河系；12—19 时，雨区基本位于北三河系及滦下地区，19 时，雨区基本移出北三河系。19—21 日 3 时，雨区位于滦河流域，至 21 日 8 时，流域降雨基本结束。暴雨沿太行山丘陵区分布，主要降雨中心有 3 处，分别为邯郸磁县、峰峰矿区一带，邢台临城一带，石家庄赞皇、井陉一带。暴雨中心降雨量巨大，24 小时最大点降雨量达 728 mm（百石湾站），超千年一遇；磁县陶泉乡 783 mm，峰峰矿区北响堂站 681 mm，临城县上围寺站 677 mm，赞皇县嶂石岩 721 mm，井陉县苍岩山 651 mm。全流域累积面平均降水量 122 mm，其中子牙河系 192 mm、大清河 163 mm、漳卫河系 134 mm、北三河系 132 mm、滦河系 100 mm。全流域 3 日降水量 369 亿 m³，大于 100 mm 的笼罩面积占流域的 50% 以上。

本次降雨过程呈现如下特点：一是历时短。本次强降雨过程共历时 56 个小时，持续时间小于"63.8"（历时 7 天）、"96.8"（历时 3 天）暴雨。受灾最重的邯郸、邢台、石家庄三市强降雨持续时间均小于 30 个小时。二是强度大。本次降雨强度之大，历史罕见。漳卫河系北贾壁站（冀磁县）小时雨强达到 174 mm，为河北省有观测记录以来的最大降雨量，达千年一遇；同义站（冀磁县）3 小时最大降雨量为 263 mm，超过 500 年一遇。60 分钟最大降雨量：砚花水站（豫林州市）127.5 mm（19 日 16 时 20 分至 17 时 20 分）、新大堰站（豫安阳县）122.5 mm（19 日 11 时 50 分至 12 时 50 分），达到 100 年一遇。6 小时最大降雨量：百石湾站（豫林州市）430.5 mm（19 日 12 时至 18 时）、东岗站（豫林州市）423 mm（19 日 10 时至 16 时）、河顺站（豫林州市）402 mm（19 日 12 时至 18 时）、砚花水站（豫林州市）371.5 mm（19 日 11 时至 17 时），达到千年一遇；安阳县南磊口站（豫安阳县）309 mm（19 日 11 时至 19 日 17 时），达到 500 年一遇。24 小时最大降水量：百石湾站（豫林州市）728 mm（19 日 6 时至 20 日 6 时）超过千年一遇；砚花水站（豫林州市）662.5 mm（19 日 6 时至 20 日 6 时）、东岗站（豫林州市）648.5 mm（19 日 4 时至 20 日 4 时）、河顺站（豫林州市）645.5 mm（19 日 2 时至 20 日 2 时）、南磊口站（豫安阳县）587 mm（19 日 4 时至 20 日 4 时）、都里乡站（豫安阳县）556.5 mm（19 日 3 时至 20 日 3 时），达到千年一遇；新大堰站（豫安阳县）549 mm（19 日 3 时至 20 日 3 时），达到 500 年一遇。累计降雨量超过 100 mm 有 995 个站，超过 200 mm 的有 377 个站。三是笼罩面积广。全流域各河系均出现暴雨以上量级降水，暴雨覆盖河南、河北、山西、北京、天津等省（市），大于 250 mm、100 mm 的降水笼罩面积分别达 2.3 万 km²、17.3 万 km²，其中大于 100 mm 的暴雨笼罩面积约占海河流域总面积的 55%。降雨超过 100 mm 及 300 mm 的笼罩面积均超过"12.7"（2012 年 7 月）暴雨和"96.8"（1996 年 8 月）暴雨。石家庄、邢台、邯郸三市西部，秦皇岛大部，廊坊中部及承德、保定两市局部降雨量超过 200 mm，笼罩面积 3.64 万 km²。石家庄、邢台、邯郸三市西部山区部分县（市）及秦皇岛局部降雨量超过 300 mm，笼罩面积 0.84 万 km²。四是暴雨中心位置偏下游。"7·19"暴雨自河南安阳进入邯郸，随后沿太行山山前向北偏东移动，掠过保定、廊坊与北京的交界地，继续东移，最后经秦皇岛移出河北。综合历史特大暴雨中心移动路径对比分析，本次暴雨中心位于太行山中南部和燕山地区，均比"63.8"和"96.8"中心偏流域下游，这也是本次洪水上涨快、来势猛的重要因素之一。

二、水情

受强降水影响，流域多个河系发生洪水。其中，漳卫河系、子牙河系发生"96.8"以来最大洪水，大清河系及北三河系发生较大洪水，洪水峰高、洪量大、涨势猛，多条河流发生超历史或超保证洪水，部分闸坝出现较大泄流。

漳卫河水系：多条河流发生洪水，多座水库出现历史高水位。清漳河刘家庄水文站最大洪峰流量为 731 m³/s，居有水文资料记载以来第三位；匡门口站 7 月 20 日 14 时 30 分洪峰流量 760 m³/s，位列历史第四位。漳河观台站 19 日 18 时 5 分最大洪峰 6150 m³/s，列 1952 年有实测资料以来的第三位（历史最大流量 9200 m³/s，1956 年 8 月）。卫河共产主义渠 7 月 20 日 1 时 23 分达到警戒水位，超警戒水位运行 133 小时 37 分。

受降雨影响，塔岗水库 7 月 11 日 7 时蓄满溢洪，新乡市 33 座小型水库有 19 座蓄满溢洪，7 座中型水库全部蓄满溢洪。安阳河出现超保证洪水，崔家桥蓄滞洪区自然进洪，小南海、彰武、双泉水库均超过历史最高水位。安阳河小南海水库 7 月 19 日 17 时 45 分最大入库流量（反推）9857 m³/s，位列 1960 年建站以来最大，20 日 2 时达到最高水位 175.65 m，超汛限水位（160 m）15.65 m，超历史最高水位（175.42 m）0.23 m；安阳河安阳站 19 日 23 时 12 分洪峰流量 1990 m³/s，23 时 30 分最高水位 75.81 m，超过保证水位（75.18 m）及流量（1180 m³/s），位列 1982 年以来最大（历史最大流量 2060 m³/s，1982 年 8 月）；安阳河粉红江双泉水库（中型）7 月 19 日 21 时最高库水位 221.8 m，超汛限水位（214 m）7.8 m，超历史最高水位（219.49 m）2.31 m，超设计水位

（221.45 m）0.35 m，19日19时30分最大入库流量1970 m³/s，19日20时最大泄流1499 m³/s；安阳河彰武水库19日19时达到最高水位129.46 m，超汛限水位（127 m）2.46 m，超历史最高水位（128.5 m）0.96 m。根据预案，安阳河流量达300 m³/s时，安阳河下游崔家桥蓄滞洪区自然进洪，19日22时25分，崔家桥蓄滞洪区开始进水分洪，滞洪水位65.12 m，最大滞洪量4368万m³，淹没面积43 km²。20日6时，汤河及其支流羑河、洪河、茶店河均漫溢出槽，广润坡蓄滞洪区被动启用，淹没面积35.6 km²。安阳城区一片汪洋，城市交通瘫痪，京港澳高速安阳段站口全部封闭，安林公路、安姚公路都被大水冲断。

子牙河水系：受强降雨影响，滹沱河各支流从7月19日午后开始相继涨水，冶河微水站7月20日3时54分洪峰流量8470 m³/s，超过50年一遇，位列1956年有实测资料以来的第二位（历史最大流量12200 m³/s，1996年8月）；冶河平山站7月20日5时20分洪峰流量8670 m³/s，接近50年一遇，位列1956年有实测资料以来的第四位（历史最大流量13000 m³/s，1996年8月）；滹沱河支流松溪河泉口站20日3时54分洪峰流量1790 m³/s，超过保证流量（829 m³/s），位列1996年以来最大（历史最大流量4100 m³/s，1996年8月）；黄壁庄水库7月20日7时30分入库洪峰流量8401 m³/s，位列1960年有实测资料以来的第三位（历史最大流量12600 m³/s，1996年8月）；岗南水库7月20日0时入库洪峰流量4445 m³/s，位列1960年有实测资料以来的第三位（历史最大流量7010 m³/s，1996年8月）。

洺河临洺关站20日0时48分达到洪峰5780 m³/s，达到40年一遇，超过"96.8"的3460 m³/s，位列历史第二位（历史最大流量12300 m³/s，1963年8月）；洪峰之后流量开始消退，3时42分减为4940 m³/s，8时减为1830 m³/s；21日8时减为223 m³/s。本次洪水来势凶猛，自起涨到5000 m³/s不到1小时，流量在5000 m³/s以上持续时间约3小时。沙河朱庄水库上游路罗川坡底站7月19日19时10分洪峰流量1650 m³/s，位列1973年有实测资料以来第一位；牤牛河木鼻站20日6时达到最大洪峰335 m³/s。朱庄水库7月20日2时40分入库洪峰流量8186 m³/s，超过百年一遇，位列1975年有实测资料以来第二位（历史最大流量9760 m³/s，1996年8月）；临城水库7月20日1时入库洪峰流量 3306 m³/s，超过 50 年一遇，位列 1960 年有实测资料以来第三位（历史最大流量 5560 m³/s，1963 年 8 月）。滏阳新河艾辛庄枢纽 7 月 21 日 2 时最大泄流 450 m³/s，位列 1969 年有实测资料以来的第一位，超过"96.8"的 320 m³/s。

永年洼蓄滞洪区处于大陆泽及宁晋泊蓄滞洪区上游，进洪量 1580 万 m³，淹没水深 0.3～1.5 m，淹没面积 7 km²，淹没土地 701.33 公顷，涉及永年县（今永年区）广府镇 5 个村。暴雨洪水还启用了大陆泽，宁晋泊启用了小宁晋泊。大陆泽及宁晋泊滞洪淹没面积 223 km²，涉及邢台市的南和、宁晋、隆尧、任县、大曹庄管理区 5 个县（区）、235 个村庄及 1 个农业公司和 1 个种子公司，最大淹没水深 3 m。启用大陆泽及宁晋泊蓄滞洪区，保护了滏阳河系下游地区人民的生命财产安全。

大清河水系：沙河各支流河道出现不同程度的涨水过程。沙河王林口站 7 月 25 日 3 时 5 分洪峰流量 1960 m³/s，位列 1964 年有实测资料以来第一位；沙河阜平站 7 月 25 日 0 时 37 分到达洪峰，洪峰水位为 252.95 m，实测洪峰流量 2020 m³/s，位列 1963 年有实测资料以来第二位；磁河横山岭水库 7 月 24 日 21 时 36 分最大入库流量 2079 m³/s，位列 1960 年有实测资料以来第二位。

北三河系：北运河支流凉水河张家湾站 7 月 20 日 23 时 12 分洪峰流量 686 m³/s，水位 19.7 m，超过保证水位（18.74 m），位列 1956 年有实测资料以来第二位（历史最大流量 790 m³/s，2012 年 7 月）；北运河北关（拦河）闸 7 月 20 日 20 时最大泄流 651 m³/s，位列 1949 年有实测记录以来第六位（历史最大流量 1210 m³/s，1955 年 8 月）。北关分洪闸 7 月 20 日 18 时 40 分最大泄流 696 m³/s，位列 1975 年有实测记录以来第一位。北关枢纽 7 月 20 日 20 时最大泄流 1239 m³/s，接近 10 年一遇，列 1949 年有实测资料以来第六位（历史最大流量 1650 m³/s，2012 年 7 月）；潮白河张家坟站 7 月 21 日 4 时 30 分洪峰流量 821 m³/s。潮白河青龙湾减河土门楼闸 7 月 21 日 7 时 04 分最大泄流 814 m³/s，列建站以来第六位；潮白河黄白桥闸 7 月 22 日 0 时最大泄流 1105 m³/s；北运河杨洼闸 7 月 21 日 7 时最大泄流 879 m³/s。

本次洪水呈现出流量大、总量小、来势猛的特点，如洺河临洺关站、冶河微水站实测洪峰流量达到 50 年一遇，部分支流小河调查洪峰流量达到

100 年一遇；暴雨产水总量 46.73 亿 m³，相当于"96.8"（72.07 亿 m³）的 64.8%、"63.8"（270.2 亿 m³）的 17.3%；漳河观台水文站涨洪历时仅为 10 小时，比"63.8""96.8"分别快 35 小时、110 小时。该站从 7 月 19 日 8 时开始起涨，19 日 13 时洪水上涨迅猛，平均每小时增加 1025 m³；洺河临洺关站自起涨到洪峰仅 2.5 小时。

三、灾情

全流域共有 256 个县（市、区）、2059 个乡（镇）受灾，受灾人口 1207.94 万，死亡 190 人，失踪 117 人；农作物受灾面积 1540.7 万亩（其中成灾面积 836.45 万亩）；损坏大中型水库 10 座、小型水库 145 座、堤防 2214.38 km、护岸 7796 处、水闸 873 座、机电井 22928 眼、塘坝 1917 座、水文测站 1158 个、机电泵站 1115 座、灌溉设施 54642 处、水电站 92 座。全流域直接经济损失约 688.43 亿元，其中河北省最多，为 514.04 亿元。

其中，农林牧渔业损失：农作物受灾面积 1540.702 万亩，成灾面积 836.433 万亩，绝收面积 245.284 万亩，死亡大牲畜 32.525 万头（只），农林牧渔业直接经济损失 154.869 亿元，是 2015 年（7.68 亿元）的 20 倍。工业、交通运输业损失：2016 年停产工矿企业 5991 个，因洪涝灾害中断铁路 5 条次，公路中断 6776 条次，供电中断 2577 条次，通信中断 5844 条次。工业交通运输业直接经济损失 213.178 亿元，是 2015 年（0.075 亿元）的 2842 倍。水利设施损失：2016 年因洪涝损坏大中型水库 10 座、小型水库 145 座、堤防 2214.381 km、护岸 7796 处、水闸 873 座、塘坝 1917 座、灌溉设施 54642 处、水文测站 1158 个、机电井 22928 眼、机电泵站 1115 座、水电站 92 座，水利设施直接经济损失 140.789 亿元，是 2015 年（0.518 亿元）的 272 倍。

此次洪涝灾害过程中，河北省的经济损失最为严重。全省 152 个县（市、区）1043.56 万人受灾，紧急转移安置 41.80 万人，石家庄、邢台、邯郸受灾最为严重，三市紧急转移安置人口占总安置人口的 96.72%，需紧急生活救助人口占总救助人口的 94.26%；直接经济损失占全省的 91.99%。此次洪涝灾害影响范围广，涉及工矿企业、农业、学校等，以及道路交通、河流水

库、供水、供电、通信等基础设施，其中基础设施损失占总直接经济损失的
43.7%，工矿企业损失占 23%，农业损失占 19.8%，公益设施损失占 4.1%；
从致灾后果来看，恢复重建山区道路、房屋、供水供电设施等所需时间较
长，对当地居民的正常生活造成影响。据河北省水利部门统计，34 座小型
水库不同程度受损，部分河道支流出现漫溢和溃口，七里河、北沙河等决口
13 处。据河北省民政部门不完全统计，此次洪涝灾害中，农作物受灾面积
890.3 千公顷，农作物绝收面积 115.7 千公顷，倒塌房屋 10.5 万间，严重损
坏房屋 12.5 万间，一般损坏房屋 33.26 万间，全省直接经济损失约 574.57
亿元。

2020 年 7 月长江流域特大暴雨洪水

2020 年 7 月，长江、淮河流域连续遭遇强降雨袭击，长江流域平均降雨量 259.6 mm，较常年同期偏多 58.8%，为 1961 年以来同期最多，长江发生 3 次编号洪水；淮河流域平均降雨量 256.5 mm，较常年同期偏多 33%。受强降雨影响，淮河流域江河来水偏多 1.5 ～ 2 倍、长江中下游流域偏多四至六成，引发重大洪涝灾害。灾害造成安徽、江西、湖北、湖南、浙江、江苏、山东、河南、重庆、四川、贵州 11 省个（市）3417.3 万人受灾，99 人死亡，8 人失踪，直接经济损失达 1322 亿元。

一、雨情

7 月份长江流域出现 7 次强降雨过程。1—3 日，乌江、长江干流附近降大到暴雨，强降雨中心在洞庭湖水系西北部、中下游干流，降雨量大于 50 mm 的笼罩面积为 32.4 万 km^2，降雨量大于 100 mm 的笼罩面积为 5.5 万 km^2；4—10 日，长江干流及两湖流域普降暴雨到大暴雨，强降雨中心主要分布在中下游干流附近、两湖水系中北部，降雨量大于 50 mm 的笼罩面积为 87.4 万 km^2，降雨量大于 100 mm 的笼罩面积为 49.1 万 km^2；11—12 日，长江干流附近及以北局部地区降中到大雨，降雨量大于 50 mm 的笼罩面积为 6.4 万 km^2，降雨量大于 100 mm 的笼罩面积为 0.1 万 km^2；14—20 日，长江流域自西向东出现一次大范围大到暴雨的强降雨过程，降雨主要集中在长江干流一线，降雨量大于 50 mm 的笼罩面积为 80.9 万 km^2，降雨量大于 100 mm 的笼罩面积为 27.7 万 km^2；21—22 日，渠江及汉江上中游地区出现大到暴雨，降雨量大于 50 mm 的笼罩面积为 9 万 km^2，降雨量大于 100 mm 的笼罩面积为 1.8 万 km^2；23—27 日，长江流域自西向东出现强降雨过程，局部大到暴雨，降雨中心集中在长江干流上游地区、洞庭湖水系、长江干流下游地区，降雨量大于 50 mm 的笼罩面积为 41.3 万 km^2，降雨量大于 100 mm 的笼罩面积为 6.3 万 km^2；28—30 日，嘉岷流域出现中到大雨，降雨主要集中沱江、涪江地区，降雨量大于 50 mm 的笼罩面积为 8.1 万 km^2，降雨量大于 100 mm 的笼罩面积为 1.7 万 km²。

由上可知，7月份长江流域降雨基本无间歇，持续时间长，雨区重叠度高，累计降雨量大。多次强降雨过程的中心位于乌江中下游、三峡区间、长江中下游干流附近及两湖水系北部，大部分位于无水库控制的干流或湖区沿线区域，且雨带移动总体呈自西向东走势，与干流洪水演进路径基本一致。

二、水情

7月份，长江流域来水总体偏多四成多。上游金沙江向家坝站来水偏少近两成，上游干流寸滩站偏多一成多，三峡入库偏多两成多，宜昌站偏多两成多，中下游干流螺山、汉口站均偏多三成多，大通站偏多四成多。长江上游主要支流岷江高场站来水偏多一成多，沱江富顺站偏少近两成，嘉陵江北碚站偏多三成多，乌江武隆站偏多七成多；汉江丹江口入库偏多近两成，中下游兴隆站偏多近四成；洞庭"四水"合成流量偏多近四成，鄱阳"五河"合成流量偏多八成多。全流域共 139 条河流 247 站发生超警戒、超保证、超历史洪水（其中 165 站超警戒，32 站超保证，50 站超历史），主要分布于长江上游支流大渡河、干流向寸区间支流、乌江、长江中下游干流、清江、鄂东北水系、洞庭湖湖区及水系、鄱阳湖湖区及水系、青弋江、水阳江、滁河及巢湖等地区。

长江流域干支流均发生多次不同程度的涨水过程。上游支流岷江、沱江、嘉陵江站均在中下旬迎来多次明显涨水过程，其中岷江高场站发生 2 次明显涨水过程，最大流量分别为 10000 m³/s（18 日 2 时）、13400 m³/s（26 日 17 时 10 分）；沱江富顺站发生 1 次明显涨水过程，最大流量为 13070 m³/s（31 日 23 时）；嘉陵江北碚站发生 2 次 15000 m³/s 以上的涨水过程，最大流量分别为 17100 m³/s（17 日 21 时）、20600 m³/s（27 日 3 时 40 分）。乌江武隆站上中旬发生多次 10000 m³/s 以上的涨水过程，最大流量为 12400 m³/s（6 日 10 时）。受干支游来水影响，上游干流寸滩站中下旬发生 2 次 40000 m³/s 以上的涨水过程，最大流量分别为 43500 m³/s（18 日 7 时）、50600 m³/s（27 日 14 时），其中第二次涨水过程最高水位 181.95 m（超警戒 1.45 m，27 日 18 时 40 分）。

上游金沙江向家坝站下旬来水快速增加，月最大流量 15600 m³/s（23 日 17 时 40 分），此后波动消退，流量减小至 10000 m³/s 左右波动。

受上游来水和强降雨影响，三峡水库分别于 7 月上、中、下旬各发生 1 次编号洪水过程。长江 1 号洪水期间，三峡水库入库洪峰流量 53000 m³/s（2 日 14 时），最大出库流量 35900 m³/s（2 日 16 时），最高调洪水位 149.37 m（4 日 1 时）；长江 2 号洪水期间，三峡水库入库洪峰流量 61000 m³/s（18 日 8 时），出库流量 14 日起从 19000 m³/s 左右逐步增加，最大出库流量 40000 m³/s 左右，最高调洪水位 164.58 m（20 日 5 时）；长江 3 号洪水期间，三峡水库入库洪峰流量 60000 m³/s（27 日 14 时），最大出库流量 40000 m³/s 左右，最高调洪水位 163.36 m（29 日 8 时）。8 月 1 日 8 时，三峡水库水位 161.11 m，入、出库流量分别为 36000 m³/s、34500 m³/s。经上游水库群拦蓄调度后，宜昌站来水总体平稳，月最大流量为 47100 m³/s（27 日 14 时）。

下旬，汉江上游发生 1 次涨水过程。经上游水库拦蓄后，丹江口水库 23 日 2 时出现最大入库流量 6500 m³/s，最大出库流量 2600 m³/s 左右，库水位 25 日 11 时最高涨至 161.74 m。8 月 1 日 8 时，丹江口水库库水位 161.58 m，入、出库流量分别为 2300 m³/s、2660 m³/s。

洞庭湖水系除湘江来水较为平稳之外，澧水、资水、沅江均发生超警戒洪水，洞庭"四水"发生多次较大涨水过程。澧水石门站发生 6 次 5000 m³/s 以上的涨水过程，最大流量 10700 m³/s（7 日 8 时）；沅江桃源站发生 4 次 9000 m³/s 以上的涨水过程，最大流量 17700 m³/s（9 日 17 时 8 分）；资水桃江站发生 1 次较大涨水过程，最大流量 7630 m³/s（27 日 16 时 45 分）。受上述支流及区间来水影响，洞庭"四水"出现 3 次 20000 m³/s 以上的涨水过程，最大合成流量 25600 m³/s（9 日 8 时）。洞庭湖七里山站上中旬水位持续上涨，12 日 5 时 30 分出现洪峰水位 34.58 m（超保证 0.03 m），水位小幅消退后出现 2 次不同程度的回涨过程，最高水位为 34.74 m（超保证 0.19 m，28 日 13 时，居有实测记录以来第五位）。8 月 1 日 8 时，七里山站水位 34.25 m（超警戒 1.75 m），超警戒时间已达 29 天。

鄱阳湖流域发生超历史大洪水，修水、赣江、信江、饶河乐安河及昌江均发生超警戒洪水，水系尾闾及湖区多站水位超历史。昌江渡峰坑站、乐安河虎山站均发生 2 次 4000 m³/s 以上的涨水过程，渡峰坑站最大流量 8720 m³/s（9 日 6 时 10 分），虎山站最大流量 8760 m³/s（9 日 17 时 58 分）；信江梅港站发生 1 次较大涨水过程，最大流量 9780 m³/s（10 日 10 时 45 分）；赣江外洲站发生 1 次较大涨水过程，最大流量 19800 m³/s（11 日 17 时）；修水虬津站、万家埠站均发生多次较大涨水过程，虬津站最大流量 3520 m³/s（11 日 7 时 45 分），万家埠站最大流量 4490 m³/s（9 日 0 时 26 分），永修站最高水位 23.63 m（超警戒 3.63 m，11 日 11 时 15 分），超过历史最高水位（1998 年 7 月 31 日 23.48 m）。受上述支流及区间来水影响，鄱阳"五河"发生 2 次较大涨水过程，最大合成流量为 43200 m³/s（11 日 6 时）。鄱阳湖星子、湖口站上中旬水位持续上涨，星子站 12 日 23 时出现最高水位 22.63 m（超警戒 3.52 m），超过历史最高水位（1998 年 8 月 2 日 22.52 m），湖口站 12 日 19 时出现洪峰水位 22.49 m（距保证水位仅 0.01 m），居有实测记录以来第二位，仅次于 1998 年 7 月 31 日的 22.59 m。8 月 1 日 8 时，星子、湖口站水位分别为 21.16 m（超警戒 2.16 m）、21.11 m（超警戒 1.61 m），超警戒时间分别达 28 天、27 天。

上中旬，长江 1 号洪水经三峡水库拦蓄后继续向中下游演进，同时叠加干流附近区间来水增加影响，中下游干流监利以下河段水位持续上涨，并在 6 日前后相继超过警戒水位。12—13 日，城陵矶至大通河段各站相继现峰转退，汉口至大通河段各站洪峰水位居有实测记录以来最高水位第二至四位，其中九江站洪峰水位 22.81 m，居有实测记录以来最高水位第二位。7 月中下旬，长江 2 号洪水、3 号洪水经上游水库群拦蓄后继续向中下游演进，荆江河段、城陵矶至汉口河段水位小幅消退后返涨，其中荆江河段水位超过前期最高水位，沙市站洪峰水位 43.36 m（24 日 16 时），最大超警戒幅度 0.36 m，监利站洪峰水位 37.3 m（24 日 21 时），最大超保证幅度 0.07 m；叠加洞庭湖水系及干流附近区间来水增加影响，城陵矶至汉口河段再次出现 2 次不同程度的回涨过程，其中莲花塘站洪峰水位 34.59 m（超保证 0.19 m，28 日 12 时，居历史最高水位第五位），汉口站水位未超过前期最高水位。7 月中下旬，干流九江至大通河段水位缓慢消退；受叠加潮位顶托影响，马鞍山至镇江河段最高潮位均超过历史最高水位。8 月 1 日 8 时，长江中下游干流石首以下河段水位仍维持在警戒水位以上，超警戒幅度 0.43～1.65 m，其中莲花塘站超警戒时间最长。

长江下游支流滁河、青弋江、水阳江、巢湖等均发生超警戒及以上洪水。滁河襄河口闸以上河段全线超历史，晓桥站水位波动上涨，最高水位 12 m（超警戒 2.5 m，20 日 1 时），8 月 1 日 8 时水位 9.53 m（超警戒 0.03 m），超警戒时间达 23 天。青弋江西河镇（二）站发生 1 次快速涨水过程，最高水位 17.38 m（超警戒 0.88 m，7 日 14 时）。水阳江新河庄站水位快速上涨，最高水位 13.7 m（超保证 0.7 m，7 日 11 时 14 分），8 月 1 日 8 时水位 12.68 m（超警戒 1.18 m），持续超警戒时间达 27 天，超保证时间 24 天。巢湖忠庙站最高水位 13.43 m（超保证 0.93 m，22 日 10 时 48 分），超过历史最高水位（1991 年 7 月 13 日 12.8 m），8 月 1 日 8 时水位 12.96 m（超保证 0.46 m），超警戒时间达 38 天，超保证时间 14 天。

三、灾情

据不完全统计，2020 年长江流域共有 813 个县（市、区）8708 个乡镇 4467.7 万人受灾，因灾死亡 98 人，失踪 27 人，紧急转移 362.73 万人，城镇受淹 133 个，直接经济损失 1720.85 亿元。农作物受灾面积 3660.512 千公顷；损坏大（一）型水库 2 座、大（二）型水库 9 座、中型水库 69 座、小（一）型水库 273 座、小（二）型水库 1140 座，损坏堤防 23010 处、6875 km，堤防决口 50 处、6446 m，损坏护岸 37624 处，损坏水闸 5548 座，冲毁塘坝 40512 座，损坏灌溉设施 92908 处，损坏水文测站 758 个，损坏机电井 4487 个，损坏机电泵站 6164 座，损坏水电站 536 座，水利设施直接经济损失达 409.34 亿元。

参 考 文 献

[1] World Meteorological Organization（WMO）. WMO Atlas of Mortality and Economic Losses from Weather，Climate and Water Extremes（1970–2019)[R]. Switzerland，2021.

[2] 1981 年汛期黄河洪水的水沙特点及对三门峡库区和下游影响初步分析 [J]. 人民黄河，1982（2）：7-14，29.

[3] 治淮委防汛办公室 . 1991 年淮河流域的洪水及防洪调度 [J]. 治淮，1991（10）：4-6.

[4] 蔡芗宁，康志明，牛若芸，等 . 2011 年 9 月华西秋雨特征及成因分析 [J]. 气象，2012，38（7）：828-833.

[5] 曾代球，张英凯 . 辽河流域 1985 年 8 月暴雨洪水 [J]. 水文，1987（2）：48-52.

[6] 曾代球，张英凯 . 辽河流域 1985 年暴雨洪水 [J]. 东北水利水电，1987（3）：9-15.

[7] 陈高庸 . 中国历代天灾人祸表 [M]. 上海：上海书店出版社，1986.

[8] 陈汉耀 . 1954 年长江淮河流域洪水时期的环流特征 [J]. 气象学报，1957（1）：1-12.

[9] 陈家其 . 从 1991 年江淮流域特大洪涝灾害论协调人地关系问题 [J]. 地理学与国土研究，1991（4）：33-37.

[10] 陈家其 . 从太湖流域 1991 年 6—7 月特大洪涝论水旱规律研究的应用性 [J]. 地理学报，1992（1）：1-5.

[11] 陈家其 . 太湖流域 1991 年特大洪涝成因与对策探讨 [J]. 湖泊科学，1992

（2）：52-59.

[12] 陈家其 . 太湖流域洪涝灾害的历史根源及治水方略 [J]. 水科学进展，1992
（3）：221-225.

[13] 陈金荣，黄忠恕 . 长江流域 1954 年特大暴雨洪水 [J]. 水文，1986（1）：
56-62，15.

[14] 陈金荣 . 一九八一年七月长江上游特大暴雨洪水预报 [J]. 中国水利，1981
（4）：27-29，25-26.

[15] 陈敏 . 2020 年长江暴雨洪水特点与启示 [J]. 人民长江，2020，51（12）：
76-81.

[16] 陈新泉，谈国强 . 湖州市区洪水期水源水质特征与卫生管理 [J]. 浙江预防
医学，2000（7）：40-41.

[17] 陈银太，张末，杨会颖，等 . 2019—2020 年度黄河凌情及防御措施 [J].
中国防汛抗旱，2020，30（5）：13-17.

[18] 陈永柏，方子云 . 洪水影响的综述 [J]. 水科学进展，1994（1）：78-84.

[19] 陈赞廷，胡汝南，张优礼 . 黄河 1958 年 7 月大洪水简介 [J]. 水文，1981
（3）：44-47.

[20] 谌芸，孙军，徐珺，等 . 北京 7·21 特大暴雨极端性分析及思考（一）
观测分析及思考 [J]. 气象，2012，38（10）：1255-1266.

[21] 程海云，葛守西，郭海晋 . 1998 年长江洪水初析 [J]. 水文，1999，3（16）：
57-60.

[22] 程晓陶，吴玉成，王艳艳，等 . 洪水管理新理念与防洪安全保障体系的
研究 [M]. 北京：中国水利水电出版社，2004.

[23] 程晓陶，尚全民 . 中国防洪与管理 [M]. 北京：中国水利水电出版社，
2005.

[24] 程晓陶 . 让沙兰悲剧不再重演——2005 年沙兰水灾事件的反思 [J]. 中国
应急救援，2007（5）：12-15.

[25] 崔青海，田立暄 . 松花江 1998 年大洪水及洪涝灾情 [J]. 东北水利水电，
2000（1）：41-43.

[26] 邓安军，陈建国，胡海华，等 . 我国水库淤损情势分析 [J]. 水利学报，

2022，53（3）：325-332.

[27] 杜德涵 . 水土保持综合治理减轻了 "81.7" 洪水灾害 [J]. 中国水土保持，1982（3）：38-39.

[28] 段海霞，毕宝贵，陆维松 . 2004 年 9 月川渝暴雨的中尺度分析 [J]. 气象，2006（5）：74-79.

[29] 段海霞 . "049" 川渝暴雨的中尺度分析 [D]. 南京：南京信息工程大学，2006.

[30] 方明珍，付作杰，周冶 . 洪涝灾后压把井水的污染调查与消毒效果观察 [J]. 职业与健康，2002（5）：104-105.

[31] 方信 . 从四川大水看水库工程的拦洪效益 [J]. 中国水利，1981（4）：31-32.

[32] 冯定原 . 1991 年江淮暴雨洪涝致灾因素及成灾规律 [J]. 气象，1992（8）：37-40，32.

[33] 冯利华 . 淮河、太湖流域 1991 年特大洪涝灾害的成因分析 [J]. 灾害学，1992（3）：43-47.

[34] 冯焱，何长春 . 从汉江安康 "83.7" 特大洪水特性探讨雨洪关系 [J]. 水利学报，1986（7）：37-42.

[35] 冯忠彬，徐茂林，梁晓平，等 . 白城市洪涝后灾区生活饮用水水质监测 [J]. 中国公共卫生管理，2000（5）：403-405.

[36] 葛荣彬 . 淮河 "91.6" 暴雨洪水分析 [J]. 治淮，1991（10）：48-50.

[37] 葛学礼，朱立新，于文 . 丘陵地区山洪灾害分析与防洪减灾建议 [J]. 中国应急管理，2009（9）：20-21.

[38] 谷洪波，顾剑 . 我国重大洪涝灾害的特征、分布及形成机理研究 [J]. 山西农业大学学报（社会科学版），2012，11（11）：1164-1169.

[39] 顾孝天，李宁，周扬，等 . 北京 "7·21" 暴雨引发的城市内涝灾害防御思考 [J]. 自然灾害学报，2013（2）：1-6.

[40] 郭少宏，闫新光 . "98" 内蒙特大洪水灾害成因抗洪经验及防洪工作的探讨 [J]. 内蒙古水利，1999（1）：8-10.

[41] 郭学德，郭彦森，席会芬 . 百年大灾大难 [M]. 北京：中国经济出版社，

2000：314.

[42] 国家防汛抗旱总指挥部办公室，中华人民共和国水利部．中国水旱灾害公报 2006[M]．北京：中国水利水电出版社，2007．

[43] 国家防汛抗旱总指挥部办公室，水利部南京水文水资源研究所．中国水旱灾害 [M]．北京：中国水利水电出版社，1997．

[44] 海河水利委员会．中国江河防洪丛书海河卷 [M]．北京：水利电力出版社，1993．

[45] 安康特大洪水分析小组．汉江安康"83.7"特大洪水分析 [J].水文，1986（2）：6-12．

[46] 安康特大洪水分析小组．汉江上游"83.7"特大洪水及其预报 [J].水力发电，1984（2）：9-12．

[47] 何导．长江上游 1981 年 7 月的暴雨洪水 [J].中国水利，1981（4）：30-31.

[48] 何芩，张帆，魏保义，等．"7·21"暴雨带来的城市防灾减灾思考 [J].北京规划建设，2012（5）：66-69．

[49] 洪庆余．中国江河防洪丛书长江卷 [M].北京：中国水利水电出版社，1998．

[50] 胡春歧，刘惠霞．河北省"7·21"暴雨洪水分析 [J].河北水利，2012（7）：7，21．

[51] 胡明思，骆承政．中国历史大洪水 [M].北京：中国书店，1992．

[52] 胡畔，陈波，史培军．中国暴雨洪涝灾情时空格局及影响因素 [J].地理学报，2021，76（5）：1148-1162．

[53] 胡晓静，吴敬东，叶芝菡，等．北京"2012.7.21"暴雨洪灾调查与影响因素分析 [J].中国防汛抗旱，2012，22（6）：1-3，30．

[54] 胡一三．中国江河防洪丛书黄河卷 [M].北京：中国水利水电出版社，1996．

[55] 湖北省水利厅，湖北省防汛抗旱指挥部办公室．湖北长江防汛 [M].武汉：湖北人民出版社，2000．

[56] 黄嘉佑，刘舸，赵昕奕．副高、极涡因子对我国夏季降水的影响 [J].大气科学，2004，28（4）：517-526．

[57] 黄野鲁. 安康"83.7.31"洪灾成因初步分析与治理设想 [J]. 人民长江，1985（3）：51-57.

[58] 姜志浩，蔡勤禹. 我国海洋灾害演变趋势分析（1949—2020）[J]. 防灾科技学院学报，2022，24（2）：90-99.

[59] 金磊. 校园安全设计及学生安全自护教育的思考——论"6·10"沙兰镇中心小学洪水蒙难的教训 [J]. 安全与健康，2005（17）：20.

[60] 金庆忠. 分析泥石流形成原因及对策——以舟曲特大山洪泥石流为例 [J]. 甘肃科技纵横，2014，43（10）：13-15.

[61] 孔锋. 2012 年北京"7·21"特大暴雨洪涝灾害应对及启示 [J]. 中国减灾，2022（9）：42-45.

[62] 孔祥光，姜志群. 沂沭泗流域"57.7"暴雨洪水及其现状工程的行洪分析 [J]. 水文，1996（1）：60-63.

[63] 来天成，郝宗刚. 安康"83.8"洪水灾害及防汛工作简析 [J]. 灾害学，1991（3）：55-60.

[64] 李伯星，唐涌源. 新中国治淮纪略 [M]. 合肥：黄山书社，1995.

[65] 李宏. 基于国民财富损失控制的自然灾害防灾减灾研究 [D]. 大连：东北财经大学，2011.

[66] 李健生. 中国江河防洪丛书总论卷 [M]. 北京：中国水利水电出版社，1999.

[67] 李军，胡向德，黎志恒，等. 舟曲三眼峪沟特大泥石流形成及径流特征分析 [J]. 甘肃地质，2013，22（3）：58-63.

[68] 李茂军，佟玲玲. 沙兰河流域"6·10"暴雨洪水分析 [J]. 黑龙江水利科技，2006（5）：48-49.

[69] 李庆宝. 安康大洪水及其致洪暴雨分析 [J]. 陕西气象，1991（3）：15-18.

[70] 李莹，李维京，艾婉秀，等. 2011 年华西秋雨特征及其成因分析 [J]. 气象科技进展，2012，2（3）：27-33.

[71] 梁家志，王光生，朱传保. 1998 年嫩江、松花江洪水初步分析 [J]. 水文，1998（S1）：107-109.

[72] 梁士奎，郭淑君. 城市洪涝灾害与防洪减灾对策分析 [J]. 黄河水利职业技

术学院学报，2009，21（2）：24-25.

[73] 刘宠光 . 一九五〇年皖北淮河灾区视察报告 [R]. 治淮汇刊第一辑，治淮委员会，1951.

[74] 刘大海 . 沙兰镇 2005 年 6 月 10 日洪水调查分析 [J]. 黑龙江水利科技，2014，42（11）：32-34.

[75] 刘洪岫，张春林，贾汀，等 . 2010 年松辽流域洪水防御工作思考 [J]. 中国防汛抗旱，2011，21（2）：35-37，42.

[76] 刘希林，余承君，尚志海 . 中国泥石流滑坡灾害风险制图与空间格局研究 [J]. 应用基础与工程科学学报，2011，19（5）：721-731.

[77] 刘业森，杨振山，黄耀欢，等 . 建国以来中国山洪灾害时空演变格局及驱动因素分析 [J] . 中国科学：地球科学，2019，49（2）：408-420.

[78] 刘长生 . 1950 年淮河流域水灾与新中国初步治淮 [J]. 安阳师范学院学报，2008（1）：85-89.

[79] 骆承政，陈树娥，周一敏 . 中国历史大洪水调查资料汇编 [M]. 北京：中国书店，2009.

[80] 骆承政，乐嘉祥 . 中国大洪水：灾害性洪水述要 [M]. 北京：中国书店，1996.

[81] 骆承政 . 从历史上的洪水灾害看安康 "83.8" 特大洪水 [J]. 江苏水利，1984（2）：61-65，84，113.

[82] 马德俊 . 毛泽东决策治淮纪实 [J]. 中国水利，1993（12）：8-9，31.

[83] 马文奎，魏智敏 . 海河流域南系 "96.8" 暴雨洪水与抗洪启示 [J]. 海河水利，2006（4）：16-20.

[84] 毛成本 . 以史为鉴 发挥水文的哨兵参谋作用——写在 "83.7.31" 安康暴雨洪水 30 周年之际 [J]. 陕西水利，2013（5）：23-25.

[85] 茅家华 . 基于多源遥感资料同化的北京 "7·21" 特大暴雨暖区降水机制研究 [D]. 南京：南京信息工程大学，2019.

[86] 宁远，钱敏，王玉太 . 淮河流域水利手册 [M]. 北京：科学出版社，2003：67.

[87] 庞陈敏，来红州 . 川渝人民齐动员抗击特大洪灾——民政部工作组赴川

渝地区救灾工作回顾 [J]. 中国减灾，2004（10）：32-35.

[88] 裴大英. 论城市灾害防范——由沙兰镇洪灾引发对当前城市防灾规划问题的思考 [C]// 中国城市规划学会. 转型与重构——2011 中国城市规划年会论文集. 南京：东南大学出版社，2011：5441-5444.

[89] 彭维英，殷淑燕，朱永超，等. 历史时期以来汉江上游洪涝灾害研究 [J]. 水土保持通报，2013，33（4）：289-294.

[90] 齐清. 1981 年 7 月四川洪水成因初步分析 [J]. 中国水利，1981（4）：29-30.

[91] 秦甲，丁永建，叶柏生，等. 中国西北山地景观要素对河川径流的影响作用分析 [J]. 冰川冻土，2011，33（2）：397-404.

[92] 佘之祥. 太湖流域的特大洪涝灾害与区域治理的思考 [J]. 中国科学院院刊，1992（2）：124-132.

[93] 沈浒英，匡奕煜，訾丽. 2010 年长江暴雨洪水成因及与 1998 年洪水比较 [J]. 人民长江，2011，42（6）：11-14.

[94] 石惠峰，计卫舸，赵国旺，等. 河北省应对"7·21"特大暴雨灾害的经验与启示 [J]. 中国应急管理，2012（11）：21-25.

[95] 史培军，顾朝林，陈田. 1991 年淮河流域农村洪涝灾情分析 [J]. 地理学报，1992（5）：385-393.

[96] 世界最大的降水强度 [J]. 气象，1976（5）：20.

[97] 寿亦萱，许健民. 2005 年 6 月 10 日沙兰镇泥石流成因及机制分析 [C]// 中国气象学会. 2005 年年会论文集. 中国气象学会会讯，2005：2728-2740.

[98] 水利部淮河水利委员会，《淮河志》编纂委员会. 淮河志第二卷淮河综述志 [M]. 北京：科学出版社，2000.

[99] 水利部淮河水利委员会. 淮河流域防洪规划 [R]. 蚌埠：蚌埠水利部淮河水利委员会，2006.

[100] 水利部水文局，水利部松辽水利委员会水文局. 1998 年松花江暴雨洪水 [M]. 北京：中国水利水电出版社，2002.

[101] 水利部水文局，长江水利委员会水文局. 1998 年长江暴雨洪水 [M]. 北

京：中国水利水电出版社，2002.

[102] 水利部松辽水利委员会 . 1998 年松花江大洪水 [M]. 长春：吉林人民出版社，2002.

[103] 水利部松辽水利委员会 . 松花江流域防洪规划 [R]. 长春：水利部松辽水利委员会，2007.

[104] 水利部长江水利委员会，长江中下游防御特大洪水对策研究 [R]. 武汉：水利部长江水利委员会，2019.

[105] 水利部长江水利委员会 . 长江流域水旱灾害 [M]. 北京：中国水利水电出版社，2002.

[106] 水利部长江水利委员会。长江流域防洪规划 [R]. 武汉：水利部长江水利委员会，2008.

[107] 水利部长江水利委员会 . 长江中下游防御特大洪水对策研究 [R]. 武汉：水利部长江水利委员会，2019.

[108] 思雨 . 1991 年淮河、太湖流域洪涝灾害减灾大事摘记（5 月 18 日—8 月 28 日）[J]. 中国减灾，1991（3）：51-58.

[109] 四川 "81.7" 暴雨洪水分析 [J]. 水文，1985（2）：53-60.

[110] 宋国强，赵佳林，高希祥 . 河北省抗御 "2016.7.19" 特大暴雨洪水回顾 [J]. 中国防汛抗旱，2016，26（5）：44-46.

[111] 隋意，石洪源，钟超，等 . 我国台风风暴潮灾害研究 [J]. 海洋湖沼通报，2020（3）：39-44.

[112] 孙继昌，刘金平 ，梁家志 . 1998 年洪水调查及评价 [J]. 水文，2004，24（5）：14-19.

[113] 孙军，谌芸，杨舒楠，等 . 北京 7·21 特大暴雨极端性分析及思考（二）极端性降水成因初探及思考 [J]. 气象，2012，38（10）：1267-1277.

[114] 孙顺才，赵锐，毛锐，等 . 1991 年太湖地区洪涝灾害评估与人类活动的影响 [J]. 湖泊科学，1993（2）：108-117.

[115] 孙玉东，马小燕，杨志平，等 . 安徽省淮河流域洪涝灾害地区饮水卫生状况及干预效果研究 [J]. 疾病控制杂志，2005（5）：53-56.

[116] 陶家元 . 中国泥石流灾害的地理分布 [J]. 高等函授学报（自然科学版），

1995（4）：6-7，10.

[117] 田心元. 四川"81.7"洪灾的成因、危害及其防治 [J]. 水土保持通报，1982（2）：3-10.

[118] 佟延功，吕玉芹，杨超. 哈尔滨市洪灾区浅层地下水水质监测及分析 [J]. 中国公共卫生，2001（6）：59-60.

[119] 屠清瑛. 太湖流域1991年洪涝灾害的成因与治理对策 [J]. 中国减灾，1991（3）：33-35.

[120] 屠清瑛. 太湖流域1991年洪涝灾害的原因分析与治理对策建议 [J]. 自然灾害学报，1992（1）：66-74.

[121] 汪卫平. 2004年9月上旬川渝黔特大暴雨过程分析 [J]. 贵州气象，2005（2）：23-26.

[122] 王超然. 浅谈甘肃舟曲泥石流的成因 [J]. 城市地理，2017（14）：113.

[123] 王根龙，张茂省，于国强，等. 舟曲2010年"8·8"特大泥石流灾害致灾因素 [J]. 山地学报，2013，31（3）：349-355.

[124] 王俊，李键庸，周新春，等. 2010年长江暴雨洪水及三峡水库蓄泄影响分析 [J]. 人民长江，2011，42（6）：1-5.

[125] 王晓欣，吴博，费祥. 吉林省2010年洪水分析及防汛抗洪体会 [J]. 中国防汛抗旱，2012，22（4）：68-70.

[126] 王蕴芳，陈丽芳，靳宏伟. 1998年嫩江、松花江暴雨洪水特性分析 [J]. 东北水利水电，1999（3）：4-7，49.

[127] 魏雪琼. 1950年代安徽治淮研究 [D]. 蚌埠：安徽财经大学，2016.

[128] 吴浩云，管惟庆. 1991年太湖流域洪水 [M]. 北京：中国水利水电出版社，1999.

[129] 吴浩云. 太湖流域洪涝灾害与减灾对策 [J]. 中国减灾，1999（1）：17-20.

[130] 吴仁广，陈烈庭. 长江中下游地区梅雨期降水与全球500hPa环流的关系 [J]. 大气科学，1994，18（6）：691-700.

[131] 谢家泽. 关于淮河一九五〇年洪水分析的初步报告 [J]. 人民水利，1950（2）：23-41.

[132] 谢永刚，王茜.沙兰镇突发性洪水灾害损失评估及其反思 [J].灾害学，2006（2）：76-80.

[133] 徐和龙.风雨无惧 从容有序——海河流域"2012.7.21"强降雨防御纪实 [J].中国防汛抗旱，2020，30（7）：78-80.

[134] 徐剑峰.黄河上游一九八一年特大洪水初步分析 [J].内蒙古水利科技，1982（2）：48-52.

[135] 徐良炎，姜允迪.2004年我国天气气候特点 [J].气象，2005，31（4）：35-38.

[136] 徐乾清.中国防洪减灾对策研究 [M].北京：中国水利水电出版社，2002.

[137] 徐新华.淮河流域1991年洪水水毁工程情况及分析 [J].水利水电技术，1992（12）：2-4.

[138] 许冬梅，李刚，赵晶东，等.松花江"2010.07"暴雨洪水特性分析 [J].东北水利水电，2012，30（12）：47-48.

[139] 许源，王森.大清河2012年"7·21"洪水成因及对策分析 [J].海河水利，2014（6）：27-28.

[140] 杨华庭，田素珍，叶琳，等.中国海洋灾害四十年资料汇编（1949—1990）[M].北京：海洋出版社，1994.

[141] 杨进怀，丁跃元，刘大根.北京"7·21"特大暴雨自然灾害的启示与对策思考 [J].中国水利，2012（17）：29-31.

[142] 杨民钦.淮河"91.6"洪水的特征及其思考 [J].治淮，1991（10）：8-10.

[143] 杨文发，訾丽，张俊，等."20.8"与"81.7"长江上游暴雨洪水特征对比分析 [J].人民长江，2020，51（12）：98-103.

[144] 杨之麟.汉江上游"83.7"特大洪水与安康水电站设计洪水复核 [J].水力发电，1987（4）：4-7，51.

[145] 尹青，高黎明，牛震宇，等.北京"7·21"特大暴雨成因分析 [C]// 第三届首都气象论坛论文集.2013：47-69.

[146] 尹志杰，孙春鹏，王金星.长江流域华西秋雨多发区"11·9"暴雨洪水分析 [J].水文，2012，32（5）：92-96.

[147] 尤晓敏 . 2010 年 7 月第二松花江暴雨洪水特点分析 [C]// 中国水利学会 2010 学术年会论文集（上册），2010：357-359.

[148] 袁国林 . 1991 年初夏淮河洪水与治淮方略 [J]. 科技导报，1991（7）：3-6，10.

[149] 袁梦茹 . 20 世纪 50 年代淮河流域水利工程建设研究 [D]. 合肥：安徽大学，2014.

[150] 张福义 . 淮河 1991 年暴雨洪水概况及水利工程防洪效益分析 [J]. 河海科技进展，1993，13（1）：29-37.

[151] 张恒德，金荣花，张友姝 . 夏季北极涡与副热带高压的联系及对华北降水的影响 [J]. 热带气象学报，2008（4）：417-422.

[152] 张建云，张成凤，鲍振鑫，等 . 黄淮海流域植被覆盖变化对径流的影响 [J]. 水科学进展，2021，32（6）：813-823.

[153] 张金才，杨朝鸾 . 淮河 1954 年 7 月暴雨洪水 [J]. 水文，1990（6）：47-52.

[154] 张茂省，黎志恒，王根龙，等 . 白龙江流域地质灾害特征及勘查思路 [J]. 西北地质，2011，44（3）：1-9.

[155] 张明，高伟民，谢永刚 . "98" 嫩江、松花江流域特大洪水灾害及其对黑龙江省社会经济的影响 [J]. 灾害学，1999（2）：70-73，82.

[156] 张鹏 . 河北省 2016 年 "7·19" 暴雨洪水特性分析 [J]. 水利规划与设计，2017（11）：95-97，117.

[157] 张祥松，施雅风 . 中国的冰雪灾害及其发展趋势 [J]. 自然灾害学报，1996（2）：80-81，84-85，87-89.

[158] 张晓昕，王强，王军，等 . 北京市中心城内涝控制规划对策与建议——由 "7·21" 暴雨引发的思考 [J]. 北京规划建设，2012（5）：62-65.

[159] 张优礼，朱学良 . 黄河上游 1981 年 9 月大洪水简况 [J]. 人民黄河，1982（2）：15-17.

[160] 长江水利委员会 . 1954 年长江的洪水 [M]. 武汉：长江出版社，2004.

[161] 长江水利委员会水文局，长江水利委员会综合勘测局 . 长江志卷一流域综述第四篇自然灾害 [M]. 北京：中国大百科全书出版社，2005.

[162] 长江水利委员会水文局 . 1954 年长江的洪水 [M]. 武汉：长江出版社，2004.

[163] 赵承普，郑大鹏 . 1991 年淮河洪水后的反思 [J]. 水利水电技术，1993（6）：2-4.

[164] 赵春明，刘雅鸣，张金良 . 20 世纪中国水旱灾害警示录 [M]. 郑州：黄河水利出版社，2002.

[165] 赵思雄，傅慎明 . 2004 年 9 月川渝大暴雨期间西南低涡结构及其环境场的分析 [J]. 大气科学，2007（6）：1059-1075.

[166] 治淮工程在防汛中发挥重大作用 [J]. 新黄河，1954（8）：48.

[167] 中国科协科学考察团水利组 . 关于淮河流域洪涝灾害的考察报告 [J]. 治淮，1992（3）：6-8.

[168] 中国气象局 . 中国极端天气和灾害风险管理评估报告 [M]. 北京：科学出版社，2015.

[169] 中华人民共和国水利部 . 中国水土保持公报（2020 年）[M]. 北京：中华人民共和国水利部，2021.

[170] 周魁一 . 防洪减灾观念的理论进展——灾害双重属性概念及其科学哲学基础 [J]. 自然灾害学报，2004（1）：1-8.

[171] 周立三 . 江淮及太湖流域特大洪灾的启示 [J]. 群言，1991（11）：12-13.

[172] 周全瑞 . "83.7" 陕南大暴雨的初步分析 [J]. 陕西气象，1983（12）：10-18.

[173] 周新春，杨文发 . 2010 年长江流域暴雨洪水初步分析 [J]. 人民长江，2011，42（6）：6-10.

[174] 朱传保，王光生 . 嫩江、松花江 1998 年洪水初步分析 [J]. 防汛与抗旱，1998（4）：39-43.

[175] 宗志平，张小玲 . 2004 年 9 月 2 ～ 6 日川渝持续性暴雨过程初步分析 [J]. 气象，2005（5）：37-41.

[176] 邹红梅，陈新国 . 2010 年与 1998 年长江流域洪水对比分析 [J]. 水利水电快报，2011，32（5）：15-17，27.

[177] 左海洋，阎永军，张素平，等 . 新中国重大洪涝灾害抗灾纪实 [J]. 中国防汛抗旱，2009，19（S1）：20-38.